复杂电磁环境下智能电能表抗扰度技术及应用

张蓬鹤　主编

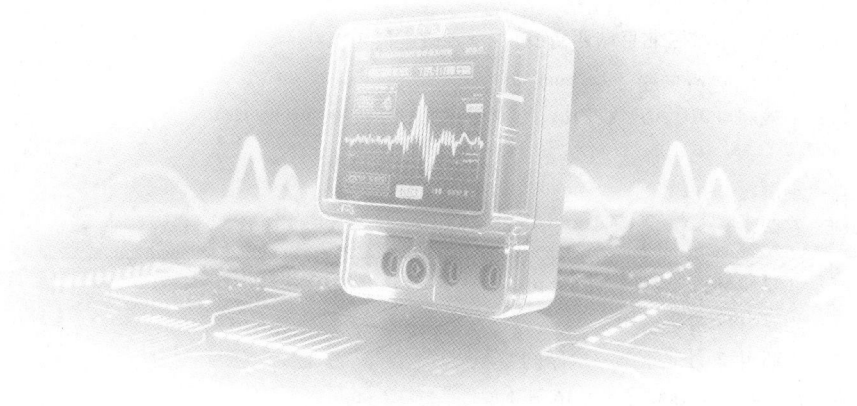

中国电力出版社

CHINA ELECTRIC POWER PRESS

内 容 提 要

为了保证智能电能表在复杂电磁环境下的运行稳定性和计量准确性，提升智能电能表防御复杂电磁场冲击能力和主动预警能力，本书详细介绍了复杂电磁环境下智能电能表抗扰度技术及应用。全书共分为6章，主要介绍了智能电能表的发展及电磁环境的定义；复杂电磁场作用机理及仿真技术；电磁干扰对智能电能表的危害及抗扰度试验；智能电能表电磁抗扰度设计及应用；智能电能表的典型复杂电磁环境现场检测与预警技术；典型应用案例；总结及展望。

本书可作为电能表检定检验机构、电能表制造厂商、高等院校、科研院所等相关人员的学习培训教材及工作参考书。

图书在版编目（CIP）数据

复杂电磁环境下智能电能表抗扰度技术及应用 / 张蓬鹤主编. -- 北京：中国电力出版社，2025. 7.
ISBN 978 - 7 - 5239 - 0221 - 9

Ⅰ. TM933. 49

中国国家版本馆 CIP 数据核字第 202582CB24 号

出版发行：中国电力出版社
地　　址：北京市东城区北京站西街 19 号（邮政编码 100005）
网　　址：http://www.cepp.sgcc.com.cn
责任编辑：王蔓莉（010 - 63412791）
责任校对：黄　蓓　王小鹏
装帧设计：赵丽媛
责任印制：石　雷

印　　刷：北京雁林吉兆印刷有限公司
版　　次：2025 年 7 月第一版
印　　次：2025 年 7 月北京第一次印刷
开　　本：710 毫米 × 1000 毫米　16 开本
印　　张：20
字　　数：305 千字
定　　价：90.00 元

本书编写组

主　　编：张蓬鹤

副 主 编：申洪涛

编写人员：王　聪　姜洪浪　王晓东　米德伟　赵　成　李　翀

　　　　　王　浩　郭聚川　杨苈藜　杨艺宁　宋如楠　吴忠强

　　　　　杨志超　仝　霞　李雪城　王　玥　张　晖　燕　飞

　　　　　邹　波　祝毛宁　赵　婷　张玉冠　王　爽　杨　柳

　　　　　林珊珊　吴桂芳　赵录兴　谢　莉　邵明鑫　王　毅

　　　　　马红明　王璧成　李　兵　李　传　邓高峰　胡　涛

　　　　　赵　燕　古海林　王加英　陈敢超　于　浩

FOREWORD
·······················
前 言

　　随着新型电力系统的提出，智能电能表有了更多的典型应用场景，受到的电磁干扰及相应防御技术日益得到了广泛的关注。智能电能表由大量的电子元器件构成，在低频电场、低频磁场、射频电磁场、暂态电磁场等复杂电磁环境中，其计量性能极易受到空间辐射的影响。随着时代发展，生产和生活中各个领域出现了越来越多可产生电磁辐射的设备，如5G基站、分布式能源站、电动汽车无线充电站、冶炼厂等，导致具有复杂电磁场冲击场景的用电行业和场景大量增加，计量设备运行环境更加恶化。

　　与此同时，日益复杂的电磁环境使得智能电能表面临更大的挑战。交变电磁场在被测仪表的电流测量回路中产生感应电流，会引入电气量相位和幅值误差，造成智能电能表计量精度降低。强电磁场会冲击看门狗芯片，导致内部逻辑错误，复位微控制单元（MCU）。印制板布局布线不合理，形成类似天线阵子的圆形或半圆形结构，极易耦合外部的干扰信号，可能会造成MCU频繁复位，导致MCU复位期间电能表丧失计量功能。

　　为了应对上述挑战，本书基于典型复杂电磁场的作用机理，总结了复杂电磁环境下智能电能表的抗扰度试验方法、电磁抗扰度设计方案及现场检测与主动预警等方面的技术，并给出了典型应用案例。

　　本书第1章和第2章得到了国网天津市电力公司张卫欣、国网河南省电力公司宋玮琼、张世林等提供的支持；第3~5章得到了河南许继仪表有限公司都正周、李想与北京智芯微电子科技有限公司王峥、巩永稳、吴温翠等提供的帮助；第6章得到了国网四川省电力公司何培东、蒙媛等提供的协助。在此谨向以上单位与专家的宝贵意见与辛勤工作表示诚挚感谢。

另外，对于湖南大学高云鹏、武汉科技大学赵云涛、中国科学院大学集成电路学院廖安谋等高校提供的帮助亦表示感谢。

编者

2025 年 6 月

CONTENTS
目 录

前言

绪论 ··· 001

智能电网的发展背景 ··· 003

智能电能表的发展背景 ··· 003

智能电能表遇到的挑战 ··· 006

电磁环境的研究意义 ··· 007

1 复杂电磁场作用机理及仿真技术 ······················· 009

1.1 电磁环境概述 ··· 011

  1.1.1 电磁环境分析 ··· 011

  1.1.2 电磁场影响原理 ··· 018

1.2 复杂电磁环境典型场景 ··· 032

  1.2.1 5G 基站 ··· 032

  1.2.2 分布式能源站 ··· 038

  1.2.3 电动汽车充电站 ··· 041

  1.2.4 配电间 ··· 044

  1.2.5 变电站 ··· 050

1.3 复杂电磁环境中典型电磁影响分析 ··························· 054

  1.3.1 典型电磁环境特征分析 ····································· 054

  1.3.2 电磁干扰来源 ··· 060

1.3.3　电磁环境建模技术 ································ 063

1.4　复杂电磁场对智能电能表的耦合途径 ·············· 077

　　1.4.1　复杂电磁场的来源分析 ···················· 077

　　1.4.2　复杂电磁环境对智能电能表的影响 ·········· 080

　　1.4.3　智能电能表电磁兼容试验研究 ·············· 092

1.5　复杂电磁环境仿真技术 ·························· 097

　　1.5.1　复杂电磁信号分布特性 ···················· 097

　　1.5.2　复杂电磁信号建模方法 ···················· 120

2　电磁干扰对智能电能表的危害及抗扰度试验 ·········· 139

2.1　智能电能表电磁损伤实例分析 ···················· 141

　　2.1.1　永久性损伤实例 ·························· 141

　　2.1.2　非永久性损伤实例 ························ 159

2.2　智能电能表抗扰度试验方法改进分析 ·············· 185

　　2.2.1　现有智能电能表抗扰度试验标准 ············ 185

　　2.2.2　试验标准与损伤限值差异比对 ·············· 191

　　2.2.3　电磁兼容试验改进思路分析 ················ 192

2.3　复杂电磁环境专用智能电能表抗扰度试验方法 ········ 194

　　2.3.1　试验装置简述 ···························· 194

　　2.3.2　试验实施步骤 ···························· 199

3　智能电能表电磁抗扰度设计及应用 ················ 207

3.1　智能电能表电磁屏蔽外壳设计及应用 ·············· 209

　　3.1.1　高分子防电磁干扰材料 ···················· 209

　　3.1.2　整机注塑技术 ···························· 215

　　3.1.3　非金属智能电能表的制备 ·················· 216

3.2　智能电能表电磁防御结构设计及应用 ·············· 219

　　3.2.1　互感器结构设计 ·························· 220

3.2.2　继电器结构设计 ⋯⋯⋯⋯⋯⋯⋯⋯⋯⋯⋯⋯⋯⋯ 224

3.2.3　变压器结构设计 ⋯⋯⋯⋯⋯⋯⋯⋯⋯⋯⋯⋯⋯⋯ 226

3.2.4　壳体模块化结构设计 ⋯⋯⋯⋯⋯⋯⋯⋯⋯⋯⋯ 227

3.3　智能电能表电磁抗扰度电子电路设计及应用 ⋯⋯⋯⋯ 230

3.3.1　器件可靠性选型 ⋯⋯⋯⋯⋯⋯⋯⋯⋯⋯⋯⋯⋯⋯ 230

3.3.2　电路抗干扰设计 ⋯⋯⋯⋯⋯⋯⋯⋯⋯⋯⋯⋯⋯⋯ 245

4　智能电能表的典型复杂电磁环境现场检测与预警技术 ⋯⋯ 271

4.1　复杂电磁环境现场检测技术 ⋯⋯⋯⋯⋯⋯⋯⋯⋯⋯⋯ 273

4.1.1　恒定磁场检测原理及相关技术 ⋯⋯⋯⋯⋯⋯⋯ 273

4.1.2　工频磁场检测原理及相关技术 ⋯⋯⋯⋯⋯⋯⋯ 276

4.1.3　射频电磁场检测原理及相关技术 ⋯⋯⋯⋯⋯⋯ 278

4.1.4　复杂电磁场检测原理及相关技术 ⋯⋯⋯⋯⋯⋯ 280

4.2　复杂电磁信号预警技术 ⋯⋯⋯⋯⋯⋯⋯⋯⋯⋯⋯⋯⋯ 284

4.2.1　恒定磁场预警技术 ⋯⋯⋯⋯⋯⋯⋯⋯⋯⋯⋯⋯⋯ 285

4.2.2　工频磁场预警技术 ⋯⋯⋯⋯⋯⋯⋯⋯⋯⋯⋯⋯⋯ 285

4.2.3　射频电磁场预警技术 ⋯⋯⋯⋯⋯⋯⋯⋯⋯⋯⋯⋯ 287

4.2.4　复杂电磁场预警技术 ⋯⋯⋯⋯⋯⋯⋯⋯⋯⋯⋯⋯ 288

5　典型应用案例 ⋯⋯⋯⋯⋯⋯⋯⋯⋯⋯⋯⋯⋯⋯⋯⋯⋯⋯⋯ 291

5.1　恒定磁场干扰案例 ⋯⋯⋯⋯⋯⋯⋯⋯⋯⋯⋯⋯⋯⋯⋯ 293

5.2　高压脉冲干扰案例 ⋯⋯⋯⋯⋯⋯⋯⋯⋯⋯⋯⋯⋯⋯⋯ 294

5.3　电磁辐射干扰案例 ⋯⋯⋯⋯⋯⋯⋯⋯⋯⋯⋯⋯⋯⋯⋯ 296

5.3.1　瞬态电磁辐射干扰 ⋯⋯⋯⋯⋯⋯⋯⋯⋯⋯⋯⋯⋯ 296

5.3.2　持续电磁辐射干扰 ⋯⋯⋯⋯⋯⋯⋯⋯⋯⋯⋯⋯⋯ 298

6　总结及展望 ⋯⋯⋯⋯⋯⋯⋯⋯⋯⋯⋯⋯⋯⋯⋯⋯⋯⋯⋯⋯ 301

参考文献 ⋯⋯⋯⋯⋯⋯⋯⋯⋯⋯⋯⋯⋯⋯⋯⋯⋯⋯ 305

绪　论

智能电网的发展背景

近十年来，随着智能化技术的蓬勃发展，我国电网技术已经实现从传统向智能化转变，逐渐推动形成绿色环保的电力能源供给模式与绿色高效的节能用电发展路径。智能电网作为目前电力领域极具开创性的重大创新技术，将智能传感检测、信息智能化、通信传输及计算机等技术与电网的物理系统相融合，缔造出了一种新型智能化电网。这种智能化电网极大地增强了电网运行的安全可靠性，提升了电力系统的能源利用率和运行效率，达成了环境友好和节能降耗的目标，为社会经济的可持续发展注入了强劲动力，实现了从薄弱到强大的蜕变，助力了我国电网技术从追赶者向领跑者的强力转身，切实为我国经济社会发展打下基础、筑牢根基。

随着电网智能化技术进程加速和社会经济的高速发展，高能耗重工业、铁路交通运输、医疗卫生等领域对电能的需求持续攀升，用电形态也发生了巨大的变革。国家电网有限公司为契合电力改革市场化和电网的智能化需求，保障电力系统平稳安全地运行，打造了用电信息采集系统。随着该系统的广泛应用，智能电能表作为该系统中最核心和最关键的信息采集终端，已经成为电网用户与智能电网信息连接的枢纽，成功搭建了电力企业和电力用户之间的用电信息、电能需求双向沟通的桥梁，促使电力营销的综合效益迈向新高度。

智能电能表的发展背景

由于社会市场发展及智能电网构建的双重驱动，电能表只具有单一计量功能的传统局面被打破。新时代的智能电能表，不仅具有传统准确计量用户用电量的功能，还拓展出一系列智能化新功能：具备可依时段、用户类别等灵活设定的双向多种费率计量功能；拥有用户端控制功能，借此可便捷管控自身用电设备，达成节能降耗；支持多种数据传输模式的双向数据通信功能，可保障供电公司与用户之间信息交互的畅通无阻；融入防窃电功能，守护电力供应公平公正；增设事件记录功能，为后续运维、管理提供翔实依据。

计量电量是自电能表诞生以来，一百多年不曾改变的核心功能，准确计量电能是全球电能表生产行业的首要目标。只有准确计量电能才能达到电能资源的合理有效配置，才能达到节约资源的目标，才能使工业完成从粗放型发展到节约型发展的转变，才能加快国家构建社会主义和谐社会的进程。随着生产电能表的工艺技术不断提高，民众对电能表功能多元化的追求也越来越高，科研工作者对电能表的研发和设计开启了不断创新与探索。他们不仅仅只是赋予电能表计量电能的基本功能，更是开创性地在电能表中加入了通信模块，实现了供电公司与用户之间的双向通信，为电力服务升级与用户体验改善铺平了道路。

在当今科技日新月异的大环境下，电力行业正经历着深刻变革。随着集中抄表系统和智能家居技术的发展，电子式智能电能表除了能够对家庭用电状况进行实时监测和费用计量，还可以作为供电公司与智能家居系统的信息交换中转站。供电公司通过电子式智能电能表集中抄表系统抄集家庭的用电状况，同时也可以将用户自己的用电情况和预存电费情况告诉家庭用户，实现了家庭用户用电情况的智能化、自动化、集中化管理，改变了传统人工抄表的传统管理模式，提高了电力行业的运作效率，降低了运作成本。

对于我国这个人口大国，目前电力供需矛盾还非常突出，迫切需要实现电力的智慧管理，遏制不合理用电现象，实现电力需求管理和电力资源无缝链接的目的。因此，大力推广智能电能表的应用是电力供应的发展方向。新型智能电能表同时具备电能计量与用电控制两种功能。当电力比较充足时，智能电能表可以实现复费率计量，降低电价，达到鼓励用电的目的；当电力供用紧张时，智能电能表可以限制用电或停止供电，实现阶梯管理，达到保证重点用电需求的目的。通过因时制宜地制定差异化电价策略，尤其在用电低谷时段给予用户颇具吸引力的电价优惠，以此成功刺激用户合理错峰用电，充分挖掘每一度电的潜在价值，避免电力资源的无端闲置与浪费，这无疑能够大大提高电力管理部门的工作效率。新型智能电能表可以通过载波等通信方式，实现与准确而便捷的收费系统的无缝连接，不但节省大量人力物力，还减少电力公司与客户之间的纠纷。

在智能电能表概念形成初期，各国和地区根据自身的电力系统特点和发展水平制定了各自的国家标准和技术规范。这些标准主要集中在基础功能、精度要求等方面。2000 年左右国际电工委员会（International Electrotechnical Commission，IEC）等标准化组织开始制定国际通行的智能电能表标准。IEC 62056（也称为 DLMS/COSEM）等标准的出现，促进了全球范围内智能电能表的数据交换和互操作性。2009 年国家电网有限公司以企业标准的形式提出了智能电能表的概念，明确了新型智能电能表应具有电能计量、实现信息存储与处理、实时状态监测、智能控制、信息交互等诸多功能。智能电能表还可以支撑双向计量、阶梯电价、分时电价、峰谷电价等现实情况的需求，能通过 CPU 卡或远程的方式实现预付费，可以通过手机等方式购电。适应现代用户的付款需求，是实现分布式电源计量、双向互动服务、智能家居、智能小区的技术基础，所以推广应用智能电能表是智能电网的基石，智能电能表的技术水平直接影响到智能电网建设的成败。智能电能表的推行，是实现节能减排、发展低碳经济的重要举措，对推进智能电网建设具有重要意义。近年来，随着我国经济快速有序地发展，我国也提出与美国和其他国家类似的智能电网概念，智能电能表与其配套成为关注的焦点。同时，我国开启了智能电网全面建设阶段及新一轮农网改造升级工程。智能电能表被广泛应用，市场容量也逐年扩大，给我们的生活也带来了诸多的有利影响，同时也在悄然地改变着我们的生活。

过去十年堪称中国智能电能表发展的黄金期，在这期间电能表质量实现了跨越式提升，国内电能表企业竞争力显著提升，纷纷走出国门，与全球其他电能表企业展开竞争。据相关统计，从国家电网有限公司大规模集中招标智能电能表以来，智能电能表的需求呈现迅猛增长的态势，整体系统范围内的智能电能表基本实现全覆盖。截至目前，运行中的智能电能表数量已达到 4.6 亿只。2024 年全社会用电量 9.85 万亿 kWh，较 2023 年同比增长 6.8%。

智能电能表在电力供应体系中扮演着至关重要的角色，它是连接终端用户与国家电网有限公司之间的桥梁，其运行状态对供电的安全性及整个智能电网系统的可靠性有着重要的影响。智能电能表处于电力供应的前沿阵地，直接面向终端用户，精准采集用电数据并实时传输至国家电网有限公司。它消除了传统电能表信息滞后、采集困难的弊端，搭建起一座畅通无阻的信息桥梁。用户的每一次用电操作，无论是白天的正常用电高峰，还是夜间的低谷时段用电，智能电能表都能敏锐捕捉，并迅速反馈给供电方。这使得国家电网有限公司能够依据实时数据，动态调整电力分配策略，如在用电高峰时合理调配发电资源，优先保障关键区域用电；在低谷期鼓励储能或错峰用电项目，提高电力利用效率。

智能电能表是国家电网核心计量设备，其运行状态直接关联着供电的安全性。一旦智能电能表出现故障，可能导致用电数据丢失、错误传输，进而引发供电决策失误。例如，若某区域多块智能电能表同时故障，国家电网有限公司无法准确掌握该区域用电负荷，可能造成线路过负荷却未及时察觉，增加停电风险，甚至损坏电力设备。在智能电网系统层面，它作为关键节点，稳定可靠地运行是整个电网智能化调控、故障预警与快速修复的基础。智能电能表实时监测的数据为电网的自我诊断、自适应调整提供依据，保障电网在复杂工况下维持稳定运行。

智能电能表遇到的挑战

在当今快速发展的信息化时代，智能电能表作为电力系统智能化的重要组成部分，承担着电能计量和数据传输的关键任务。它们不仅为电力公司提供了实时、准确的用电数据，而且通过远程通信技术，实现了对用户用电行为的监控和管理。然而，随着智能电能表在电力系统中的广泛应用，其在复杂电磁环境下的性能稳定性和可靠性问题逐渐显现。电磁干扰作为一种普遍存在的现象，已经成为影响智能电能表正常工作的主要因素之一。从高压输电线路产生的工频磁场，到移动通信基站发射的射频电磁波，再到家用电器和工业设备运行时产生的电磁噪声，这些电磁干扰源构成了一个复杂多变的电磁环境。在这样的环境下，智能电能表可能会遭受电磁干扰，导致计量误差、通信故障甚至设备损坏等问题，严重影响电力系统的稳定运行和用户的用电安全。

电磁干扰对智能电能表的挑战主要表现在其对电能表内部精密电子元件的影响。智能电能表内部包含大量的电子元器件，如微控制器、传感器、通信模块等，这些元件对电磁干扰非常敏感。电磁干扰可能会导致电能表的计量精度下降，如电流互感器在外部磁场的影响下可能产生额外的感应电流，从而影响电能表的计量结果。此外，电磁干扰还可能干扰电能表的通信模块，造成数据传输错误或延迟，甚至导致通信链路完全中断。在极端情况下，如雷击或高压电脉冲等强烈的电磁干扰，甚至可能烧毁电能表的关键电子元件，造成设备永久性损坏。这些问题不仅影响电力公司的运营管理，还可能对用户的用电安全造成威胁。因此，提高智能电能表的抗电磁干扰能力，确保其在复杂电磁环境下的稳定运行，已成为电力行业亟须解决的问题。

电磁环境的研究意义

电磁环境是人类生活环境的重要组成部分。在现代社会中，电磁波的应用已经无处不在，如无线通信、电视、雷达、电磁炉等。电磁环境的研究意义不仅局限于保障人类健康和安全，还涉及科技发展、经济增长和社会进步的多个方面。随着电磁技术的广泛应用，从日常生活到高端科研，从商业运营到国家安全，电磁环境的质量直接影响着各个领域的效能和稳定性。

电磁环境的研究对于保护和改善公共健康至关重要。随着移动通信技术的普及，人们越来越多地接触到无线电波，无线电波是电磁波的一种。电磁波提供了方便的信息传递和能源传输方式，同时也对健康和安全产生了一定的影响，这些影响成为公众关注的焦点。通过深入研究电磁波对生物体的作用机制，可以更好地了解电磁辐射对人体健康的潜在影响，并制定相应的安全标准和防护措施，以减少电磁辐射对人体的负面影响。电磁环境的研究对推动科技进步和经济发展具有显著作用。

随着电子信息技术的迅速发展，电磁环境变得越来越复杂。在现代工业生产中，电磁技术被广泛应用于自动化控制、精密加工、医疗设备等领域。通过优化电磁环境，可以提高生产效率，降低能耗，提升产品质量。同时，电磁环境的研究也为新兴技术的发展提供了理论基础和技术支持，如无线充电、电磁驱动等，这些技术的应用将进一步推动经济的可持续发展。在军事领域，电磁环境的研究同样具有战略意义。电磁空间已成为现代战争的新战场，电磁武器已经成为一种新型的作战手段，能够直接或间接地影响敌方的电子设备和军事行动。通过深入研究电磁环境，可以开发出更有效的电磁武器和防御系统，提高作战能力，以及军事通信的安全性和可靠性。同时，电磁环境的研究也有助于提高军事指挥控制系统的抗干扰能力，确保在复杂多变的电磁条件下，更好地防护我方军事设施免受敌方电磁攻击的影响，军队能够保持高效的作战能力。电磁环境的研究还对环境保护和自然灾害预警具有重要意义。例如，太阳活动产生的电磁风暴可能对地球的磁场产生扰动，影响卫星导航和通信系统的稳定运行。通过对电磁环境的监测和分析，可以及时预警可能的自然灾害，采取预防措施，减少灾害带来的损失。

总而言之，电磁环境的研究是多学科交叉的综合性研究领域，它不仅关系到科技的进步和经济的发展，还与国家安全和人类福祉密切相关。随着电磁技术的不断进步，电磁环境的研究将面临更多新的挑战和机遇，需要不断探索和创新，以适应未来社会的发展需求。

1

复杂电磁场作用机理及仿真技术

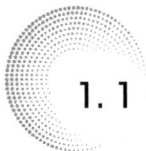

1.1 电磁环境概述

1.1.1 电磁环境分析

电磁环境是指电磁能量在空间中的分布和传播状态，它是由各种电磁源产生的电磁场和电磁波所构成的。电磁环境是一个复杂而多变的系统，受到多种因素的影响，如电磁源的种类、强度、频率，以及环境的地理位置、地形地貌、气象条件等。在电磁环境中，电磁波的传播和干扰是一个重要的问题。电磁波在空间中传播时，会受到多种因素的影响，导致电磁波的强度和方向发生变化。同时，电磁波之间也会产生相互干扰和影响，导致电磁环境的复杂性和不确定性增加。电磁环境分析是研究电磁波在空间中的分布、传播、散射、吸收等规律，以及电磁波与物质相互作用机制的重要手段。在电磁环境分析中，通常将电磁场分为单一电磁场和复杂电磁场两种场景。

1. 单一电磁场

单一电磁场信号场景，是指在给定的空间范围内，主要存在一种主导的电磁信号类型，这种场景下的电磁环境相对简单，易于分析和控制。在单一电磁场信号场景中，由于电磁环境的单一性，可以更加专注于特定类型的电磁信号，对其进行精确地测量和分析。这不仅有助于更好地理解电磁信号的特性，还有助于开发出更有效的电磁防护技术和电磁兼容性解决方案。通过对单一电磁场信号的深入研究，可以为复杂电磁环境下的电磁兼容性问题提供基础理论和实践经验，从而为电子设备的设计和应用提供科学指导。在空间磁场中最常见的单一电磁场包括恒定磁场、工频磁场、射频电磁场等。

（1）恒定磁场。恒定磁场是指磁感应强度不随时间变化的磁场，又称为静磁场。这种磁场通常由直流电流或磁性材料产生，如电磁铁、磁性材料等，如图1-1所示。永磁体产生的恒定磁场磁感应强度较低且难以控制，故应用面相对较窄。与此相反，恒定电流产生的恒定磁场更为灵活可调，在许多领域得到广泛应用，如电力驱动、磁浮技术等领域。恒定磁场作为一种非均匀场，其磁场强度和方向会随着空间位置的改变发生变化。随着科学技术的发展，恒定磁场已广泛应用于医学领域、材料科学领域，如核磁共振成像（nuclear magnetic resonance imaging，NMRI）、磁分离技术、磁性材料制造等。

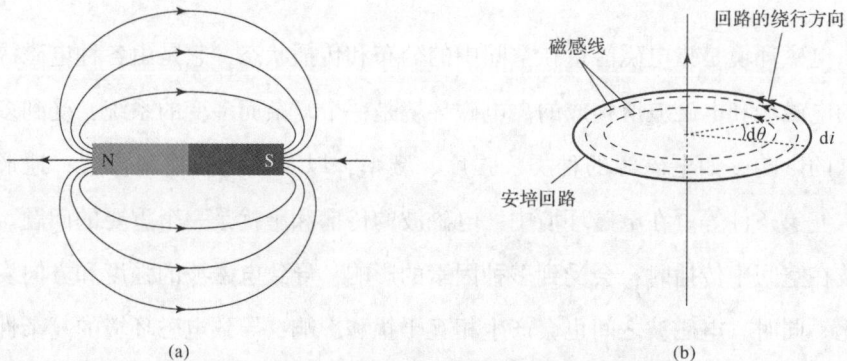

图1-1 恒定电流与永磁体产生恒定磁场示意图

(a) 永磁铁产生恒定磁场示意图；(b) 恒定电流产生恒定磁场示意图

（2）工频磁场。工频磁场是指频率为50Hz或60Hz的交流电产生的磁场，特点是频率低、波长长。我国工频交流电的频率为50Hz，波长为6000km。工频磁场的强度通常比较稳定，不会随时间变化。工频磁场的强度通常用磁感应强度来衡量，单位是特斯拉（T），或者更常用的微特斯拉（uT）。工频磁场的强度因不同的电器和设备而异，例如家用电器的工频磁场通常在0.1~0.5μT之间，而高压输电线的工频磁场可能高达几百微特斯拉。工频电磁场主要来自输、配电系统及电力牵引系统、大功率电器等。

工频磁场是电力系统中的一种重要现象，它对电力系统的运行和安全具有重要影响。输电线作为电力系统中不可或缺的一部分，除了产生电能热效应外，还会产生工频磁场。当电流通过输电线时，会在导线周围产生一个环绕的磁场。这个磁场是由导线中的电流产生的电场和磁场相互作用形成的。当导线中的电流发生变化时，磁场也会相应发生变化。因此，工频磁场是一种动态变化的磁场。工频磁场在电力系统中起着传输电能的作用，通过电磁感应原理，输电线中的电流能够感应出磁场，从而实现电能的高效传输。在电力系统中，工频磁场是保证电能稳定传输的重要因素之一。工频磁场对电力设备具有一定的保护作用，当输电线中的电流发生变化时，产生的工频磁场也会相应变化。这种变化可以引起继电保护装置的响应，从而实现对电力设备的保护。除此之外，工频磁场还会对输电线产生一定的影响。一方面，工频磁场会对输电线的电阻和电感产生影响，从而影响输电线的传输效率。另一方面，工频磁场还会对输电线的机械性能产生影响，如使导线发生振动等。因此，电力系统中需要采取措施来减小工频磁场对输电线的影响，以确保电力系统安全稳定运行。

此外，在由工频电力线供电的试验室、工厂车间和其他生产现场，工频电磁场几乎是无处不在；在高电压、小电流的工频设备附近，存在着较强的工频电场；在低电压、大电流的工频设备附近，也存在着较强的工频磁场。

工频磁场是超高压输电及变电设备附近常见的电磁场干扰类型，其是强电流和强电压共同作用的结果。工频磁场会对周围环境产生影响，这是基于导电性能和电磁效应的一种影响形式。通常工频磁场对环境的影响是可以忽略不计的，但是随着城镇化的进行，输电网络所在区域已不仅仅局限于荒野、郊区等，在高压、超高压输电线、变压器、变压站附近也有生活区分布，而工频磁场的电磁辐射较强，不仅会对用电设备、输电设备造成影响，还会对周围居民身体健康造成不利影响。高强度的工频磁场还会对区域短波通信产生干扰，引起信号强度降低、噪声等。在雷雨天气，工频磁场有较高的风险发生电晕放电、释放多频率杂波等，引起雷击、电网电压波动等问题。

曾经有研究[1]根据电磁相关理论对 500kV 交流输电线路周围的工频电磁环境进行分析，最终得出：500kV 超高压输电线附近有着明显的工频磁场，工频磁场围绕输电线存在，因此线路越密集工频磁场强度越高；同时工频磁场对周围环境的影响随着距离的增加而降低，超过50m时工频磁场的影响效果几乎可忽略。因此500kV超高压输电线的安全暴露距离在50m之外，即500kV超高压输电线距离人口密集区或活动区在50m以上最佳。工频磁场和输电方向具有关联性，同相超高压输电线工频磁场具有叠加效果，而双回线的多相输电线工频磁场具有抵消效果，多相中心工频磁场的强度反而低于中段距离。因此为了提高超高压输电线下电工作业安全性，可适当加强双回线多相输电线路的运用，利用不同相输电线工频磁场之间的干扰特征，降低输电线中心水平的工频磁场强度，为工作人员提供一个更加安全的工作环境。研究发现，距离是影响工频磁场作用效果最显著的因素，两者呈现负相关，距离越远工频磁场的强度越低，这个距离包含了水平距离和垂直距离。距离越近、线路越密集，工频磁场强度越高，随着距离的增加工频磁场的强度迅速降低，短距离内衰减速度较快，远距离衰减速度较慢，超过40m后工频磁场衰减速度进一步降低，40m和50m距离上工频磁场强度相差不大，测试结果如表1-1所示。

表1-1　　　　　　　　单回路相间距离对工频磁场的影响

距离	0m	10m	20m	30m	40m	50m
0m	4.0B/μT	3.0B/μT	2.5B/μT	1.3B/μT	1.0B/μT	4.0B/μT
15m	4.5B/μT	3.2B/μT	2.8B/μT	1.5B/μT	1.1B/μT	4.5B/μT
20m	5.0B/μT	3.9B/μT	3.0B/μT	1.9B/μT	5.0B/μT	5.0B/μT
25m	4.6B/μT	3.3B/μT	2.8B/μT	1.6B/μT	4.6B/μT	4.6B/μT

对同塔双回线路的高压输电线网进行模拟分析，发现同塔双回路输电线相序之间工频磁场存在相互影响。由于两者相互干扰，在中心距离较近的地区工频磁场强度反而较低，随着距离的增加工频磁场强度逐渐上升再逐渐降低，在10~20m之间存在一个强度峰值，预测可达6B/μT以上，随着距离的进一步增加工频磁场强度迅速降低，工频磁场强度峰值后变化趋势与距离对工频磁场强度影响基本一致。测试结果如表1-2所示。

表 1-2 同塔双回路输电线工频磁场分布特征

中心距离	0m	10m	20m	30m	40m	50m
0m	2.0B/μT	5.5B/μT	5.8B/μT	2.2B/μT	2.0B/μT	1.6B/μT
5m	2.4B/μT	4.8B/μT	5.4B/μT	2.6B/μT	2.1B/μT	1.6B/μT

增加输电线到电工作业环境和居民生活区、活动区的距离可有效降低超高压输电线工频磁场对人体健康和电器运行参数的影响，因此通过调整导线中心到工作现场或活动区域的距离来降低工频磁场的影响。

（3）射频电磁场。射频电磁场是指频率在射频范围内的电磁场。射频（radio frequency，RF）通常指的是频率在 3 kHz ~ 300 GHz 之间的电磁波，这个范围包括了无线电波、微波等。射频电磁场是由变化的电场和磁场组成的，它们以波的形式传播，具有波长和频率等特性。

射频电场强度是指在射频电磁波传播过程中电场的强度，单位是伏特/米（V/m）。它表示单位面积上电场的功率或能量密度，通常用于描述射频信号在空间中的分布和强度。它的大小与电磁波的频率、功率、距离等因素有关。一般来说，电磁波的频率越高，电场强度就越大；功率越大，电场强度也越大；距离越近，电场强度也越大。射频电场强度的测量方法有多种，常用的方法包括电场探头法、电场感应法、电场耦合法等。其中，电场探头法是最常用的方法之一。

射频电磁场产生的来源主要包括：无线电广播和电视广播，工业设备和医疗设备，输电线电晕放电，高压设备和电力牵引系统的火花放电，以及内燃机、电动机、家用电器、照明电器等。在分析射频电磁场的环境时，需要从多个角度来考虑，包括其产生、传播、影响及测量等方面。

首先，射频电磁场的产生与现代通信技术的迅猛发展密切相关。无线电广播和电视广播作为射频电磁场的主要来源之一，通过无线电波将声音和图像信息传输到千家万户。这些无线电波在空气中传播，形成了一个覆盖广泛的电磁场环境。随着移动通信技术的发展，从早期的低频率通信技术到如今的 4G 和 5G 网络，射频电磁场的应用越来越广泛。在这个过程中，其频率范围不断拓展，从最初的几百千赫兹，逐步提升到了如今 5G 网络所使用的几十吉赫兹频段，以满足高速数据传输和低延迟等通信需求。

工业设备和医疗设备也是射频电磁场的重要产生源。在工业生产中，许多设备如射频加热设备、感应加热设备等，利用射频电磁场对材料进行加热或处理。医疗设备如磁共振成像和射频消融设备，通过射频电磁场对人体进行成像或治疗。这些设备在提供便利的同时，也可能对周围环境产生电磁干扰。

输电线电晕放电和高压设备、电力牵引系统的火花放电，是射频电磁场在电力系统中的另一种表现形式。当电压达到一定程度时，导线周围的空气可能被电离，形成电晕放电，产生射频电磁场。此外，高压设备在开关操作过程中产生的火花放电，也会辐射出射频电磁场。这些电磁场可能对附近的电子设备造成干扰，影响其正常工作。

内燃机、电动机、家用电器、照明电器等日常设备在运行过程中，也会产生射频电磁场。虽然这些设备的电磁场强度相对较弱，但在密集的城市环境中，大量的设备同时工作可能会形成累积效应，对周围环境产生影响。此外，汽车火花塞等脉冲源在点火过程中产生的射频干扰，也需要引起注意。

射频电磁场的传播特性受到多种因素的影响。电磁波的传播路径、频率、功率、天线特性及周围环境都会影响射频电磁场的强度和分布。在开放空间中，电磁波的传播主要受到距离和天线增益的影响；而在城市环境中，建筑物、地形和其他障碍物会对电磁波的传播产生遮挡和反射，形成复杂的电磁场分布。

射频电磁场对环境的影响是多方面的。对于非磁性物质，射频电磁场可能会引起电介质加热、电离等现象，影响物质的性质和功能。对于电子设备，射频电磁场可能会引起电磁干扰，导致设备工作异常或性能下降。在生物体中，射频电磁场的影响更是一个复杂且备受关注的问题。虽然目前尚无确凿证据表明射频电磁场对人体健康有害，但长期暴露在高强度射频电磁场中可能会对人体产生一定影响。

为了准确测量射频电磁场的强度，发展了一系列测量方法。电场探头法通过将探头置于电磁场中，直接测量电场强度；电场感应法利用电磁感应原理，通过感应线圈测量电磁场强度；电场耦合法通过耦合器件将电磁场能量转换为电信号进行测量。这些方法各有优势，适用于不同的测量场景和要求。

射频电磁场是现代通信及技术发展孕育出的产物。在当今社会，它广泛渗透于人们生活的方方面面，手机通信、无线网络、卫星导航等诸多领域都离不开它，为人类信息交互、便捷生活提供了强大助力。然而，就像硬币的两面，射频电磁场在大放异彩的同时，也悄然给环境和设备带来了一些不容忽视的影响。因此，全面且深入地剖析射频电磁场所处的环境特性，精准把握其强度分布、频率变化及传播路径等关键要素，进而探究它与周边环境、各类设备之间纷繁复杂的相互作用机制，已然迫在眉睫。更为重要的是，依据这些深入研究成果，科学制定并推行一系列行之有效的防护举措，切实保障电子设备能够稳定、精准地运行，为各个关键领域筑牢安全根基。

2. 复杂电磁场

复杂电磁场是指空间中存在多种类型的电磁信号，它们相互耦合、相互影响，形成一个复杂的电磁环境。复杂电磁环境具有多样性、动态性和不确定性等特点。多样性体现在电磁信号的类型繁多，包括无线电信号、微波信号、毫米波信号等，它们具有不同的频率、带宽、功率和调制方式。动态性则表现在电磁环境随时间、空间和任务的不同而发生变化，如无线通信中的信号传输受到天气、地形等多种因素的影响。不确定性则源于电磁环境中存在的大量未知和不可预测因素，如敌方干扰、电磁噪声等。例如，在无线通信系统中，同时存在多个无线电信号，它们相互干扰、相互影响，形成一个复杂的电磁环境。此外，在雷达、电子战等系统中也存在复杂的电磁环境，如电磁干扰（electromagnetic interference，EMI）、电磁辐射（electromagnetic radiation，EMR）、静电放电（electrostatic discharge，ESD）、电磁兼容性（electromagnetic compatibility，EMC）、电磁脉冲（electromagnetic pulses，EMP）、电磁易损性（electromagnetic vulnerability，EMV）等[2]，而受这些复杂电磁环境效应影响，电磁空间内的电子信息系统、用频装备效能发挥程度高低不一，部分装备甚至无法正常使用。

事实证明，复杂多变的电磁环境效应[3]，对其范围内电子信息系统的影响是多方面的。首先，电磁干扰可能导致信号传输质量下降，通信距离缩短，甚至造成通信中断。电磁辐射则可能对电子设备和人员健康造成潜在威胁。静电放电可能导致电子设备的损坏或性能下降。电磁兼容性问题则可能导致不同系统之间的相互干扰，影响整体性能。电磁脉冲和电磁易损性则可能对电子信息系统造成严重的物理损害和功能失效。复杂电磁场可能会导致通信设备出现传不远、听不清、误码高的现象，雷达设备出现看不远、辨不清的现象，导航设备被误导、被诱骗的现象。这些场景的特点是需要考虑多种类型的电磁信号之间的相互作用和影响，需要采用先进的数学模型和计算方法进行分析。常用的分析方法包括时域有限差分法（finite difference time domain，FDTD）、有限元法（finite element method，FEM）和矩量法（method of moments，MoM）等。这些方法可以模拟电磁波的传播、散射和干扰过程，为复杂电磁环境的分析和优化提供理论支持。然而，由于复杂电磁环境的多样性和不确定性，分析过程中面临着巨大的挑战。

1.1.2 电磁场影响原理

1. 恒定磁场的影响原理

（1）生成原理。恒定磁场是一种磁感应强度不随时间而变化的磁场，又称为静磁场。恒定磁场是恒定电流在导体中产生的稳定磁场。这个磁场是由无数的磁力线组成的，每条磁力线都是一个闭合的曲线，其磁感应强度在整个空间中都是均匀的。描述磁场的基本物理量是磁感应强度矢量，研究恒定磁场必须确定其磁感应强度矢量、散度、旋度。

恒定磁场可以通过安培环路定律来描述和解释。根据安培环路定律，在真空中，一个恒定电流产生的磁场的磁感应线是闭合曲线，且沿此闭合曲线的线积分等于穿过这个曲线的电流代数和。恒定磁场的特点是频率稳定，因此对电子设备的影响较小。在电力系统中，恒定磁场的应用非常广泛，例如变压器、电动机等。恒定磁场的生成方法主要有两种，一种是通过电流产生，另一种是通过永磁材料产生。前者依据安培定律,通过恒定电流在闭合回路流动产生恒定磁场;后者依赖材料的固有磁性产生恒定磁场。

(2)恒定磁场对电子设备的影响。恒定磁场对电子设备的影响是一个复杂的问题,涉及数字电路、模拟电路等领域。数字电路作为现代电子设备中最为常见的一种电路,其逻辑门功能易受恒定磁场影响。以晶体管为例,恒定磁场会改变晶体管内部载流子的运动轨迹,从而改变晶体管的截止频率和增益等性能参数,这些变化进而导致逻辑门输出的不稳定或错误。类似地,模拟电路也会受到恒定磁场的影响。以运算放大器为例,恒定磁场会改变运算放大器内部电阻和电容的值,从而改变运算放大器的增益、带宽和频率响应等性能参数。由于模拟电路的输出往往依赖于这些性能参数,恒定磁场的作用可能导致模拟信号的失真或频率响应的变化,进而影响整个电路的工作特性。

(3)恒定磁场对电能表的影响。智能电能表中的互感器、变压器、计量芯片、继电器、液晶等电子元器件对恒定磁场较为敏感,容易受其影响。

1)互感器。恒定磁场通过对智能电能表中互感器的干扰,进而影响计量模块的电能计量精度。在闭合的铁芯和一、二次侧绕组中,一次侧线圈通以变化的电流,铁芯中则会产生变化的磁通,并在二次侧线圈产生对应的感应电流。当有磁铁存在的情况下,会在其周围空间形成以磁铁为中心的恒定磁场。当磁铁靠近电流互感器时,由于电流互感器铁芯良好的导磁性能,恒定磁场会以电流互感器铁芯为磁路,通过铁芯,在部分二次绕组中产生恒定交链磁通,绕组距离磁铁越远,磁感应强度越小,磁铁在该绕组处产生的恒定交链磁通越小。对有交链磁通部分的绕组,由于恒定交链磁通的存在,会改变该绕组处电流互感器铁芯的状态。由于各绕组处恒定交链磁通的方向一定,当励磁信号形成的交流磁通与恒定交链磁通方向一致时,有交链磁通绕组处铁芯饱和程度随着交链磁通强度的不同受到不同程度的加强,当励磁信号形成的交流磁通与恒定交链磁通方向相反时,铁芯的饱和程度减弱,使得各有交链绕组处铁芯的状态严重不均衡,进而影响励磁电流,改变电流互感器的传变特性。

在电子式电能表中，若不考虑外来磁场的影响，其计算电能的数学模型公式为

$$W = UI\cos\alpha \times T \tag{1-1}$$

式中　W——电能量，J；

　　　U——电压，V；

　　　I——电流，A；

　　　α——无磁场影响时的功率因数；

　　　T——时间，s。

再考虑到由于外加磁场带来的相位误差，则电能计算公式的数学模型为

$$W' = UI\cos(\alpha + \beta) \times T \tag{1-2}$$

式中　W'——考虑恒定磁场干扰引入误差后的电能量，J；

　　　β——恒定磁场引入的相位误差，rad。

计算磁场影响前后的电能值后，再利用差值法计算由恒定磁场影响相位变化带来的误差值，计算公式为

$$\sigma = \frac{W' - W}{W'} = \cos\beta - \tan\alpha\sin\beta - 1 \tag{1-3}$$

式中　σ——恒定磁场引入的电能误差。

由式（1-3）可知，电能误差 σ 不仅与电压和电流的初相位 α 有关，还与附加相位误差 β 有关。虽然附加相位误差 β 值很小，但从数学层面分析，β 很小，导致 $\cos\beta$ 接近于1，$\sin\beta$ 接近于0；若 α 接近90°时，$\tan\alpha$ 就会无穷大，这将导致由相位引入的误差 σ 很大，下面用数字举例来进行具体说明，如表1-3所示。

表1-3　　　　　　　　　　由附加相位引起的误差一览表

α	0°	30°	45°	60°	89°	89.9°
β	0.1°	0.1°	0.1°	0.1°	0.1°	0.1°
σ	0.0002%	0.1%	0.17%	0.3%	1%	10%

　　表1-3说明由相位引起的误差是不可忽略的；当 α 值接近90°时，所带来的误差很大，与前文理论分析相符。以上讨论了由附加相位引起的误差，实际上恒定磁场对智能电能表的影响，不仅是附加相位误差，还存在幅值的变化[4]。这两种误差，任何一个都不可忽视。下面将从理论层面分析相位误差与幅值误差同时存在的情况。在没有相位误差和幅值误差情况下，电能计算公式如式（1-1）所示。假设受恒定磁场干扰后的电压、电流为 U'、I'，则引入磁场附加相位 β 和幅值变化后的误差计算公式为

$$\sigma = \frac{U'I'}{UI} \times (\cos\beta - \tan\alpha\sin\beta - 1) \qquad (1-4)$$

式中　σ——恒定磁场引入的电能误差；

　　　U'——受到恒定磁场抗扰度后的电压幅值，V；

　　　I'——受到恒定磁场抗扰度后的电流幅值，A。

　　经过分析式（1-4）可知，由附加相位和幅值变化共同引起的计量模块误差极大，不可忽略。互感器在外部恒定磁场的干扰下采样幅值及相位发生改变，最终导致电子式电能表的计量不准确[5]。

　　2）变压器。在进行智能电能表的恒定磁场干扰试验时发现，恒定磁场置于变压器附近时误差变化最明显。变压器是给智能电能表供电的必要元器件，由铁芯（或磁芯）和线圈组成，其中变压器中的铁芯（或磁芯）使用的材料是硅钢片。变压器中的线圈有两个或两个以上的绕组，其中接电源的称为一次侧线圈，其余的绕组称为二次侧线圈。当一次侧线圈中通有交流电流时，铁芯（或磁芯）中便产生交流磁通，使二次侧线圈中感应出电压（或电流），从而达到变换的效果。理想的变压器是没有任何能量损耗和温度升高的现象，但是在实际生活中，理想的变压器是不存在的。实际的变压器主要存在两种损耗，即铜损和铁损。铜损是由于变压器线圈电阻所引起的损耗，当电流通过线圈电阻发热时，一部分就转变成热能而损耗。由于线圈一般都由带绝缘的铜线缠绕而成，因此称为铜损。由于铜线圈中的电阻不能够完全消除，因此变压器的铜损是不能避免的。变压器的铁损又分为两部分：一是磁滞损耗，二是涡流损耗。当变压器外部存在一定强度磁场的时候，会有一

部分磁感应线穿过变压器，使变压器的涡流损耗增加，增大了智能电能表的功耗，生成了更多的热能，导致温度升高。一般情况下电能表中热敏电阻距离变压器比较近，温度的升高易使过热保护装置动作，最终导致智能电能表黑屏或者死机。

变压器和恒定磁场的共同作用导致电能表处于复杂电磁环境中，从而影响电压采样调理电路、电流采样调理电路和计量单元主芯片的输入/输出电路，进而导致电能表电能计量出现系统误差。下面对电压通道的调理电路进行分析，推导电能计量产生误差的原因。电压通道的调理电路等效模型如图 1 - 2 所示，R_1 和 R_2 构成分压电路，R_c 和 C 构成低通滤波电路，分压电路将大电压信号转化为小电压信号，低通滤波电路滤除高频干扰，满足计量芯片内部 A/D 输入要求。

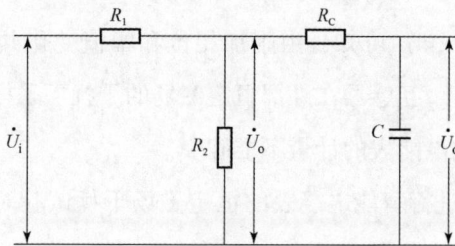

图 1 - 2　电压通道的等效电路图

由图 1 - 2 可知，电网电压 U_i 经过电阻分压得到小电压信号 U_{o1}，再经过 RC 低通滤波，输入计量芯片的信号为 U_o。在实际设计过程中，受限于电阻的精度和稳定性等因素，实际输入计量芯片电压与理论检测的电压存在一定的误差，此误差与电阻分压的比例误差和 RC 滤波的相位误差有关。

当外界存在恒定磁场干扰时，由于变压器和恒定磁场的共同作用导致电能表处于复杂电磁环境中，致使采样调理电路的电阻值发生变化，进而导致比例误差和相位误差受到进一步的影响。

3）锰铜分流器。智能电能表中锰铜分流器采样电路的等效电路如图 1 - 3 所示，利用交流电流源代替输入电流，R_{MnCu} 为锰铜片对应的采样电阻，将大电流 I_1 转换为小电压信号 U_{io}，R_1、R_2 和 C_1、C_2、C_3 形成滤波电路，滤除电流采样电路中的高频干扰信号，同时产生较小的电流比例系数 K_i 和电流角度偏移 $\Delta\varphi_i$。当外界恒定磁场干扰时，由于磁场对金属的影响及电场和磁场的复杂关系，导致锰铜电流采样调理电路的电阻值发生变化，进一步导致比例系数 K_i 和电流角度偏移 $\Delta\varphi_i$ 受到影响。此外由于电磁感应和涡流现象使得电流采样回路产生一系列复杂的感应信号，导致采样信号的幅值发生改变和相角发生偏移，且采样电流越小产生的影响越大，计算的电流比例系数 K_i 和电流角度偏移 $\Delta\varphi_i$ 和无磁场干扰时明显不同。

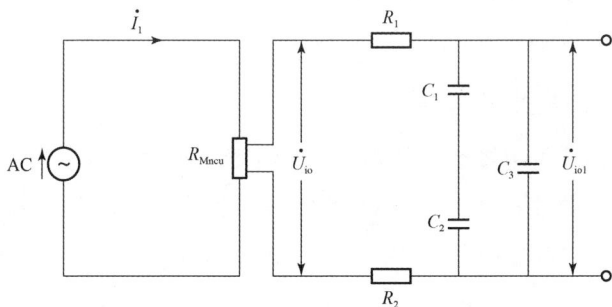

图 1-3　锰铜采样电路的等效电路图

4）继电器。继电器是电能表内部的控制部件，通过它可以对电力用户催费预警、远程拉合闸。目前电能表内大多采取电磁继电器，外部磁场会影响电磁继电器的正常操作。当外部干扰磁场的磁力线方向与内部磁场的磁力线方向相互垂直时，则干扰磁场产生的磁感应强度与电磁系统内部磁感应强度相互正交，处于正交关系的两个电磁感应分量是相互独立的，故继电器衔铁组件所受力矩不会受到影响。当外部干扰磁场的磁力线与内部磁场的磁力线共处一个平面内时，则继电器电磁系统可能存在饱和、接近饱和、未饱和三种状态。当电磁系统内部磁路中出现处于饱和状态的零部件，则其磁导率大大降低，该种情况下将会影响衔铁组件的正常转换；当电磁系统内部磁路未出现饱和的零部件，则内部磁通大部分不会改变磁通路径，仍按照原路径流动，该种情况下衔铁组件所受力矩将会受到外部干扰磁场的影响。

外部恒定磁场对继电器的影响主要是通过抵消继电器原有线圈产生的磁力，进而影响相同驱动电压下继电器的动作特性，甚至导致误动作，危及继电器控制系统的正常运行。当干扰磁场在铁芯方向的分量与线圈在铁芯中产生的磁场方向相同时，继电器吸合和释放电压都随着磁场强度的增大而降低；当干扰磁场在铁芯方向的分量与线圈在铁芯中产生的磁场方向相反时，继电器吸合和释放电压都随着磁场强度的增大而增高。

5）电感。电感是一种被动电子元件，用于存储和释放电磁能量，广泛应用在电能表的电源电路中。电感的核心部分通常由导线绕制的线圈组成，当电流通过线圈时，会在其周围产生磁场，电流的变化会在电感中产生电动势（EMF），这种现象称为楞次定律。电感器的主要参数是电感值，用亨利（H）表示，它描述了电感器存储磁场能量的能力。电感器件在电路中起到滤波、能量存储、阻抗匹配等多种作用。

当电感器件置于恒定磁场中时，线圈中的自由电子会受到洛伦兹力的作用，导致电子运动方向改变。这种力与电子的速度、电荷及磁场的强度和方向有关，通过改变线圈中电流的分布，从而影响电感器件的电感值。如果恒定磁场的方向与线圈的法线方向平行，那么电子在穿过线圈时不会受到洛伦兹力的影响，电感器件的电感值不会发生变化。然而，如果磁场的方向与线圈的法线方向不平行，电子在穿过线圈时会受到力的作用，这可能会导致线圈中电子运动的改变，从而影响电感的能量储存，进而导致电感量发生变化。当电流通过电感时，会在电感中产生磁场，这个磁场会影响电感的自感系数。如果磁场强度越大，自感系数也会越大。因此，磁场对电感的自感系数有着重要的影响。磁场对电感的自感电动势同样存在影响，当电流通过电感时，会在电感中产生磁场，这个磁场会影响电感的自感电动势。此外，当有外部干扰磁场时，电感自身产生的磁场会被抵消或者叠加，如果磁场强度增加，电感中储存的电能增加，反之亦然。

综上所述，当智能电能表中的电感器件暴露在恒定磁场中时，受洛伦兹力影响，其电感值会发生变化，进而影响整个电源电路的稳定性，严重时甚至会导致设备损坏。

6）计量芯片。计量芯片是一种高度集成的电子设备，专门设计用于精确测量和记录电流、电压等电学参数。它们通常包含传感器接口、模数转换器

（ADC）、微处理器及存储器等组件。计量芯片的核心功能是将模拟信号转换为数字信号，并利用内置算法对这些信号进行处理，以计算出电能消耗等参数。这些芯片在智能电能表、工业自动化和家用电器等领域发挥着关键作用，确保了能源测量的高准确性和高可靠性。

恒定磁场主要通过磁感应效应实现对计量芯片的影响。当计量芯片内部的导线或半导体元件暴露在磁场中时，根据法拉第电磁感应定律，会在导体中产生感应电动势。这种感应电动势与芯片的正常工作信号相叠加，导致测量误差。此外，磁场还会影响芯片内部的霍尔元件，改变其输出，进而影响测量结果。磁场的这种影响取决于其强度、方向及与芯片的相对位置。在电能表中，计量芯片负责精确测量电能消耗。恒定磁场可通过直接作用于芯片的电路元件或间接影响芯片的工作环境，从而干扰电能表的正常工作。长期受到磁场干扰的电能表可能会出现性能下降，甚至损坏的现象，严重影响用户的正常用电和电力公司的计量准确性。

2. 工频磁场影响原理

（1）生成原理。工频磁场是指频率为工频（50~60Hz）的交变磁场。这种磁场主要来源于电力系统中的试验装置、输电线和配电线。工频磁场是通过法拉第电磁感应定律生成的，当导体中的电流发生变化时，就会在周围空间中产生一个交变的磁场。由于工频磁场是由电流的交变产生的，因此其磁感应强度随时间而变化。工频磁场的特点是频率高、周期短、振幅小，因此对人体的影响相对较小。

工频磁场的生成，需要在导体中产生一个交变的电流。这个电流可以通过交流电源、导线、电阻等设备来实现。例如，在一个简单的交流电路中，电流可以通过交流电源或者开关来产生。当电流发生变化时，就会在周围空间中产生一个交变的磁场。工频辐射信号频率较低，其波长相对较长。因此，近场和远场的分界距离较近，导致工频信号的辐射主要以近场为主。这也是为什么在考虑电磁辐射问题时，工频信号的近场效应较为重要的原因。

（2）工频磁场对电子设备的影响。工频磁场对音频设备存在较为明显的影响。具体而言，工频磁场对音频设备外壳中的磁性材料产生磁感应效应，导致音频设备外壳中的磁性材料产生微小的磁通量变化，进而导致音频设备内部的线圈产生感应电动势，从而影响音频信号的传输和声音的质量，通常会导致音频设备声音失真、噪声增大、信号减弱等。工频磁场对电视和计算机显示器同样存在影响。这些设备通常包含阴极射线管，其中电子枪发射电子，通过磁场和电场的作用将图像投射到屏幕上。当工频磁场作用于这些设备时，它会影响电子枪的稳定性，从而导致图像失真或模糊。

此外，工频磁场还可能会对电视和计算机显示器的控制电路产生影响，导致图像不稳定或出现其他异常现象。工频磁场对通信设备具有一定的影响。具体来说，工频磁场会在空中产生电磁波，电磁波与设备的天线或电缆相互作用时，会产生电磁感应现象，从而在设备内部产生噪声电流，影响设备的信号传输质量。此外，电磁波还会与设备内部的电路、电子元件等相互作用，产生更为复杂的电磁干扰。磁场干扰现象通常表现为信号失真、噪声增大、信号中断等。

（3）工频磁场对电能表的影响。工频磁场是由导体中的工频电流产生的，外加交变磁场会在智能电能表的回路中产生感应电流，进而影响电路的正常工作。

1）电流采样回路。电能表的输入电路一般采用锰铜分流器进行电流采样，输入电路、印制电路板（printed circuit board，PCB）等多处均对磁场有敏感的响应。简而言之若把输入回路、PCB等部分视为一个大的线圈回路，根据电磁感应定律，工频磁场穿过回路线圈时，会在线圈中感应出同频率的电流，感应电动势会直接附加在电流采样回路上，在进行小电流计量时会产生较大的干扰，进而影响计量的准确度。然而，通过采取一些有效的措施，可以显著降低工频磁场对电能表计量准确性的负面影响。例如，减小电流采样回路的环路面积可以减少磁场感应的电动势，如采用对分流器穿孔及改变双绞线焊接方式等方法，来减小电能表电流采样回路上的感应电流，从而降低工频磁场的干扰。此外，采用特殊的屏蔽材料和设计，如使用高导磁材料对电流采样回路进行屏蔽，或者优化PCB布局来减少回路对磁场的敏感性，也能够提高电能表的抗干扰能力[6]。

2）电源回路。智能电能表的电源管理单元为实现不同等级的电源供电，多采用线性稳压器＋直流－直流转换器实现电压的转换。当绘制电源域的PCB时，可能会出现较大的电源回路，此时若有工频磁场通过相应的回路耦合进入电源域，可能会引入较大的纹波，导致电源的稳定性变差。通过一些措施来优化电源管理单元的设计，可以达到减轻工频磁场对电源稳定性的不良影响。例如，通过优化PCB布局，减少电源回路的面积和长度，可以降低磁场耦合的影响。同时，采用高质量的滤波器和稳压器，可以有效地抑制纹波，提高电源的稳定性。此外，使用屏蔽技术和合适的接地策略，也能显著减少磁场干扰。

3. 射频电磁场影响原理

（1）生成原理。射频电磁场是一种复杂电磁场，其频率范围通常在3kHz～300GHz。它被广泛应用于无线通信、雷达、电磁炉等领域。射频电磁场的工作原理是基于法拉第的电磁感应定律，当一个导体处于变化的磁场中时，会在导体中产生感应电流。在射频电磁场的频率范围内，电场和磁场是相互依赖的，并且它们会在空间中形成波浪状的电磁波。在许多应用中，射频电磁场是通过天线系统来产生和传播的。天线是一种能够将电流转换为电磁波并传播到空间的设备。在天线中，电流在金属线上流动，产生一个交变的电磁场。射频电磁场是由变化的电流在天线或导体中产生的，根据麦克斯韦方程组，变化的电场和磁场相互耦合，形成电磁波。这些电磁波传播在空间中，并在远离天线的地方形成射频电磁场。一旦射频信号通过天线辐射出去，它将在自由空间中传播。在自由空间中，射频电磁场的强度会随着距离的增加而衰减，遵循反比例关系。

（2）射频电磁场对电子设备的影响。射频电磁场对电子器件的影响主要通过电磁感应、电磁耦合、电感效应、非线性效应和电磁辐射等机制产生。

射频电磁场可通过影响电子设备中的磁性元件，从而影响设备的稳定性和可靠性。具体来说，射频电磁场通过电磁感应和辐射的方式实现对电力传输设备的影响。电力传输设备中的变压器、电感和电容等元件都具有一定的电感和电容，当射频电磁场作用于这些元件时，会产生电磁感应，从而在电路中形成感应电流。这些感应电流会影响电路中的电压和电流，从而影响电力传输设备的稳定性和可靠性。

此外，射频电磁场通过无线电波的发射和接收实现对移动通信终端的影响。移动通信终端（如手机、平板电脑等）在通信过程中，需要通过无线电波与基站进行信号传输。这些无线电波会受到环境中各种因素的干扰，其中包括射频电磁场。当射频电磁场作用于移动通信终端时，会对无线电波的频率、相位、幅度等参数产生影响，干扰无线电波的传输，从而造成信号传输误差和失真，影响信号的质量和稳定性。

射频电磁场还可能对其他通信设施造成影响，例如广播电视发射塔的射频设备、信号处理电路和天馈线等部分，无线通信基站的接收器和发射器等器件。这些影响可能导致信号的不稳定性，进一步影响整个通信系统的可靠性。

（3）射频电磁场对电能表的影响。对智能电能表而言，射频电磁场辐射通常通过两种途径进入智能电能表内部。如图1-4所示，第一种途径是直接通过智能电能表的外壳进入内部电路，第二种途径是射频信号会被智能电能表的接口线转化为传导干扰，传导干扰顺着接口线流入智能电能表内部电路。射频电磁场辐射传到智能电能表内部电路之后，由于内部电路板布局不平衡，产

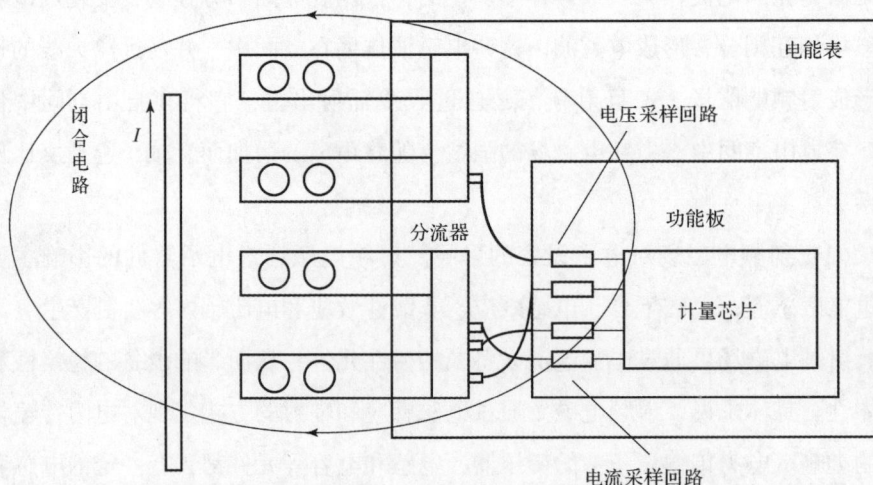

图1-4　射频信号对电能表电能计量的干扰途径

生的干扰会加载到智能电能表的分流器和分压器上。当射频电磁辐射强度超过智能电能表内部电路噪声的限度值时，智能电能表的电能计量就会产生误差。此外，交变的射频信号在智能电能表内部的闭合电路上会产生感应电动势，即电信号。智能电能表的工作原理就是计量电信号，因此产生的感应电动势会导致智能电能表的电能计量产生误差。

除此之外，射频电磁场还可能导致电能表内部的半导体器件产生信号处理错乱的问题。由于半导体器件固有的非线性特性，在信号处理过程中可能会产生一些非预期的效果。这些非线性效应在电能表的信号调制过程中尤为显著，其中模拟调制是电能表信号处理的关键技术之一。模拟调制主要包括调频、调幅和调相三种方式，每种方式都有其对应的检波方法，用于从调制信号中恢复原始信息。其中，调频（frequency modulation，FM）是一种通过改变载波信号的频率来传输信息的调制方式。在调频中，信号的频率随着输入信号的幅度变化而变化。通过鉴频器可以检测信号频率的变化并转换为原始信号。调频调制的优点是抗干扰能力强，但对射频电磁场的敏感性也较高。调幅（amplitude modulation，AM）是通过改变载波信号的幅度来传输信息的调制方式。通过检波器可以从调制信号中提取出原始的低频信号。调幅调制方式简单，但其抗干扰能力相对较弱，尤其是在射频电磁场的影响下，调幅信号的幅度变化可能会被放大，导致电能表的测量误差。调相（phase modulation，PM）是通过改变载波信号的相位来传输信息的调制方式。通过鉴相器可以检测信号相位的变化并转换为原始信号。调相调制在某些特定应用中非常有用，但其对射频电磁场的敏感性也不容忽视。

在射频电磁场对电能表的影响中，调幅影响最为明显。这是因为调幅信号的幅度变化可以直接被电能表的半导体器件检测到，而这些变化可能会超出电能表的正常工作范围。射频电磁场中的调幅信号可能会对电能表产生不同程度的影响。当电能表暴露在较弱的射频电磁场中时，调制后的高频信号可能会进入半导体元件，并被额外的检波出来。当射频电磁场中的信号经过调制处理后，其频率成分可能会扩展到更宽的范围内。这种调制后的信号如果频率成分超出了电能表设计的覆盖范围，即超出了电能表能够准确测量的频率带宽，电能表在面对超出其测量范围的信号时，无法记录这些信号，从而导致测量结果的不完整，就可能导致信号的截断或失真。然而，如果高频信号经过低频信号调制，它们可能会被电能表内部的半导体元件检波出来。这种调制过程可能会产生一个低频信号，这个信号的频率在电能表的计量带宽内，因此可能会被电能表误认为是有效的计量信号。这种误检波会导致电能表的计量芯片接收到错误的信号，进而产生计量误差。这种误差的产生是由于半导体元件对调制信号的非线性响应。半导体器件，如二极管和晶体管，在其工作过程中可能会表现出非理想的特性，如非线性增益、饱和及频率响应的限制。这些非线性特性在射频信号的调制和检波过程中尤为明显，可能会导致信号的失真和误差的产生。在较强的射频电磁场作用下，射频电磁场中的强信号与电能表内部的载波信号发生叠加，导致信号幅度超出半导体器件的线性工作范围，进而引发饱和现象。饱和状态下，信号的动态范围受限，细微的电能变化无法被准确捕捉，从而影响测量的准确性。同时，电能表的时钟系统负责控制信号的采样频率和相位，是确保测量精度的关键。射频信号的干扰可能导致时钟频率的波动或相位的偏移，这种时序控制的紊乱会直接影响到电能表的采样时机和数据同步，造成测量数据的不连续和不准确。此外，射频电磁场还可能对电能表的模拟—数字转换器（analog to digital converter，ADC）造成影响。ADC 是将模拟信号转换为数字信号的关键组件，射频干扰可能导致 ADC 的量化误差增加，影响转换结果的准确性。在极端情况下，射频干扰甚至可能触发电能表的保护机制，导致其暂时或永久性地停止工作。

4. 复杂电磁场影响原理

当多种磁场相互耦合时，它们之间的相互作用和影响会形成一种更加复杂的电磁场环境。在这种环境中，多种磁场的分布、强度、方向等都会发生变化，从而产生各种复杂的物理现象和效应。例如，在某些情况下，工频磁场和恒定磁场会产生相互作用，从而改变各自的分布和强度。在这种复杂的电磁场环境中，还会产生一些新的物理现象和效应，如磁场的波动、涡旋等。同时，射频电磁场的存在也会对其他两种磁场的分布和强度产生影响，进一步增加了环境的复杂性。

对于智能电能表而言，包含恒定磁场、射频电磁场、工频磁场的复杂电磁场产生的影响主要体现在电磁兼容性方面。智能电能表采用了大量的电子元件，这些元件在复杂电磁场中可能会受到干扰，导致误计量、误报警或不稳定的出现。总的来说，复杂电磁场对智能电能表的通信信号传输、数据处理和电源稳定性等多方面都会产生影响。

复杂电磁场对智能电能表的通信模块的干扰主要包括电磁感应、辐射干扰和共模干扰。这些干扰会影响通信模块的正常工作，从而影响电能表的准确性和可靠性。

（1）电磁感应：电磁场在电能表的通信模块中的线路中感应出电动势，从而产生干扰。

（2）辐射干扰：电磁场向周围空间辐射电磁能量，当该能量到达电能表的通信模块时，会对其产生干扰。

（3）共模干扰：复杂电磁场通过作用于电能表的通信模块的输入端口产生共模电压，从而对通信模块产生干扰，最终导致数据传输错误或不稳定。

智能电能表的数字信号处理通常由微控制器、微处理器等数字电路完成。复杂电磁场通过空间辐射或线路传导的方式，在数字电路的输入/输出端口产生干扰；复杂电磁场通过电源线路对电能表的电源产生干扰，从而影响数字信号处理电路的正常工作；复杂电磁场干扰数字信号在传输过程中的稳定性和完整性，例如电磁场可以引起数据线的电磁噪声，从而影响数字信号的传输。

复杂电磁场通过对电源线路和内部电子元件等方式产生干扰，从而影响电能表的电源稳定性和可靠性，进而影响电能表的准确性和可靠性。具体而言，电能表的电源通常是通过电源线路输入的，复杂电磁场会通过电源线路产生干扰，影响电能表的电源稳定性。

综上所述，工频磁场、恒定磁场和射频电磁场耦合的复杂电磁场环境是一种更加复杂的物理现象和系统。在这种环境中，三种磁场的相互作用和影响会产生各种新的物理现象和效应。对这种复杂电磁场环境进行分析和理解，有助于更好地了解和解决许多实际问题，如在电力系统中减少工频磁场对周围环境和设备的影响，提高无线通信技术的性能和创新等；有助于深入了解电磁场的分布、性质和应用，推动电磁场理论的发展；也有助于更好地认识和理解复杂电磁场环境的本质和规律，为相关领域的研究和发展提供理论支持和指导。

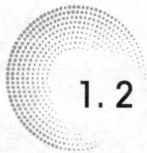

1.2　复杂电磁环境典型场景

1.2.1　5G 基站

随着社会经济与科学技术的高速发展，人们对于移动通信网络的要求越来越高，因此，第五代移动通信技术（5th generation mobile communication technology，5G）迅速走进我们的生活。5G 通信网络作为新一代无线移动通信网络，将以全新的网络架构、提供至少 10 倍于 4G 的峰值速率、毫秒级的传输时延和千亿级的连接能力，开启万物广泛互联。全国 5G 网络的建设推动了远程医疗、工业控制、远程驾驶、智慧城市、智慧家居等应用的普及，已经给生活带来巨大的便捷。5G 电信终端设备应用场景不仅指语音通话、短信收发、数据传输、视频交互、游戏娱乐，还包括虚拟购物、智慧医疗、工业应用和车联网场景等。因此，广大用户对信息时代网络质量和速度的要求也不断提高，移动通信基站必须提供更加全面和稳定的信号覆盖满足用户需求。目前我国 2G、3G、4G 通信基站所使用的频率范围基本上在 500MHz～3GHz 之间，5G 网络现阶段主要工作在 3000～5000MHz 频段。由于使用了更高的频率范围，信号传播过程中的衰减变大，基站的信号覆盖区域变小，基站的数量将大幅度增加。

为了加速 5G 商用化进程，截至 2023 年底，全国移动通信基站总数达 1162 万个，其中 5G 基站为 337.7 万个，占移动基站总数的 29.1%，占比较 2022 年末提升 7.8 个百分点。5G 基站建设进程由于部分地区民众对于基站电磁辐射的担忧而遇到了阻碍，基站辐射是否危害健康一直是困扰广大公众的一大疑问。这导致 5G 移动通信基站部署面临选址困难的问题。5G 通信技术应用了大规模多输入多输出（multiple input multiple output，MIMO）天线和相控阵天线波束成形等关键技术，这使得波束将聚焦用户，波束主瓣方向随着用户移动时刻发生变化，这个特点决定了 5G 基站电磁辐射的研究与传统的基站有着本质区别。目前，国内开启了大力建设 5G 通信基站的热潮，而关于 5G 通信基站的电磁辐射研究还处于初步发展阶段，传统的电磁辐射监测技术不能完全适用于 5G 通信基站。因此，本章对 5G 基站工作特性及电磁辐射影响作了详细探讨，并对 5G 基站的电磁辐射进行了实地测试，研究了 5G 通信基站电磁辐射分布规律。

1. 5G 基站概述

5G 基站是用于提供第五代移动通信网络（5G）连接的关键设施，代表着通信技术的重大进步，用于提供无线覆盖，实现有线通信网络与无线终端之间的无线信号传输，在通信领域发挥着重要作用。5G 基站的设计和功能与传统的 4G 基站有显著不同，主要体现在更高的数据传输速率、更低的延迟、更广的连接能力和更好的网络架构上。随着我国 5G 网络建设持续加速，融合应用深度不断拓展，创新能力不断提高，截至 2023 年 10 月末，5G 基站总数已达 321 万个，占移动基站总数 28% 左右，从有到优，我国已建成全球规模最大、技术领先的 5G 网络。

5G 基站的大规模建设引起了社会公众对基站周围电磁环境的持续性普遍关注。2021 年 3 月实施的《5G 移动通信基站电磁辐射环境监测方法（试行）》为通信运营商落实《通信基站环境保护工作备忘录》各项要求提供了技术支撑，为切实加强电磁环境安全管理提供了依据。5G 基站的建设和部署对经济发展、社会进步和科技创新具有深远的影响。它们不仅能够提供更快的网络速度和更低的延迟，还能支撑大量设备的连接，为物联网（internet of things，

IoT)、自动驾驶、远程医疗等新兴领域提供技术基础。5G 基站内部的电磁环境可以被描述为一个复杂的、高度集成的系统，其中包含多种电子组件和设备，用于处理信号传输、接收、处理和分发。基站的架构、形态直接影响 5G 网络如何部署，目前的 5G 基站在建设过程中，需采用电磁干扰监测设备对基站进行检测，以便排查电磁干扰的原因，增加基站的信号强化。

2. 5G 基站电磁辐射特性

电磁辐射是 5G 基站运行中不可避免的现象，它源自无线电频率的传输和接收。了解 5G 基站的电磁辐射特性对于确保公共健康和设备安全至关重要。目前，国内外的众多相关领域的专家、学者对于基站的电磁辐射问题做出了大量的科学研究，建立了一系列的研究理论，并且取得了较多的研究成果。该领域研究成果主要涉及基站电磁辐射来源、基站电磁辐射对人体的作用机理和效果及对电子设备的干扰等。电磁辐射影响着人体健康，同时也影响电气设备的工作。

（1）基站内部电磁辐射。5G 基站内部包含多种电子组件和设备，如射频单元、基带单元、电源供应等，它们在处理信号传输和接收时，不可避免地会产生电磁辐射。内部电磁辐射的管理是确保基站安全运行的关键，需要得到妥善管理以避免对设备和人员造成潜在影响。5G 基站内部的射频单元负责处理射频信号的传输和接收，包括毫米波和子毫米波频段，需要特殊的射频天线和放大器。这些射频信号可能会产生电磁辐射。随着 5G 技术使用的频段越来越高，射频单元的电磁辐射管理变得更加重要。目前，国内面向 5G 基站的射频测试主要以《5G 数字蜂窝移动通信网 6GHz 以下频段基站设备测试方法》《5G 数字蜂窝移动通信网 6GHz 以下频段基站设备技术要求》为依据，涵盖了国内移动通信频率的具体规划形式，充分考虑了不同通信制式、共存共址场景。对于第三代合作伙伴计划（3rd generation partnership project，3GPP）制定的规范中提出的部分测试项目和测试指标，需结合国内情况做出合理的调整。

基站内的基带单元负责对复杂的信号进行处理，包括编码、解码、调制和解调等操作，这些操作可能产生高频电磁辐射，造成较大的电磁干扰。基站内的各个组件需要电源供应，这样高功率的供电电源线易引入电磁噪声。基站工作时会产生大量的热量，需要热管理系统来维持合适的工作温度。这可能会影响电子器件的性能和电磁辐射。各个模块和连接器之间也可能会引入在高频段的电磁耦合和干扰。

面对基站可能产生的电磁干扰问题，人们已经探索并实施了多种策略。例如，为那些容易受到干扰的设备安装防电磁干扰的保护罩，或者在 5G 基站周围安装隔离板，这样做不仅可以增加基站的电磁干扰防护区域，还能提升基站信号的稳定性。尽管基站内部已经采取了一定的干扰隔离措施，但要彻底消除电磁干扰的影响仍然是一个挑战。另外，通过引入高效的散热系统，确保基站组件在适宜的温度下工作，也是避免因过热而影响设备性能的有效方法。

（2）5G 基站对外电磁辐射。5G 基站对外部环境的电磁辐射主要来源于天线发射的无线电波。这些无线电波在空气中传播，可能对周围环境和生物体产生影响。基站的电磁辐射是由三个主要因素引起的：一是基站发射设备的辐射向外泄漏；二是天线发出无线电波时的辐射；三是高频电缆及衔接处的辐射外泄。通常发射机配置在发射机房内部，虽然有少量泄漏，但是辐射到发射机房外的可能性却非常低；基站的天线通常竖立在 20～50m 的高塔上，天线发出的无线电波的能量很有限，几乎与地面平行；高频电缆和接头的位置通常采用防护或者屏蔽措施，一般效果还可以，因此对环境的电磁辐射强度是非常微弱的。总之，能够测量获得的超过基站标准的辐射强度的核心因素是由基站天线发出的无线电波的辐射所引起的。

1）电磁辐射特点。电磁辐射是通信基站对环境产生影响的重要因素，通过构建和优化通信网络的连接方式，基站能够为用户带来高质量的服务体验。通过调整网络结构和优化基站的地理布局，不仅可以确保通信的连续性和可靠性，还能实现更广泛的服务覆盖区域。尽管基站在正常运行时会发射电磁波以实现通信功能，但这些电磁波的辐射也可能对周围环境造成一定的影响。因此，如何在提供高效通信服务的同时，减少对环境的电磁干扰，是一个需要综合考虑和解决的问题。

a. 辐射强度衰减。基站发射的电磁波是直射波，其发出的信号在发射和接收天线之间持续传输。然而，在持续的传输中因为存在互不相同的传播媒介，则在电磁波的传输中必然会发生电磁波的反射及绕射等现象，从而使传播产生一定损耗，这导致电磁辐射强度随距离的变大而大幅变小。

b. 辐射干扰控制。在移动通信网络系统研发时，需要充分预想到通信干扰的情况。为了降低通信干扰，采用了管控发射机的功率及间歇性发射等技术，实现了基站的辐射污染环境的程度降低。新一代移动通信系统使用了智能天线，它发射的波束不仅可以追踪用户，还可以减小发射机的功率。

c. 辐射污染防护。环境电磁辐射污染的重要源头是基站的天线发射的电磁波。机房中配置的设备由于在研发制造时就已经预想到需要屏蔽防护，另外机房本身也拥有某种程度的防护功能，所以机房中的设备通常对环境的电磁辐射的影响很小。通常，基站使用的天线是极化的，能量集中在轴向上，剩余的弱能量则分布在垂直方向，在一定环境范围内产生电磁辐射污染。

d. 辐射强度时变。基站辐射的环境污染基本特征是其强度白天比较高而晚上比较低。这是由于通信的业务量白天比较多、晚上比较少所导致的，同升同降。

2）电磁辐射影响因素。

a. 天线架设的方式。基站的天线高度、俯角和仰角，以及方位角等因素共同决定了基站的主辐射平面的位置，进而导致基站的水平及垂直方向的防护间距受到了一定的影响。

b. 地形、地物。地形、地物可以使电磁波出现吸收、反射及绕射等现象，导致电磁辐射分布的密度差别较大，甚至导致信号超标或者信号盲区现象的产生。

c. 话务量。话务量的多少会在某种程度上影响基站天线的辐射量，并且也和辐射的强度之间存在着正相关的关系。

d. 其他因素。温、湿度会影响电磁辐射的传输性质及路径等。空气中的气溶胶及悬浮物对电磁波有吸收、反射及散射等效果，因此电磁波在传输过程中有衰减损耗。

总体而言，5G 基站内部的电磁环境是一个涵盖多个子系统、高频段和复杂信号处理的复杂系统。在设计和部署过程中，需要进行详细的电磁兼容性分析和测试，以确保各个组件能够协调工作，避免电磁干扰，保证智能电能表的稳定性和性能。

3. 5G 基站电磁场采集技术

5G 基站电磁辐射水平的评估可以通过理论分析与计算来进行预测。理论分析与计算的主要目的是求得不同的强电磁场源附近的场分布。目前，许多关于基站电磁辐射的研究分析都是基于基站最大发射功率进行保守的预测与估计。2010 年，Joseph W[7]等研究话务量对基站电磁辐射公众暴露的影响，通过测量过程的时态变化确定最小测量周期，再对居民区、农村地区、办公环境、城市环境和工业环境 5 种场景下的最大暴露值和平均值进行估计。2011 年，Mahfouz Z[8]等针对 GSM 900、GSM 1800、通用移动通信系统（universal mobile telecommunications system，UMTS）及高速下行链路分组接入（high speed downlink packet access，HSDPA）基站，在考虑话务量的前提下，对一天中基站电磁暴露的最大电场强度进行研究，并对各种类型基站产生的最大电场强度和最大电场强度变化率进行对比。2013 ~ 2015 年，Linhares A[9]等通过考虑基站最大发射功率、路径损耗及天线相关参数等，分别对基站远场、近场及基站旁瓣进行电磁辐射相关研究，并给出估计基站电磁辐射最大暴露位置的理论计算模型。

5G 基站电磁场的采集和监测是评估和管理电磁辐射的重要手段。近几年，全球学者对 5G 基站电磁辐射水平进行了不少研究。Pawlak R[10]于 2019 年指出，现有的用于 2G、3G 和 4G 网络中测量基站电磁辐射水平的方法不适用于 5G，主要原因是 5G 基站使用了大规模多入多出（multiple – input multiple output，MIMO）和精确波束赋形等新技术，现有测量方法用于 5G 网络可能会导致高估的结果。基于子阵思想，Degirmenci E[11]提出用中心元素法和多元素法评估大规模 MIMO 天线的电磁辐射限值。但该方法利用了数值仿真模拟计算，计算复杂度高，不适用于实际大规模场景。为研究 5G 基站电磁辐射水平，现代技术提供了多种方法来测量和评估电磁场的分布和强度。移动通信基站电磁辐射传统的测量方法主要有菲涅尔区测量法和外推法两大类。菲涅尔区测量基站天线的方法主要有三种：一是将菲涅尔区近场抽样近似为远场，利用计算电磁学数值计算方法重构基站天线辐射图；二是通过角度变量扫描法获取瑞利远场的方向图和增益，其中基站天线与测试点需满足瑞利远场准则；三是利用相位检索技术测量基站天线菲涅尔区域的有效全向辐射功率。依据其应用场景，外推法评估基站最大电磁辐射水平主要分为以下三种。

1）全球移动通信系统（global system for mobile communications，GSM）基站：将频率选择性测量设备调至适当的 GSM 载波频率后，确定 GSM 基站广播控制信道的电平，再通过外推因子评估 GSM 基站最大电磁辐射水平。

2）通用移动通信系统（universal mobile telecommunications system，UMTS）基站：通过确定 UMTS 基站的公共导频信道的电平来外推 UMTS 基站的最大电磁辐射水平。

3）长期演进（long term evolution，LTE）基站：通过确定 LTE 基站同步信号的辐射场强来外推 LTE 基站电磁辐射水平的最大值。

随着对 5G 基站的深入探究，研究者们发现基站的辐射强度与距离的平方成反比。这种发现为测量 5G 基站的电磁辐射提供了新的视角。有研究提出了将全电波暗室和实际环境相结合的方法，用以评估 5G 基站在各种操作模式下产生的电磁辐射。这种方法有助于更全面地理解 5G 基站在不同工作状态下的辐射特性。此外，利用一种统计模型计算 5G 基站周围功率密度的最大值，将 5G 基站的覆盖扇区划分成宽带波束区、邻边波束区和其他波束区三个波束覆盖区。根据每个用户出现在每个波束覆盖区的概率，利用二项累积函数估算每个波束覆盖区的用户数量上限，以宽带波束覆盖区的评估点为参考，分别对邻边波束和其他波束的增益进行修正，计算 5G 基站电磁辐射功率密度的最大值。

1.2.2　分布式能源站

1. 分布式能源站概述

分布式能源站是一种创新的能源供应模式，它与传统的大型集中式发电站形成对比，通过在用户端或用户附近部署小型的能源生产和储存设施来实现能源的高效利用和优化分配。这种模式的优势在于它能够提供更加灵活、可靠和环境友好的能源服务，同时也能够提高能源的经济性。

分布式能源站的组成通常包括能源生产单元、储能单元、控制系统、智能电网接口及需求响应系统。能源生产单元可以是太阳能光伏板、风力发电机、微型水力发电站或燃气轮机等多种形式。储能单元则负责存储过剩的能源，以备不时之需。常见的储能技术包括电池储能、飞轮储能和压缩空气储能等。控制系统是能源站的大脑，监控和管理整个能源生产、储存和消费的过程，优化能源分配。智能电网接口则负责与外部电网的互联互通，实现能源的买卖和交易。需求响应系统则根据电网的需求和电价信号，智能调整能源消费。

分布式能源站是指在用户端或靠近用户端的小型能源生产和储存设施，如太阳能分布式能源站、风力发电站、生物质能发电站、燃气发电站等，通常安装在城市、乡村或工业区域。分布式能源站可以采取独立运行模式、并网运行模式或混合运行模式。独立运行模式下，能源站不与外部电网连接，完全依靠自身的生产和储存系统运行。并网运行模式下，能源站与电网连接，可以根据电网需求和电价信号进行能源交易。混合运行模式结合了独立和并网两种模式，以灵活应对不同的能源需求和市场条件。分布式能源站由于靠近用户侧，可有效降低电、热、冷远距离输送损失，因此对于改善电源结构、弥补大电网在稳定性方面的不足、改善供电效率、提高供电质量及供电可靠性、减轻电力工业对环境的影响、提高大电网的经济效益有着重要作用和现实意义。分布式能源站的应用领域非常广泛，它不仅可以为居民住宅提供自给自足的能源解决方案，还可以为商业建筑、工业区、偏远地区提供稳定的能源供应，甚至在紧急情况下作为备用电源使用。

尽管分布式能源站具有许多优势，但在实际应用中也面临一些挑战，包括技术成熟度、经济性问题、政策和法规支持、技术标准统一及市场接受度等。随着技术的进步和政策的支持，这些挑战有望得到解决，分布式能源站将在未来能源系统中发挥更加重要的作用。

总而言之，分布式能源站作为一种新型的能源供应模式，它的发展不仅能够提高能源效率、降低环境影响、增强供电可靠性，还能够促进能源的经济性和市场化。随着相关技术的不断发展和政策环境的日益完善，分布式能源站有望在未来能源领域扮演越来越重要的角色。

2. 分布式能源站电磁辐射特性

分布式能源站作为现代城市能源供应的重要组成部分，具有规模小、效率高、环境影响小等优点。然而，分布式能源站在运行过程中也可能产生电磁干扰，对周围环境和电子设备产生影响。

电磁干扰主要来源于分布式能源站中的发电设备和电力转换设备。这些设备在运行时会产生变化的电流和电压，从而产生电磁场。例如，内燃机、燃气轮机等发电设备在运行时，其内部的机械运动和电流变化会产生电磁场。此外，分布式能源站中的电力转换设备，在进行电能转换和调节时也会产生电磁干扰。

电磁干扰的耦合路径可以分为传导和辐射两种。传导干扰是指电磁干扰通过导电介质，如电缆、设备的导电构件、供电电源等，从一个设备传递到另一个设备。这种方式的干扰可以通过物理连接传播很远的距离，对电子设备造成直接的影响。辐射干扰是指电磁干扰通过空间以电磁波的形式传播。这种传播方式不需要介质，可以向所有方向传播，但随着距离的增加，干扰强度会逐渐减弱。电磁干扰的辐射变化特点与分布式能源站的运行状态密切相关。在发电设备启动或停机时，由于电流和电压的快速变化，电磁干扰的强度会显著增加。在稳定运行期间，电磁干扰的强度相对稳定，但仍然会随着负载的变化而产生一定的变化。此外，电力转换设备在进行电能转换和调节时，其工作频率的变化也会导致电磁干扰的频率特性发生变化。辐射强度的分布特征取决于多种因素，包括发射源的距离、方向及周围环境的特性。通常，电磁干扰的强度随着距离发射源的增加而减小，呈现出明显的距离依赖性。在发电设备和电力转换设备附近，由于电磁场的强度较大，辐射强度也相对较高。随着距离的增加，电磁场的强度逐渐减弱，辐射强度也随之降低。此外，电磁干扰的辐射可能具有方向性，这意味着在某些方向上辐射强度可能更强，如某些设备的特定方向可能会有更强的辐射。频率依赖性也是辐射强度分布的一个特征，不同频率的电磁波在空间中的传播特性不同，导致辐射强度的分布也随频率变化而变化。

在分布式太阳能发电系统中，太阳能光伏板负责将太阳能转换为电能。这一过程基于光电效应原理，通过电子的移动产生直流电流。在直流电向交流电的转换过程中，系统内的逆变器等电子设备可能会产生电磁干扰。此外，一些分布式能源站配备了能量存储设备，例如电池系统，这些设备在进行充电和放电操作时也可能带来电磁噪声。为了确保电能的有效传输并减少对环境的电磁影响，需要对这些设备进行适当的管理和优化。从能源站到电网的能量传输和站内的电力分配涉及变压器、开关设备和电缆等组件，这些设备在工作时会产生电磁场，造成电子干扰。分布式能源站需要实时监控和通信，以确保设备正常运行。通信设备可能会引入电磁辐射，并与其他系统干扰。同时分布式能源站通常位于户外，受到天气和环境条件的影响。气象因素可能会影响电磁辐射的传播和干扰情况。在分布式能源站里的各种电子设备和设施，如逆变器、电池板、储能系统等，都会产生电磁辐射，可能会影响智能电能表的电子元件性能，导致智能电能表的测量精度下降。同时由于不同的设备使用不同的通信频率，这对智能电能表的数据传输和远程控制也带来了干扰，不稳定的信号可能导致数据传输延迟或中断，从而影响能源管理和监控。

分布式能源站在为现代城市提供清洁、高效的能源供应的同时，也需要关注其可能产生的电磁干扰问题。通过深入理解电磁干扰的来源、传播路径、变化特点和强度分布特征，可以采取有效的措施来降低干扰的影响，确保分布式能源站的安全和可靠运行。随着分布式能源技术的不断发展和完善，其在未来能源供应领域中将发挥更加重要的作用。

1.2.3　电动汽车充电站

1. 电动汽车充电站概述

无线电能传输是指一种利用电磁场、电磁波或其他物理过程，通过非接触的方式将电能从电源传输到负载的技术，即可实现电能从发射端到接收端的传递的能量传输方式。无线电能传输技术实现了电源到负载的非接触式供电，解决了有线配电方式存在的接触供电火花、金属触头磨损、导线裸露等安全隐患问题，有效地提高了供电过程的安全性、可靠性和灵活性。无线电能传输技术按照能量传输原理的不同，通常可以分为电磁感应式、电磁共振式和电磁辐射式三类。其中，电磁感应式是最基本的无线电能传输方式，它依赖于两个线圈之间的磁场耦合来传输能量。当电流在一个线圈中流动时，会在其周围产生磁场，这个磁场能够通过空气或其他介质在另一个线圈中诱导出电流。这种方式传输距离较短，效率较低，通常需要补偿网络来提高传输效率。电磁共振式技术是对电磁感应式的改进，它通过调整发射端和接收端的谐振频率，使得它们在特定的频率下达到共振状态，从而实现能量的有效传输。这种方式可以在几米的范围内传输中等功率，传输效率较电磁感应式有显著提升。电磁辐射式传输技术利用电磁波（如微波或激光）作为能量载体，将电能转换为电磁波并定向发射，接收端再将接收到的电磁波转换回电能。这种方式适用于远距离、大功率的能量传输，但需要解决能量聚焦、传输效率和安全性等问题。

电动汽车无线充电技术相较于传统接触式传导充电技术，在安全性、可靠性、灵活性、适应性等方面具有优势。这种技术可以方便地用于车库、停车场、充电站等场所实施电动汽车的无人值守智能充电。电动汽车无线充电系统由地面端装置电源和地面发射装置、车载接收装置和车载充电机，以及车载终端系统组成。系统工作时，通过车载终端负责车辆信息的识别和与地面端充电设备的信息交互，地面端电源装置将市电转换为高频电流注入地面发射装置，车载端接收装置通过电磁感应耦合原理接收高频磁场信号，并将其转化为高频电流，再经车载充电机转化为直流电供给动力电池充电。

基于电动汽车无线充电系统的无线电能传输方式主要分为电磁感应式和磁共振式。电磁感应式与磁共振式均基于电磁感应原理，依靠发射线圈与接收线圈的电磁场耦合实现能量传递。不同之处在于磁共振式要求原二次侧电路的固有谐振频率与电源工作频率严格保持一致，且一次侧和二次侧能够实时独立地对谐振池进行调整。这就决定了磁共振式的无线电能传输技术实现难度更高，但却具有更高的传输效率及更远的传输距离。磁共振式无线电能传输技术，不受电缆线的束缚，且传输功率大、效率高，传输距离适中，日益成为电动汽车的新型有效充电方式。磁耦合机构工作时将电能转化成高频电磁场，不可避免地泄漏到耦合机构周围的非工作区域，对人体的安全产生潜在威胁。

2. 电动汽车充电站电磁辐射特性

面向实际应用的无线充电系统，不仅要具备对周围环境的低干扰性，确保其对生态和人类活动的影响降至最低，还需要具备高度的环境适应性，能够灵活应对不同的使用场景和条件。充电系统运行时会在传输线圈周边区域激发高频交变电磁场，因此有必要评估电磁辐射对周围生命体和电子设备的影响。针对生物安全性，目前主要以仿真分析和试验测试为主，借助电磁波比吸收率（specific absorption rate，SAR）分析电磁辐射对人体的影响。当前国际上对于电磁暴露限值主要有 ICNIRP 制定的《限制时变电场、磁场和电磁场暴露的导则》和 IEEE 制定的《处于射频电磁场 3kHz ~ 300GHz 人体安全等级》。我国也陆续出台了一系列与电磁安全相关的法规和标准。各类标准关于电磁和磁场强度的限值对无线充电系统的参数设置、系统在电动汽车上的安装位置和底盘的改装都能起到指导和约束的作用。除对生物体的影响评估外，无线充电系统对外界电子设备同样存在干扰。

汽车无线充电技术作为新能源汽车充电的创新方式，其通过电磁场的耦合实现电能的无线传输，提供了便利的充电解决方案[12]。然而，这一技术在充电过程中也可能产生电磁干扰，对周围电子设备的正常运行造成影响。电磁干扰的产生与无线充电系统的工作原理密切相关，在电动汽车无线充电过程中，底部接收线圈通过电磁感应原理捕获磁场能量并向电池供电，此能量传输机制因线圈内高频电流的振荡特性，会激发出高频段电磁辐射。充电站需要使用功率转换电子设备将电网提供的交流电转换成适合无线充电的高频交流电，然而，这些转换设备在工作过程中可能会产生显著的电磁干扰。此外，在无线充电站的地面层安装了用于产生交流磁场的线圈，这些线圈是无线充电技术中不可或缺的组成部分。这些磁场在充电过程中会影响充电站周围区域的电磁场分布，同时电动汽车充电站需要与车辆进行通信，以实现对充电过程的控制和监控，这导致充电站内的电磁环境处于不断变化的状态。电动汽车无线充电站使用电磁波来传输能量，这会产生较强的高频电磁辐射。这种电磁辐射会影响智能电能表的性能，尤其是对于通信模块等敏感部分造成影响。电动汽车和充电站之间高频的信号通信也可能会干扰到电能表的信号传输和远程控制。此外，无线充电系统中的功率转换设备，如逆变器、整流器等，在工作过程中也会产生电磁干扰。这些设备在电能转换过程中，由于电流的快速变化，会在其周围产生强烈的电磁场，这些电磁场以电磁波的形式向外辐射。

总体而言，电动汽车无线充电站内部电磁环境涉及感应式充电技术、电磁辐射、车辆位置对准等多个因素。为了确保智能电能表工作过程的安全性、高效性和电磁兼容性，需要进行详细的电磁兼容性评估和管理。通过深入理解电磁干扰的来源、传播路径、变化特点和强度分布特征，可以采取有效的措施来降低干扰的影响，确保无线充电技术的安全性和可靠性。随着无线充电技术的不断发展和完善，其在新能源汽车充电领域的应用前景将更加广阔。

1.2.4　配电间

1. 配电间概述

配电间是用于电力系统中电能分配和控制的关键区域，对电源的进线及输出进行分配、管理和控制，可以有效地降低电力系统的故障率，确保电能的持续稳定供应；最大限度地提高电能的利用效率；维护电力系统的安全性。它通常由一系列电力设备和系统组成，包括变压器、配电柜、开关设备、保护装置、电能计量设备及电缆等。

变压器是配电间中的核心设备之一，它负责将外部电网的高压电能转换为建筑物内部使用的低压电能。变压器的选择和配置需要根据建筑物的用电负荷和未来的发展需求来确定。除了变压器，配电柜也是配电间的重要组成部分，其内部安装有断路器、接触器、继电器等开关设备，用于控制和保护电力系统的运行。此外，为了确保电力系统的稳定运行，配电间还配备有各种保护装置，如过载保护、短路保护、漏电保护等。这些保护装置能够在电力系统发生异常时及时切断电源，防止事故的发生。此外，配电间还应安装电能计量设备，用于记录和监测建筑物的电能消耗情况，为节能减排和能源管理提供数据支持。

配电间的建设和运营还需要遵循相关的规范和标准，如电气安全规范、建筑物电气设计规范等。这些规范和标准对配电间的设计、施工、验收及日常运维等方面提出了具体的要求，以确保配电间的安全和可靠。在日常运维管理中，配电间的管理人员需要定期对配电间的设备进行检查和维护，确保设备处于良好的工作状态。此外，管理人员还需要对配电间的运行数据进行记录和分析，及时发现并处理电力系统中的异常情况。

随着智能建筑和智能电网技术的发展，现代配电间也越来越智能化。通过集成先进的监控系统、自动化控制系统和信息技术，智能配电间能够实现对电力供应的实时监控和优化管理，提高电力供应的效率和可靠性。在环境保护和可持续发展方面，配电间的设计和运营也需要考虑节能减排和环境保护的要求。通过采用高效的变压器、节能的照明系统、合理的通风散热设计等措施，可以降低配电间的能耗和对环境的影响。

总之，配电间是建筑物电力供应的心脏，其设计、建设和运营需要综合考虑电力供应的可靠性、安全性、经济性和环保性。通过科学的规划和管理，配电间能够为建筑物提供稳定、安全、高效的电力供应，满足人们工作和生活的需求。随着技术的进步和创新，未来的配电间将更加智能化、绿色化，为构建可持续的能源系统作出贡献。

2. 配电间电磁辐射特性

配电间作为电力系统的关键环节，其内部复杂的电磁环境是由多种因素共同作用的结果。产生电磁辐射的原因主要包括：配电间内部设备工作时产生的谐波振荡、辅助设备运行中引发的干扰，以及特殊工况下如大负载切换导致的电磁干扰等。这些因素不仅影响配电间内部设备的稳定运行，也可能对外部环境造成影响。接下来，将详细探讨这些电磁辐射源的特性及其对配电间运行的影响。

在配电机房中，配电变压器是突出的电磁干扰源。按照干扰传播途径而言，配电变压器对弱电设备产生的电磁干扰可以分为传导干扰和辐射干扰。配电变压器与用电设备通过线缆相连，将输入的能量传递至输出侧。由于变压器铁芯的非线性，输出电能的谐波分量增加。谐波经电缆输出到相连设备产生干扰，即传导干扰。配电变压器的基本工作原理是电磁感应，其周围不可避免地分布着磁场。变压器以辐射形式对配电机房环境产生干扰，即辐射干扰。随着设备的扩容，配电变压器二次侧电流升高，周围的电磁场强度增加，进而影响机房工作环境。变压器对周围电磁环境的干扰分为高频电磁场和低频电磁场两大部分。由于配电变压器工作在工频频段，自身产生的高频电磁场较微小，但低频磁场是最难屏蔽的。从屏蔽效能的角度来讲，屏蔽效果（总的损耗）由反射损耗、吸收损耗和多次反射损耗三部分组成。低频磁场的趋肤深度很小，故吸收损耗较小。低频磁场的波阻抗很低，故反射损耗也很小。最终导致低频磁场多次反射，造成能量泄漏。由此可见，工频磁场易泄漏对外界产生较大的干扰，且难以屏蔽。另外，配电变压器二次侧电流通常较大，其磁场对与之相连的弱电设备有很大的影响[13]。

配电间的辅助设备，如数据采集系统、远程通信模块等，是现代电力系统不可或缺的组成部分，它们在提供高效管理和控制的同时，也可能引入额外的电磁干扰。这些干扰的来源多种多样，包括但不限于设备内部的电子元件、电源线路及与外部通信时产生的射频干扰。例如，无线通信模块在发送和接收信号时可能会产生射频干扰，这些干扰如果未得到妥善处理，可能会对配电间内的控制和计量设备造成影响，如引起终端设备的复位、数据丢失或性能下降，甚至可能会导致设备损坏或安全事故的发生。例如，如果控制信号受到干扰，可能会导致断路器错误动作，从而影响电力系统的稳定运行。此外，电磁干扰还可能影响计量设备的准确性，导致电费计算错误，给电力公司和用户带来经济损失。

配电间在正常运行时，不可避免地会存在电磁干扰。配电间作为电力系统的关键环节，其内部设备如变压器、电流互感器等在正常工作时不可避免地会产生电磁干扰，如工频（50 Hz 或 60 Hz）磁场。这种磁场是连续的，并且由于其低频特性及辐射范围相对较小，通常局限于设备附近的区域。然而，如果磁场强度足够高，它仍然可能对附近的电子设备造成干扰，影响其正常工作。这些设备在进行电能转换和测量过程中，由于电流的快速变化和磁场的非均匀分布，会激发出电磁波，形成电磁干扰。特别是操作高压断路器或隔离开关过程中，产生的瞬态电磁场是常见的电磁干扰源。开关闭合过程中发生电弧重燃，导致回路中出现一系列的高频振荡，严重干扰二次回路中设备的正常运行。开关操作过程中产生的暂态过电压以衰减振荡波的形式出现，利用电压/电流传感器等路径直接耦合到二次回路中，进而在二次回路中引起大量快速衰减振荡的脉冲。操作分段开关或断路器的过程中，切换继电器触点、断开电感负载都会产生电快速瞬态脉冲群（EFT）干扰，严重影响电网上馈线终端的通信及输入/输出端口。直流系统中断开感性负载时，触点间产生间歇电弧，将引起 EFT。在断路器分闸过程中，其辅助触点需要断开分闸线圈中的较大电流，将存储在跳闸线圈中的磁场能量释放。由于跳闸线圈中的电流不能突变，其两端也不允许有并联续流二极管等元件存在，故断路器辅助触点间和线圈两端都将产生过电压，其值可能高达几千伏。过电压引发间隙电弧，造成电快速瞬变脉冲。电快速瞬变脉冲重复率可达几千赫兹到几百兆赫兹，其频谱范围非常宽。电快速瞬变脉冲可使电子设备的数字系统陷入混乱，引起系统不断复位、程序跑飞、数据出错，造成的后果不堪设想，应对其重点加以抑制。

此外，配电系统中的非线性负载，如电子镇流器、开关电源、UPS 系统等，在运行过程中会产生非正弦波形电流，这些电流含有丰富的谐波成分，谐波振荡不仅增加了电网的总谐波失真（total harmonic distortion，THD），还可能形成电磁干扰源，影响配电间内其他设备的运行。此外，谐波振荡还会导致电压和电流的波形畸变，进而影响电能表的计量精度和电子设备的稳定性。具体而言，当这些谐波电流通过配电系统时，会在导线和设备中产生额外的电磁场,从而产生电磁干扰。电磁干扰类型主要包括传导干扰和辐射干扰。传导干扰通过电缆、接地系统等导电介质传播,影响连接在同一电网或接地系统中的其他设备。辐射干扰则通过空间传播,对周围的无线通信设备和敏感电子设备产生影响。此外,配电设备还可能产生共模干扰和差模干扰,这两种干扰分别影响设备的公共地线和电源线,可能导致设备性能下降或误操作。电磁干扰的影响主要体现在对电子设备的功能性和可靠性上。对于通信设备,电磁干扰导致信号质量下降,通信中断或数据丢失。对于控制设备,如PLC或微控制器,电磁干扰可能引起程序运行错误,控制逻辑混乱,甚至设备损坏。在安全关键的应用中,电磁干扰还可能引发安全事故,如误触发保护装置或控制系统失效。此外,电磁干扰会导致配电间内设备的性能不稳定,影响电力供应的连续性和可靠性;加速电子设备的老化,缩短设备的使用寿命,增加维护成本;对环境造成影响,如对周围无线电通信的干扰,影响通信质量。

在特殊工况下,配电间的电磁干扰现象更为显著。特别是在大负载切换时,如大型工业设备、重型机械或重要负载的启动和停止,配电系统会经历瞬态电流和电压的剧烈变化。这些暂态现象通常伴随着能量的快速释放或吸收,导致电流和电压波形发生突变,形成暂态电流冲击和电压尖峰。暂态电流冲击和电压尖峰是电磁干扰的重要来源。它们可以在配电线路中产生强烈的电磁场,这种电磁场的强度远高于正常工作状态下的电磁场。电磁场的增强会使配电间的电子设备瞬态过载,导致设备性能下降、误动作或损坏。此外,暂态电流冲击还可能通过电源线传播,对连接在同一电源系统上的其他设备造成干扰,进而影响整个电力系统的稳定性。

大型电机的启动和停止是特殊工况下电磁干扰的一个典型例子。当大型电机启动时,其绕组会产生很大的启动电流,这个电流远远超过电机正常运行时的电流。启动电流的急剧变化会在电机的供电线路中产生暂态电流冲击,导致电压尖峰和电磁场的瞬态增强,同时在电机附近的空间产生强烈的电磁场。这种暂态电流冲击不仅可能影响电动机自身的电气性能,也可能通过电源线传播,对连接在同一电源系统上的其他设备造成干扰。在配电系统中,重要负载如大型空调系统、照明系统或数据中心的服务器群的启动和关闭，也会引起电流和电压的快速变化。这种快速变化不仅可能影响负载自身的运行，也可能对配电间的其他设备造成电磁干扰。除了大型电机外，其他一些特殊负载，如电焊机、电弧炉等，也会在工作时产生强烈的电磁干扰。这些设备在工作过程中会产生高温和电弧，导致电流和电压的不稳定。电弧产生的高温会使周围的空气电离，形成等离子体，这种等离子体具有很高的电导率，可以作为电磁波的传播介质，进一步放大电磁干扰的影响。此外，配电系统中的短路故障也是一种极端的特殊工况，它会导致电流在瞬间急剧增加，产生强烈的电磁场和热效应。这种干扰不仅可能损坏故障点附近的设备，还可能通过电磁波的形式影响整个配电系统的稳定运行。

电磁干扰的类型和强度与负载的特性密切相关。不同类型的负载在切换时产生的暂态电流和电压变化具有不同的波形和频率特性，从而产生不同类型的电磁干扰。例如，某些负载可能产生高频干扰，而另一些负载可能产生低频干扰。这些干扰的叠加和相互作用，使得配电间的电磁环境变得复杂多变。

综上所述，配电间内部电磁环境是一个涉及电力传输、分配、开关操作等多个因素的复杂系统，存在磁场、电弧和电磁辐射等干扰。特殊工况下，如大负载切换，干扰加剧，导致设备性能下降或安全事故。需采取措施减少电磁干扰，如合理布局设备、使用屏蔽和滤波技术，以及加强监测和管理，确保电力系统稳定运行和设备安全。

3. 配电间电磁场采集技术

对配电间内电磁场的评估和监测通常采用以下两种方法。

第一类方法是基于电磁波传播的因果关系，在时域内采用时域有限差分法计算空间瞬态电磁场。这种方法的优势在于其直接在时间域进行分析，使得计算过程更加直接和易于理解。它避免了求解复杂的高阶线性代数方程组，从而使得结果更加直观，特别适合处理瞬态电磁环境的计算问题。然而，这种方法在处理如配电间母线等细导线结构时，由于这些结构需要大量的差分网格来精确模拟，这不仅增加了计算的复杂性，还可能影响计算效率。此外，确定合适的吸收边界条件及处理频率变化的问题也是这种方法面临的挑战，这些都可能限制其在实际应用中的效率。

第二类方法是在频域内将母线视为天线，采用矩量法计算空间电磁场。矩量法的优势在于其能够精确地反映母线的空间结构对空间瞬态电磁场分布的影响，但是由于矩量法为频域算法，需要首先对大量的采样频率计算系统的频率响应，通过应用卷积定理和傅里叶反变换获得空间瞬态电磁场分布。由于在每个频率采样点上，均需要求解高阶线性复代数方程组，造成瞬态电磁场的计算量太大，这是其固有的缺陷。

1.2.5　变电站

1. 变电站概述

变电站是电力系统中的关键设施，用于变换、传输和分配电能，以便将电能输送到各个用户。同时，变电站还负责控制电力的流向和调整电压，确保电力系统的稳定运行。我国电力系统采用的工作频率为 50Hz，变电站的高压电力设备及各设备之间电气的连接导体与大地存在交变的电位差、高压设备及导体在运行时有交变电流流过，均会在其附近形成交变的工频磁场。我国现采用 HJ 24—2014《环境影响评价技术导则　输变电工程》推荐的标准，即 500kV 超高压输变电设施的环境影响评价以工频电场 4kV/m 为评价标准，非居民区标准为 10kV/m。高压回路中断路器或隔离开关动作时，开关触点在整个动作过程中断口之间不断出现电弧复燃和熄灭，在每一次电弧复燃、熄灭时，都会产生干扰脉冲电压和电流。由于电路的阻抗不匹配，干扰脉冲电流和电压以振荡波形式沿线路传播，并产生干扰电场和磁场，以辐射的形式向外传播。此外，变电站内电气、电子设备安装集中，每一个设备都会对外界产生一定程度的电磁干扰，通过互联导线传导或者空间辐射方式对周围设备产生影响。虽然这种影响不如开关操作巨大，但如不对其进行限制，也会成为一个影响设备正常运行的骚扰源。

2. 变电站电磁辐射特点

就变电站电磁环境而言，一次系统产生的电磁干扰主要有两类：一类是稳态电磁干扰，指电力系统中持续存在的、频率较低的电磁场变化。这些变化通常是由交流电源（例如输电线路上的电压和电流）引起的，主要以工频（50Hz 或 60Hz）为主。稳态电磁场是电力系统正常运行的结果，但在某些情况下，这些磁场可能对周围的设备产生不良影响。另一类是瞬态电磁干扰，主要以雷击、故障和开关操作等产生的瞬态电压、电流、电场和磁场的形式存在。由于二次设备的工作频率大多在几千赫兹以上的频段，对工频干扰的敏感度很低。但是瞬态电磁干扰却含有丰富的高频成分，极易通过空间耦合或经电流互感器、电压互感器或电容式电压互感器的传导耦合对二次设备形成干扰，从而引起二次设备发生误测、误动、拒动，影响了电力系统的正常安全运行。电力系统运行时的开关操作，在高压母线上会产生复杂的瞬态电压和电流，并且在母线周围空间产生瞬态电磁场。这些瞬态电磁过程不仅幅值较高，而且包含的频率分量从几千赫兹到上百兆赫兹，这就会对变电站内工作的二次设备和系统产生电磁干扰。

变电站的电磁产生来源主要是变压器、高压断路器、隔离开关、电压（电流）互感器、高压电抗器、高压电容器及母线、高压避雷器等部件在运行过程中产生的电磁影响综合而成。变电站内高压设备的上层有互相交叉的带电导线，下层有各种高压电气设备及连接导线，电极形状复杂、数量多，在其周围形成了一个比较复杂的高交变工频电磁场，这种电磁场对周围产生静电感应；同时，高压输电线路工作时，随着电压等级升高，相对地面产生的静电感应逐渐增大，从而形成电磁环境影响。因此，高压变电站和高压输电线路是电磁场污染产生的两个主要因素。其中，变电站内部的电磁环境涉及高电压设备、电力传输和变换设备等方面。如变压器工作会产生交变的磁场和电场，从而产生电磁辐射；断路器工作会产生电弧，而电弧会产生强烈的电磁辐射；由于隔离开关的触头处于高电压状态，因此触头周围的空气分子会被电离，产生离子流，从而产生电磁辐射；互感器工作也会产生交变的磁场和电场，从而产生电磁辐射。此外，设备在运行时产生磁场，其分布受到电流强度及运行状态的影响。磁场的强度通常在设备周围较大，而远离设备的区域逐渐减小。变电站的建筑结构和地面也会对电磁场的传播和分布产生影响，建筑结构可能对电磁场的屏蔽起到一定作用，而地面则会对电磁场的传导产生影响。除了基本的工频电磁场外，变电站内还可能存在一些谐波成分，这些是非整数倍于基本频率的频谱成分。

此外，大电流通过导线时会产生较大磁场，引入电磁辐射[14]。变电站中需要使用变压器和变流器用于改变电压和电流的大小，这些设备涉及电磁感应和变换过程，也会引发电磁干扰。绝缘子和支架用于支撑高压设备，并防止带电部件与接地结构件之间发生电流泄漏或短路，它们可能在高电压下产生电晕放电和电磁辐射。变电站内的高电压设备和大电流传输都会导致电磁辐射和电磁噪声。

高压输电线路是变电站的重要组成部分，它负责将电能从发电站输送到用户。高压输电线路的电磁辐射主要由电场和磁场组成。当电流在导线上流动时，导线上的电荷会吸引和排斥周围的电荷，形成电场，电场的强度与电流的大小和导线的距离成正比。在高压输电线路附近，由于电流较大，电场强度相对较高。磁场是由于电流的变化而产生的，在高压输电线路中，由于电流较大，磁场强度也相对较高，磁场的变化会导致导线产生振动和声音，从而产生噪声。高压输电线路工作时，随着电压等级升高，相对地面产生一定的静电感应，产生一个交变电、磁辐射场。变电站高压构架及输电导线离地面的高度越高，相当于带电体离地面越远，则它在地面产生的电场强度就越小。因此，变电站高压构架附近和输电线路导线下方场强具有最大值，且随着距离加大，场强很快减小。由于导线弧垂影响，其最大场强位于档距中央，最小场强在靠近杆塔处，因为此处导线悬挂高度较高，且杆塔自身也有一定的屏蔽作用。

变电站的高压电环境给智能电能表的使用带来了较大的挑战，在变电站内，高压设备在运行时会产生强电场和磁场，这可能会影响到智能电能表的正常运行。同时强烈的电磁干扰也会影响智能电能表的通信稳定性，导致数据传输延迟或中断，影响智能电能表的远程监控和数据传输。变电站内部电磁环境是一个涉及高电压、电磁场、电力传输和变换等复杂因素的系统。在设计、运营和维护过程中，需要进行电磁兼容性管理、辐射安全评估及有效的电磁干扰控制，以确保智能电能表的正常运行和安全性。

3. 变电站电磁场采集技术

对变电站内电磁场的评估和监测通常采用数值模拟技术和电磁场测量仪两种方法。

（1）数值模拟技术。通过建立物理模型并进行数值计算来模拟物理现象的方法。在变电站周围工频电磁场数据采集方面，数值模拟技术可以用于预测和评估电磁场的影响，并为数据采集提供参考。

数值模拟技术可以通过建模仿真得到变电站周围的电磁场模型，利用计算机进行数值计算，模拟电磁场的分布和强度，对变电站整体及厂界区域的电磁场空间概率分布进行统计，得到电磁场场强中位数和最大值区域。这种方法可以用于预测和评估电磁场的影响，并为数据采集提供参考。同时，数值模拟技术还可以用于优化变电站的设计和布局，降低电磁场的影响。

（2）电磁场测量仪。电磁场测量仪是一种专业的设备，用于测量工频电磁场的强度和分布。它通常由传感器、信号处理电路和数据采集系统组成。传感器用于感知电磁场的存在，并将电磁场信号转换为电信号。信号处理电路对电信号进行放大、滤波和数字化处理，以便于后续的数据采集和分析。数据采集系统则负责将处理后的数据传输到计算机或其他存储设备中。在使用电磁场测量仪进行数据采集时，应依据 DL/T988—2005《高压交流架空送电线路、变电站工频电场和磁场测量方法》和 JJF 1895—2021《工频场强测量仪校准规范》的规定，在变电站附近根据不同电压等级、不同主变压器容量、不同类型变电站设置测量仪器，并对测量的数据进行比较和分析。需要选择合适的测量位置，确保传感器能够准确地感知电磁场的存在。同时，需要遵循正确的操作方法，如设置传感器的灵敏度、选择合适的测量频率等。此外，还需要对测量数据进行处理和分析，提取有用的信息。

在变电站工频电磁环境的检测中，常利用电磁感应法、磁阻效应法等方法制作磁场测量仪。其中，电磁感应法是基于电磁感应定律对磁场进行监测的方法。具体而言，将一个线圈放置于外磁场中，当磁场强度发生变化时，线圈中的磁通也将发生改变，使得线圈生成感应电压，将感应电压送入采集取样电路，便可获得对应的磁场强度。磁阻效应法是根据某些金属或半导体的材料置于外加磁场环境下时，其电阻会随着外加磁场的变化而变化，利用这一原理，便可以通过观察这些金属和半导体材料的电阻，间接地测量被测磁场环境的磁场强度。磁阻效应和霍尔效应相似，都是由于作用在导体中的载流子上的洛伦兹力引起的。图 1-5 为磁阻效应测量仪的原理图。

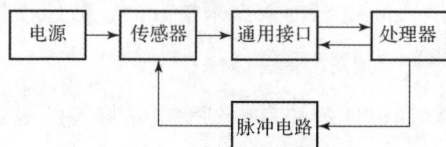

图 1-5　磁阻效应测量仪原理图

1.3　复杂电磁环境中典型电磁影响分析

1.3.1　典型电磁环境特征分析

智能电能表作为现代电力系统的重要组成部分，其运行的电磁环境复杂多变。随着电力系统的不断发展和电气设备的逐渐增加，电磁干扰源呈现出多样化和高频化的趋势，这为智能电能表的正常工作带来了巨大的挑战。在这些环境下，电磁干扰可能会导致电能表的测量精度下降、数据传输不稳定，甚至会影响其内部电路的正常工作。因此，如何在复杂的电磁环境中保证智能电能表的可靠性和准确性成了当前研究的重点。建模智能电能表周围的电磁环境是一项极其复杂的任务。这种复杂性主要源于电磁环境中各类干扰源的多样性及电能表对这些干扰的敏感性。不同的干扰源会对电能表产生不同的影响，而这些影响往往是动态变化的。此外，电磁环境中的非线性特征和随机性使得建立精确的数学模型变得困难。因此，在这种背景下，如何准确模拟智能电能表所处的电磁环境，并在模型中考虑各种潜在的干扰因素，成了研究人员面临的重大挑战。

本节以复杂电磁环境中的典型设备变电站接地网为例，探讨接地网对于电磁环境的影响。变电站作为电力系统中的重要节点，其电磁环境尤为复杂。一方面，变电站内的电气设备数量众多，产生的电磁场强度高；另一方面，变电站接地网的设计和运行也会显著影响周围的电磁环境。接地网的主要功能是保障电力设备和人身安全，但其导电特性会改变周围的电场和磁场分布，从而对智能电能表的测量精度产生潜在影响。变电站的接地网通过改变地面电位分布和电场分布来影响电磁环境。当电气设备运行时，接地网能够有效将过电压和过电流引入地下，从而减少地面上的电磁干扰。然而，在实际应用中，由于接地网设计的复杂性及土壤电阻率的变化，其实际效果可能与理论设计存在差异。这就需要对接地网的电磁环境影响进行精准的建模和分析，以便在设计和运行中加以优化。此外，接地网还会通过与其他接地系统的相互作用，影响整个变电站的电磁兼容性。接地网的电磁耦合效应可能导致信号传输线路产生不期望的电流和电压，进而影响智能电能表的数据采集和通信稳定性。因此，在分析变电站电磁环境时，需要综合考虑接地网的结构、材料及周围环境的多重因素。

因此，智能电能表所处的电磁环境具有复杂性和动态性。变电站接地网作为影响电磁环境的重要因素，需要在设计和应用中深入分析其影响机制和优化策略，以保障电能表的正常工作和测量精度。通过对变电站接地网的研究，可以为智能电能表在复杂电磁环境中的应用提供重要的理论支持和实践指导。

（1）接地网的基本结构。变电站接地网指将变电站和变电站的设备接地点与大地或地下水的接触体系连接起来，以组成一个大型的接地系统，是由金属导体连接而成的埋于地下的网格状结构，通过接地极与变电站地上设备相连，为变电站提供参考地电位。当系统遭遇雷击或发生短路故障时，接地网可以迅速排泄故障电流，保障变电站的稳定运行。其作用包括排除地电位差与保护人员安全、保护设备安全等。通常接地网由下列三部分构成。

1）地面上方垂直部分：包括设备箱、监控立杆和避雷针等。

2）地网水平部分：包括地笼等。该部分通常由接地网水平体和地下铜带构成，它们联系了各设备的接地电源和大地。

3）接地体：即接地网的各个接地剂。接地剂可为发泡金属、焊接普通钢等材质，在连接设备和地网的时候进行焊接、螺栓连接等。

根据 DL/T621—1997《交流电气装置的接地》、IEEE 80—2013《IEEE 交流变电站接地安全指南》和 GB/T 50065—2011《交流电气装置的接地设计规范》，接地网的埋深为 0.5～1.5m，接地网的每个小网格尺寸为 5～15m，可采用均匀网格或非均匀网格。根据 GB/T 50065—2011《交流电气装置的接地设计规范》，接地网大多使用钢制材料，对于土壤腐蚀速率较高地区或电压等级较高的发变电站，接地网采用铜或铜覆钢材料。GB/T 50065—2011 所规定的接地网导体所用材料类型和最小尺寸见表 1-4。

表 1-4　　　　　　　　　接地网导体所用材料类型和最小尺寸

材料类型	最小尺寸（mm）
扁钢	4×12
圆钢	直径0.8
扁铜	2×25
圆铜	直径8

（2）接地网安全指标。

1）冲击接地电阻。此处以变电站接地网的冲击接地电阻为例，不涉及工频接地电阻。根据 GB/T 50150—2016《电气设置安装工程　电气设备交接试验标准》中的规定：有效接地系统中的接地电阻 Z 应该满足 $Z \leqslant 5000/I$（I 为电流），或当 $I > 4000A$ 时，$Z \leqslant 0.5\Omega$。对于雷电流而言，其幅值很难小于 4000A，所以变电站接地网的冲击接地电阻按照行业标准规定应该小于 0.5Ω。

2）地表电动势。地表最大电位升的定义为当故障电流或雷电流流经接地网进入大地时，所引起地表电位相对于无穷远处零电位参考点的最大电位升高。若按照相关标准的规定，地表最大电位升的限定值为 2000V，但是此要求对于大型变电站的接地网过于苛刻，很多时候难以满足该要求，需要付出极大的经济成本。而 GB/T 50065—2011《交流电气装置的接地设计规范》则规定在满足变电站内跨步电压和接触电压的前提下，可以将地表最大电位升的限定值提高至 5000V 及以上。

为了使地表最大电位升满足限定值，可以通过降低接触电压和跨步电压的方法实现，接触电压的定义为变电站内人员站立在电气设备旁边，距离电气设备水平距离 0.8m 时，人手触及电气设备外壳（距离地面高度为 1.8m），手与脚之间所呈现的电位差。而跨步电压定义是指地表水平距离为 0.8m 的两点间的电位差。该参数将受到地表电动势分布较大的影响。按照 DL/T621—2021《交流电气装置的接地》规定，接触电压和跨步电压的安全限值为

$$U_{t50} = (1500 + 1.5\rho_s) \times \frac{0.116}{\sqrt{t_g}} \tag{1-5}$$

$$U_{s50} = (1500 + 6\rho_s) \times \frac{0.116}{\sqrt{t_g}} \tag{1-6}$$

式中　U_{t50}——体重 50kg 的人体所能允许的接触电压安全限值，V；

　　　U_{s50}——体重 50kg 的人体所能允许的跨步电压安全限值，V；

　　　ρ_s——表层土壤电阻率，$\Omega \cdot m$；

　　　t_g——接地网电流持续的时间，s。

3）接地网地表高阻层的影响。当以体重 50kg 的人体为参照对象，且电流持续时间一定时，人体允许的接触电压和跨步电压的安全限值将直接取决于表层土壤电阻率，表层土壤电阻率越大，则人体可以承受的安全电压也越大。因此，在变电站内可以通过在地表铺设高阻材料如鹅卵石、沥青、大理石板等材料来提高表层土壤的电阻。IEEE 80—2013《IEEE 交流变电站接地安全指南》中引入了校正系数 C_s 来表征地表高阻层对人体接触电压和跨步中压的安全限值影响：

$$U_{t50} = (1000 + 1.5\rho_s C_s) \times \frac{0.116}{\sqrt{t_g}} \tag{1-7}$$

$$U_{s50} = (1000 + 6\rho_s C_s) \times \frac{0.116}{\sqrt{t_g}} \qquad (1-8)$$

通过对比分析上述两个标准公式,可发现 IEEE 80—2013《IEEE 交流变电站接地安全指南》的公式考虑了地表高阻层的影响,其对地表高阻层有一定的定量分析能力,公式中人体电阻取值为1000Ω,而 DL/T621—2021《交流电气装置的接地》中人体电阻取值为1500Ω。可见 IEEE 80—2013《IEEE 交流变电站接地安全指南》的标准更为严格。通过对比公式计算结果可知,若结果满足 IEEE 80—2013《IEEE 交流变电站接地安全指南》,则也能够满足DL/T 621—2021《交流电气装置的接地》的规定。因此,接地网优化设计采用更为严格的 IEEE 80—2013《IEEE 交流变电站接地安全指南》公式进行人体允许的接触电压和跨步电压安全限值计算。

通过电流分布、电磁干扰、接地和土壤结构分析软件(current distribution, electromagnetic interference, grounding, and soil structure analysis, CDEGS)中内置的人体安全限值计算模块,即采用 IEEE 80—2013《IEEE 交流变电站接地安全指南》标准,可以计算得到当土壤电阻率为400Ω·m 时,若变电站内不铺设高阻层,CDEGS 软件生成的跨步电压安全阈值为545.9V,接触电压安全阈值为253.5V。

若变电站内铺设厚度为0.15m 的土壤电阻率为3500Ω·m 的地表高阻层,通过 CDEGS 计算得到的人体允许的接触电压和跨步电压安全限值分别是847.5V 和2922.2V。

(3)接地网主要功能。接地网在变电站中承担的主要任务集中在保护人身安全、保护电气设备、提高系统稳定性、降低电磁干扰、确保系统的可靠性和安全性等方面。

1)保护变电站工作人员安全。在变电站运行过程中,电力设备外壳、支架等部位可能会因故障、雷击或其他原因带电,存在触电风险。接地网通过将故障电流迅速引入地中,使设备外壳和金属结构的电位保持在安全范围内,减少触电风险。主要通过两种方法实现:一是故障电流引导,当电气设备发生绝缘破坏或短路故障时,接地网提供了一条低阻抗路径,使故障电流通过接地网流入大地，避免人身触电；二是等电位连接，接地网将变电站内的所有金属设备和构件进行等电位连接，消除电位差，防止因电位差导致的电击事故。

2）保护变电站设备。变电站内的电气设备在故障和雷击条件下可能会承受过电压和过电流，接地网通过提供低阻抗路径，有效地将这些过电压和过电流引入地中，保护设备免受损害。主要功能有：①过电压保护，雷击或操作引起的过电压通过接地网迅速泄放，避免设备绝缘被击穿；②短路电流分流，接地网能够分散短路电流，防止单一设备过载，减轻设备损坏程度。

3）提高变电站运行的稳定性。接地网的设计和布置直接关系到电力系统的稳定运行，尤其是在故障情况下，接地网通过快速有效地引导故障电流，防止系统电压波动过大，确保系统稳定。通过接地网引导故障电流，使系统电压迅速恢复正常，防止电压波动对其他设备和系统的影响。另外，接地网的有效性加快了故障恢复过程，减少了电力系统停电时间，提高了系统的整体稳定性。

4）降低变电站电磁干扰。变电站内的高频电磁波和开关操作会产生电磁干扰，影响通信设备和敏感电子设备的正常运行。接地网可以有效降低这些电磁干扰，保证设备和系统的正常工作。接地网在一定程度上起到电磁屏蔽的作用，通过形成一个低阻抗的接地平面，有效屏蔽高频电磁波，减少干扰。接地网还可以对静电放电，将设备表面的静电迅速导入地中，防止静电积累和放电对设备的损害。

5）确保系统的可靠性和安全性。变电站接地网的设计和实施直接关系到整个电力系统的可靠性和安全性。一个合理设计的接地网不仅能在故障情况下有效运行，还能在正常运行中提供可靠的保护。接地网通过引导雷电流入地，减少雷电对电力系统的冲击，确保变电站的安全运行，为电力系统提供可靠的接地点，确保系统在各种运行状态下的安全性和可靠性。

6）防止电力系统的共模干扰。共模干扰是指电力系统中多个导体相对于地的电位波动。接地网通过提供统一的接地参考点，减小共模干扰，保证电力系统和敏感设备的正常运行。接地网可以均衡电位，将变电站内的所有设备和系统进行等电位连接，减少不同设备间的电位差，降低共模干扰，并且可以保护敏感设备。接地网的良好接地性能保护了变电站内的控制设备和通信设备，防止因共模干扰导致的误操作和设备损坏。

7）提供可靠的工作接地。工作接地是指在正常工作条件下提供的接地路径，用于保证系统的正常运行。接地网提供了可靠的工作接地，确保电力系统在各种工作状态下都能正常运行。接地网为变电站在一定程度上提供稳定工作电位，通过提供稳定的接地点，确保电力系统的工作电位在安全范围内，防止电位漂移导致的设备故障。在故障情况下，接地网通过提供低阻抗接地路径，有效隔离故障区域，防止故障扩大，保障系统的正常运行。

8）保障电力系统的经济运行。接地网的合理设计和有效运行不仅能提高系统的安全性和可靠性，还能降低运行和维护成本，保障电力系统的经济运行。通过快速有效地处理故障，接地网减少了故障导致的停电时间，降低了停电损失。另外，接地网通过有效保护电气设备，减少了设备的故障率和损坏程度，延长了设备的使用寿命，降低了设备更换和维护成本。

1.3.2　电磁干扰来源

电力系统中的电磁干扰对智能电能表的运行有着直接且显著的影响。电磁干扰来源广泛，包括变压器、高压输电线路、开关设备操作时产生的瞬态电磁脉冲，以及雷电活动和工业设备的电磁辐射等。这些干扰信号不仅在空气中传播，还可能通过电力系统的接地网传播，从而影响电力设备的电磁环境。

变电站的接地网是电力系统中的重要组成部分，它的主要功能是提供设备和人员的安全接地。然而，接地网同时也成了电磁干扰信号的传播媒介。当电磁干扰信号通过接地网传递时，会改变其周围的电磁场特性。这种变化会引发接地网附近的电磁环境复杂化，形成对智能电能表的干扰源。智能电能表在接地网电磁环境的影响下，可能会出现测量误差、数据丢失或通信中断等问题，严重时甚至可能导致设备故障。因此，研究和分析电磁干扰的来源，特别是其通过接地网影响智能电能表的机制，对于保障电力系统中智能电能表的准确性和可靠性至关重要。通过有效的干扰抑制措施，可以减小电磁环境对智能电能表的负面影响，确保电力系统的稳定运行。因此，本小节以变电站接地网系统为例，分析影响智能电能表电磁环境的干扰来源。

（1）内部来源。接地网内部电磁干扰主要来自变电站内部的电气设备和操作。这些干扰通常是瞬时的、高强度的，对接地系统的影响较为显著，进而影响智能电能表周围电磁环境。主要内部干扰来源包括：

1）开关操作。开关操作是指电力系统中各种电气开关（如断路器、隔离开关等）的合闸和分闸操作。这些操作会产生瞬时电弧和高频电磁波，对接地系统造成以下影响：

a. 瞬时电压变化：开关操作过程中，电力系统的电流发生突变，产生瞬时电压变化。这种变化可能导致电流通过接地网迅速变化，产生电磁干扰。这种干扰不仅影响接地网本身，还可能通过接地网传播到其他电气设备，导致设备误操作或损坏。

b. 高频干扰：开关操作产生的电弧会发出高频电磁波，这些高频成分能够通过接地系统传播，干扰变电站内的控制设备和通信系统。高频干扰的频谱范围广，影响较大，特别是对精密电子设备和通信系统，可能导致设备故障或信息传输错误。

2）电弧放电。电弧放电是在电气设备绝缘被破坏或电气故障时发生的一种高温放电现象。它会产生强烈的电磁干扰，影响接地网和电力系统的稳定性。

a. 强电磁场：电弧放电过程中产生的强烈电磁场会在接地系统中感应出高电压和高电流。这种强电磁场干扰可能导致接地网电位急剧升高，影响接地系统的正常运行。同时，电弧放电的高温可能导致接地导体和周围土壤的烧损，进一步增加接地电阻。

b. 高频噪声：电弧放电产生的宽频谱电磁噪声，尤其是高频成分，会通过接地网传播，影响整个电力系统。高频噪声可能干扰变电站内的通信和控制设备，导致设备误操作或通信中断，影响系统的安全运行。

3）大电流故障。大电流故障是指电力系统中发生的短路或接地故障，导致大量电流流入接地网。这些大电流会产生强烈的电磁干扰，主要表现为：

a. 瞬时高电流：短路故障时，电流瞬时增大，导致接地系统的电位迅速上升，引起电磁干扰。这种瞬时高电流可能导致接地导体过热，甚至熔断，破坏接地系统的完整性。

b. 电磁脉冲：大电流故障会产生强烈的电磁脉冲（EMP），这些脉冲通过接地网传播，影响整个电力系统。EMP 的强度和范围较大，可能导致系统设备损坏和控制系统误操作，严重威胁电力系统的安全运行。

（2）外部来源。接地网的外部电磁干扰主要来自变电站外部环境，这些干扰通常具有较大的能量和更广泛的影响范围。主要外部干扰来源包括：

1）雷电。雷电是接地网最常见且最强烈的外部干扰源。雷电对接地网的影响主要表现为：

a. 直接雷击：雷电直接击中变电站或接地网时，会产生极高的电流和电压，导致接地电阻瞬时增大，产生强烈的电磁干扰。直接雷击的电流可达数万安培，瞬时高电压可能导致接地系统电位急剧上升，损坏接地导体和相关设备。

b. 雷电感应：即使雷电没有直接击中接地网，其产生的强电磁场也会在附近的导体中感应出高电压和高电流，影响接地系统的正常工作。雷电感应电流可能通过接地网传播，影响整个电力系统，导致设备误操作和通信中断。

2）电磁脉冲（EMP）。电磁脉冲是一种高能量的短时电磁辐射，可以由核爆炸、雷电或其他高能事件引起。EMP 对接地网的影响主要为瞬时高电压：EMP 会在导体上感应出高电压，导致电力系统的设备绝缘被击穿，接地系统受到干扰。EMP 的瞬时高电压可能导致接地系统电位急剧上升，损坏接地导体和相关设备。EMP 的影响范围广，可能影响到整个电力系统的稳定性和安全性。EMP 通过接地网传播，可能导致系统设备误操作和通信中断，严重威胁电力系统的安全运行。

3）邻近设备的电磁辐射。变电站附近的其他电气设备或工业设施也可能产生电磁辐射，这些辐射通过耦合进入接地系统，造成干扰。具体表现为工业设备辐射、通信设备辐射等。

a. 工业设备辐射：如高频焊接设备、电动机等工业设备的运行会产生电磁辐射，通过电磁耦合进入接地网，影响其正常工作。这些设备产生的电磁辐射频率范围广，对接地网和电力系统的影响较大。

b. 通信设备辐射：变电站附近的通信设备（如手机基站、微波通信设备等）也会产生电磁辐射，这些辐射通过接地网传播，影响电力系统的稳定性。通信设备的电磁辐射频率较高，干扰范围广，可能导致设备误操作和通信中断。

1.3.3 电磁环境建模技术

前两小节以变电站接地网为例，深入探讨了典型复杂电磁环境的结构及电磁干扰的主要来源。通过分析发现，变电站接地网不仅是电力系统中安全接地的重要组成部分，同时也是智能电能表电磁环境干扰的关键来源。变电站中的高压设备、变压器、断路器等电力设备在运行过程中会产生大量的电磁干扰，这些干扰信号会通过接地网传递，导致接地网附近的电磁环境变得异常复杂。

智能电能表作为电力系统中的核心计量设备，对电磁环境的变化极为敏感。当变电站接地网中的电磁干扰信号传播到智能电能表所在的区域时，可能会引起电能表计量数据的不准确，甚至造成数据丢失或通信中断等问题。尤其是在复杂的电磁环境中，这种影响可能更加明显，甚至导致设备故障。

为进一步深入理解变电站接地网对智能电能表电磁环境的影响，以下将继续探讨如何通过建模分析接地网的电磁影响，为复杂电磁环境中其他电磁设备对智能电能表电磁环境影响的分析提供建模思路。

（1）接地网电磁影响下磁感应强度分析。

1）接地网中导体的电流分析。接地网中导体流过的电流由导体轴向电流和土壤泄漏电流构成，由于土壤中的泄漏电流微乎其微，因此在分析接地网导体中流过的电流只考虑导体的轴向电流，即在说明导体中的电流时就是指轴向电流。接地网中第 i 段导体段内外表面的电场强度的切向分量相等，由电磁场边界条件可知：

$$l \cdot E_i = l \cdot E_o \qquad (1-9)$$

式中　l——等效圆柱导体的轴线方向；

E_i——第 i 段导体内表面电场强度，V/m；

E_o——导体外表面电场强度，V/m。

对式（1-9）两边同时做积分可得

$$Z_i^c I_i^c l_i = \varphi_i^1 - \varphi_i^2 - \sum_p j\omega L_{ip} I_p^l \qquad (1-10)$$

式中　Z_i^c——第 i 段导体的单位自阻抗，Ω；

I_i^c——第 i 段导体的轴向电流，A；

l_i——第 i 段导体的长度，m；

$\varphi_i^1 - \varphi_i^2$——第 i 段导体两端的电势差，V；

L_{ip}——第 i 段导体与第 p 段导体的互感，H；

I_p^l——第 p 段导体的轴向电流，A。

当接地网注入和抽出的激励电流频率较低时，导体段上的自感和互感可忽略不计，即

$$\begin{cases} Z_i^c l_i = R_i \\ L_{ip} = 0 \end{cases} \qquad (1-11)$$

式中　R_i——第 i 段导体的电阻，Ω。

整理可得第 i 段导体上的轴向电流为

$$\frac{\phi_i^1 - \phi_i^2}{R_i} = I_i^1 \qquad (1-12)$$

2）地表磁感应强度计算。在静磁学中，毕奥-萨伐尔定律（Biot-Savart law）描述电流元在空间任意点 P 处所激发的磁场。该电流是连续流过一条导线的电荷，电流量不随时间而改变，电荷不会在任意位置累积或消失。根据毕奥-萨法尔定律，接地网导体中的电流在地表产生的磁感应强度可按式（1-13）计算。

$$B = \int_L \frac{\mu_s I}{4\pi} \times \frac{dl \cdot e^r}{r^2} \qquad (1-13)$$

式中　B——导体线单元电流在地表产生的磁感应强度，T；

L——导体的互感，H；

μ_s——土壤磁导率，H/m；

　　　e^r——电流元指向待求场点的单位向量；

　　　I——导体线单元的电流大小，A；

　　dl——源电流的微小线元素，m；

　　　r——导体线单元点与测量点的位置矢量，m。

　　再通过矢量的叠加与分解原理即可以获得地表任一点的总磁感应强度及其分量。由分析可知，地表磁感应强度的大小不仅与土壤的磁导率 μ_s 有关，还与导体流过的电流大小 Idl 成正比，与导体线单元点与测量点的位置矢量 r 的平方成反比。

　　根据某变电站接地网的设计图纸，通过设置土壤结构及导体参数，从而构建接地网的拓扑结构。设长方形接地网长 200m、宽 180m、埋深 0.6m，每根导体长 20m 并等效为圆柱体，即在 X 轴方向上有 10 段接地网导体，在 Y 轴方向上有 9 段接地网导体，导体半径为 0.0052m，材料为铜，接地网导体均匀分布，分析接地网导体上方的地表磁感应强度分布规律，再测量整个接地网中每段导体上方的地表磁感应强度。接地网地表磁感应强度分布如图 1-6 所示。

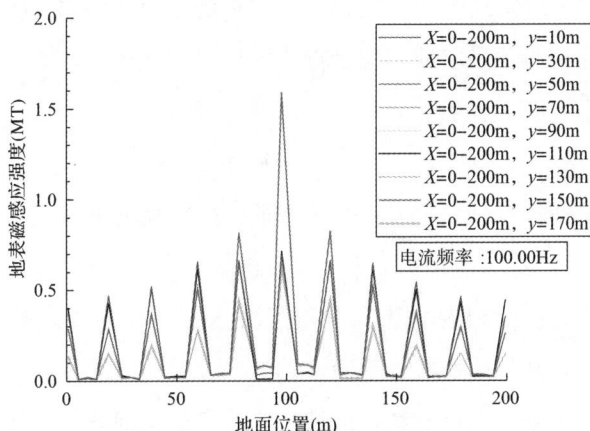

图 1-6　接地网地表磁感应强度分布图

　　3）变电站接地网电磁环境建模。为了对变电站接地网电磁环境进行建模，并计算周围电磁场强度，本节使用了基于自适应网格技术的频域有限差分数值求解方法。首先，使用余氏网格离散方案，对麦克斯韦方程进行差分离散，将发射线圈作为激励源；然后，采用自适应多分辨率网格对接地网所在区域进行细化剖分；最后计算不同频点的电磁场强度，并进行频时变换，得到时域电磁场强度衰减曲线。

在通常的频域有限差分数值模拟中，往往处理较低的工作频率。特别是当工作频率不超过 1MHz 时，可以忽略位移电流的影响，这样频域 Maxwell 方程便可以简化为以下形式：

$$\nabla \times E = -\mathrm{i}\omega\mu_0 H \tag{1-14}$$

$$\nabla \times H = \sigma E + J \tag{1-15}$$

式中　∇——哈密顿算子

　　　E——电场强度；

　　　H——磁场强度；

　　　ω——频率；

　　　μ_0——磁导率；

　　　σ——电导率

　　　J——激励电流密度。

在尝试联立求解上述公式的过程中，由于场源的奇异性问题，直接求解会遇到困难。因此，通常采取的方法是将式（1-14）代入式（1-15），从而获得一个仅与电场 E 相关的方程：

$$\nabla \times \nabla \times E + \mathrm{i}\omega\mu_0\sigma E = -\mathrm{i}\omega\mu_0 J \tag{1-16}$$

这种方法得到的方程只包含一个未知数，即电场强度 E，从而简化了求解难度。

在有限差分方法（FDM）中，多重网格技术是一种高效解决大规模线性方程组的算法，尤其是当这些方程源于偏微分方程的离散化时。它的基本思想是通过在不同分辨率的网格对特定区域进行多重细化剖分，以精准描述异常体结构。多重网格示意图如图 1-7 所示。

与传统网格不同，在采用多重网格剖分技术时，由于不同分辨率的网格同时存在，每一层、每一行和每一列的网格数量均不相等，难以直接采用三维数组形式存储。针对此问题，可参考元胞存储思想，以高分辨率网格为基准，将每个低分辨率网格看作 8 个高分辨网格的叠加，将网格步长存储在矩阵左上

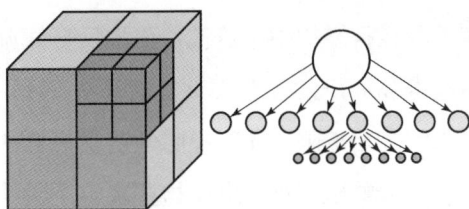

图 1 - 7　多重网格示意图

角。在此基础上构建如图 1-8 所示的接地网断点模型，其中 A、B、C 和 D 处存在断点，采用基于多重网格剖分技术的频域有限差分算法计算，可以得到电磁场仿真效果图。

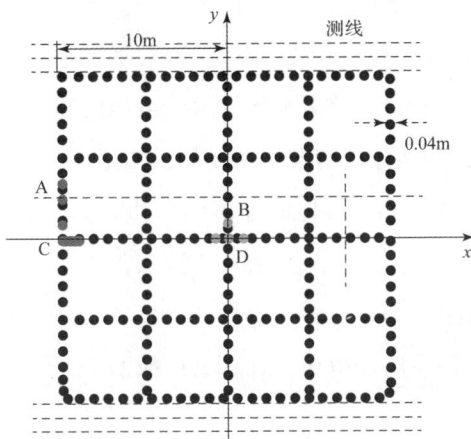

图 1 - 8　接地网断点模型

　　综上，本小节提出了一种改进的频域有限差分算法，它采用了多重网格剖分技术。这种方法通过在保证计算区域广泛的同时对接地网实施局部的精细划分，实现了网格数量的显著减少，并因此提高了计算的准确性。通过与传统方法的比较验证，发现该算法能够显著提升电磁场仿真效果，尤其在处理具有复杂结构的异常体时显示出了明显的优势。

　　（2）接地网对地表电动势的影响。目前对接地网的冲击特性进行研究时，关注点大多集中在冲击接地电阻或是最大地表电位升，往往不太关注地表的接触电压和跨步电压。但对于现代接地网而言，随着电压等级的攀升，接地网结构非常复杂。对于接地网的安全性能来说，其主要由周围土壤的散流性能决定。因此，长期以来，作为散流性能集中体现的接地电阻被反复研究，在接地网的设计、变电站施工和运行维护中也曾被片面地反复强调。为追求更低的接地电阻而带来了诸多技术和经济的不合理性。对于大型变电站的接地网而言，往往很难获得满足要求的接地电阻。此时一味地追求极低的接地电阻已然不太合理。而地表电位升、接触电压、跨步电压这些决定了接地故障时人员的生命安全和设备稳定运行的参数，却没有得到更多的重视。针对接地网的冲击特性和安全性能，对接地电阻、最大地表电位升、接触电压和跨步电压这些特性参数进行研究，才能对接地网的冲击特性和安全性能进行综合评价。

1）土壤电阻率对地表电动势的影响。无论对于何种接地网的特性研究，土壤的电阻率都是不可忽视的主要影响因素之一。对于接地网的冲击特性和安全性能分析，必不可少的就是研究土壤电阻率对地表电动势的影响。为研究土壤电阻率对最大地表电位升、接触电压、跨步电压的影响，设置条件为接地网的埋深取值为 0.5m，接地导体为圆柱形铜材，接地导体的半径取值为 0.01m，电阻率取值为 $1.75e^{-8}\Omega \cdot m$，接地网导体采取边长为 10m 的正方形网格等间距布置。分别计算在 10、20、30kA 幅值，波头波尾 2.6/50μs 的雷电流作用下，土壤电阻率为 100、300、500、700、1000、5000、10000Ω·m 时的最大地表电位升、接触电压、跨步电压，计算结果如图 1-9 所示。

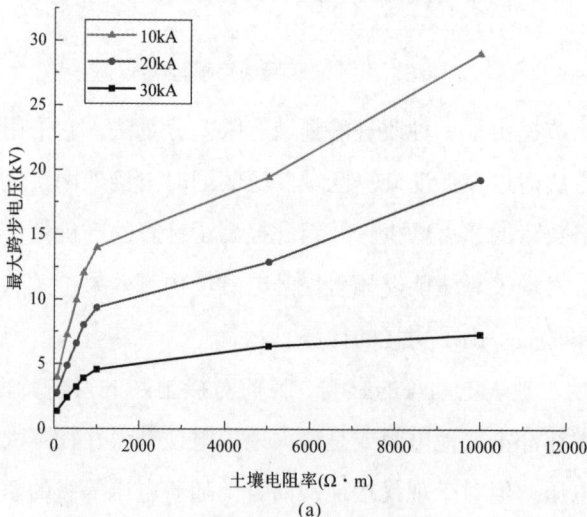

图 1-9　土壤电阻率对地表电动势影响（一）

（a）不同土壤电阻率对跨步电压的影响

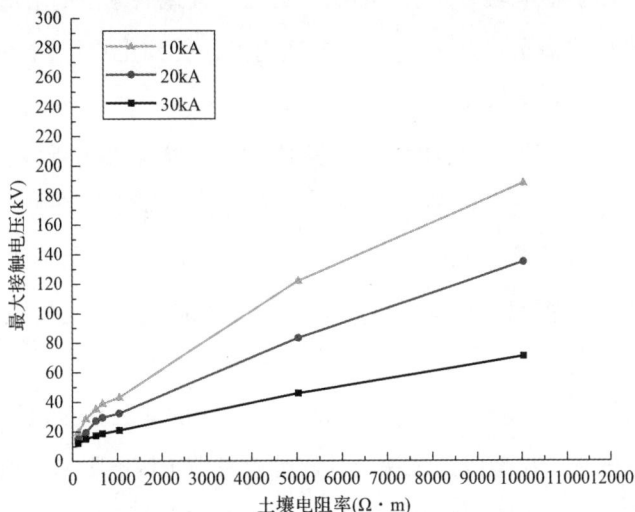

(b)

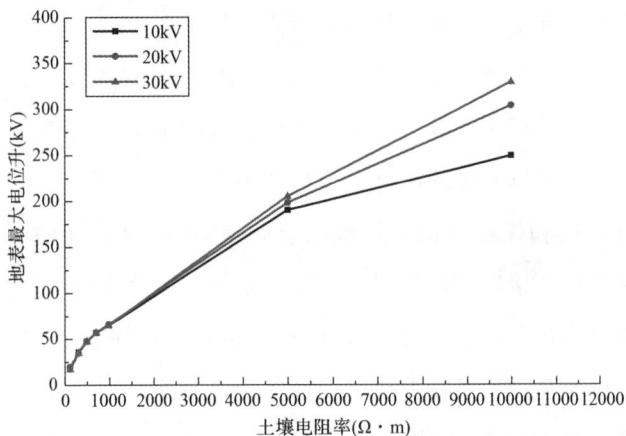

(c)

图 1-9 土壤电阻率对地表电动势影响（二）

（b）不同土壤电阻率对接触电压的影响；（c）不同土壤电阻率对最大地表电位升的影响

从图 1-9 中发现，当土壤电阻率从 $100\Omega \cdot m$ 增至 $1000\Omega \cdot m$ 时，最大电位的值增加率为 274.5%，平均每 $100\Omega \cdot m$ 增加率为 27.45%。而当土壤电阻率从 $1000\Omega \cdot m$ 增加至 $10000\Omega \cdot m$ 时，最大电位的值增加率为 291.7%，可见当土壤电阻率大于 $1000\Omega \cdot m$ 后，其增加率仅为土壤电阻率小于 $1000\Omega \cdot m$ 时的 1/10。而当雷电流幅值增大时，在土壤电阻率小于 $1000\Omega \cdot m$ 时的地表电

位影响不大，而土壤电阻率大于$1000\Omega\cdot m$后，其地表电位的增加幅度明显大于雷电流幅值小的情况。这说明了雷电流越大，受到土壤电阻率的影响将越小，地表电位也就变化越大。

对于接触电压和跨步电压而言，其值皆会随着土壤电阻率的增大而增加，且受土壤电阻率的影响较大。但跨步电压在土壤电阻率较高的情况下，其增加幅度会大幅衰减。原因可能是因为土壤电阻率的变大，地网的散流能力变弱，使得人双脚间的电位梯度相对变小，从而对跨步电压造成了一定的影响。

2）接地网埋深对地表电动势的影响。接地网的埋深指接地体和接地线在地下的深度。通常，接地网的埋深设计需综合考虑土壤电阻率、地质条件、故障电流大小等因素，以确保其具备良好的接地性能和安全性。接地网的埋深设计需满足以下基本要求：①确保低接地电阻，接地电阻应足够低，以有效释放故障电流；②避免地表电动势过高，地表电动势过高可能对人员安全构成威胁，需通过合理设计控制；③考虑土壤条件，不同土壤类型和湿度对接地网性能有显著影响，需根据具体情况选择合适的埋深。

（3）跨步电压和接触电压。跨步电压和接触电压是评价地表电动势安全性的两个重要指标。接地网埋深对两个电压指标有显著影响：对跨步电压，埋深较浅时，跨步电压较高，增加了人员触电风险，埋深较深时，跨步电压较低，有利于人员安全；对接触电压，接地体埋设较深时，设备外壳与地面的电位差减小，接触电压降低，保障了人员安全。

（4）故障电流的扩散路径。接地网的埋深影响故障电流的扩散路径和电流密度。埋深较浅时，故障电流在地表附近扩散，导致地表电动势较高；埋深较深时，故障电流在地下深处扩散，电流密度降低，地表电动势相应降低。

1）接地导体半径对地表电动势的影响。变电站接地网的设计中，接地导体的半径是一个重要的参数，它直接影响到地表电动势的分布和大小。这一参数在设计接地网时需要精确计算和优化，以确保安全标准的满足和接地效果的最优化。

在变电站的接地系统中，接地导体（通常是金属杆或线材）被埋设于地下，用于在发生故障时将过电压安全导入地面，从而保护设备和人员安全。接地导体的尺寸、形状和材料都会影响其导电能力及电流分布。接地导体的半径越大，其与土壤接触面积就越大，这通常会导致更低的接地电阻。然而，从电磁学的角度来看，导体半径的增加也会影响电流密度的分布和地表电动势的形态。从以下几点详细说明：

a. 影响导体电阻。接地导体半径增加，接触面积扩大，导致整体接地电阻下降。理论上，较低的接地电阻有助于更快速、更高效地散发故障电流至地面，减少设备和人员的电击风险。

b. 影响电流分布。接地导体半径的增加，会改变流过导体的电流分布。更大的半径使得电流更加均匀地分布于导体与土壤的接触面，这有助于减少局部的高电流密度区域，降低局部过热和腐蚀的风险。

c. 改变地表电动势梯度。当接地导体的半径增加时，地表电动势的梯度会相应减小。因为电流分布更均匀，导致地表上电势差跨度减少，从而减少了跨步电压和接触电压，增强了安全性。

为研究接地导体的半径对地表电动势的影响设置计算条件为：接地导体为圆柱形铜材，电阻率取值为 $1.75e^{-8}\cdot m$，接地网埋深取值为 0.5m，接地网导体采取边长为 10m 的正方形网格等间距布置。雷电流选取幅值为 10kA，波头波尾为 $2.6/50\mu s$ 的标准雷电流波形，土壤非线性电离效应采用 35% 残余电阻率法进行模拟。分别仿真计算在土壤电阻率为 100、1000、10000$\Omega\cdot m$ 时，接地导体半径取值为 0.0075、0.01、0.0125、0.015、0.0175m 的最大地表电位升、接触电压、跨步电压。计算得到不同接地导体半径在三种土壤电阻率下的最大地表电位升、接触电压和跨步电压，计算结果绘制成如图 1－10 所示的曲线。

2）接地网压缩比对地表电动势的影响。在传统的接地网结构设计中，一般都对接地导体选取等间距的布置方法，即每个水平或垂直方向的接地导体间的间隔距离都相同。但由于在雷电流的冲击下，各个接地导体之间存在大量互感，产生了互阻抗，使得接地导体的各个部分散流极不均匀，越接近雷电流注入点中心区域的导体，其散流密度比四周外部区域的导体散流密度小得多，因

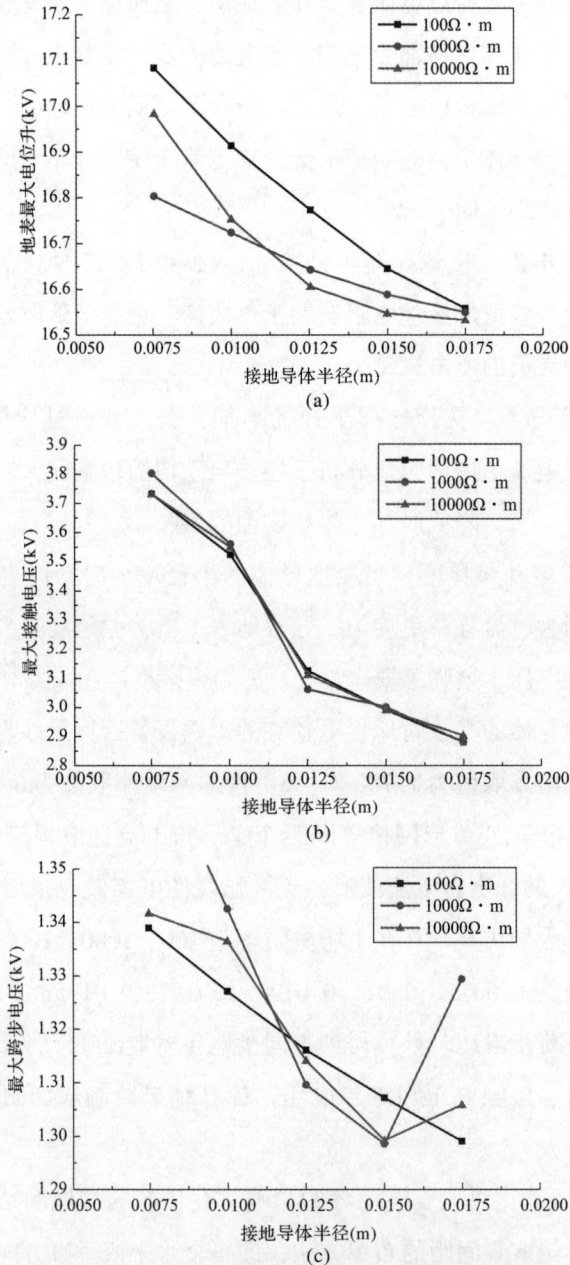

图 1-10　不同接地导体半径对地表电动势的影响

（a）不同接地导体半径对最大地表电位升的影响；

（b）不同接地导体半径对接触电压的影响；（c）不同接地导体半径对跨步电压的影响

此越接近雷电流注入点的中心位置，其受到的屏蔽效应就越严重。不等间距的布置方法就是基于这一原因提出的。不等间距的接地网布置方法一般是将接地网中部区域的接地导体数量变稀疏，四周外部区域的接地导体数量变密集，使得四周外部区域的地网拥有更良好的散流效果，从而起到均衡地表电位的效果。根据实际工程资料表明，在同样安全水平环境下，不等间距布置接地网的方法比等间距布置方法更能提高接地导体的利用率，而且还可以节约大量的资源，通常比等间距布置的接地网节约资源 20% ~ 35%。而不等间距接地网的具体布置方法又是由接地网压缩比决定的，所以接地网的压缩比这一因素对地表电动势具有重要影响。

（5）不同因素影响下接地网冲击特性分析。

1）土壤电阻率的影响。土壤的参数包括很多方面，一般来说，土壤的电阻率、含水含盐量、土壤颗粒的尺寸大小等都对接地网的冲击电阻有所影响，其中土壤的电阻率对其影响最大。根据一般工程的需要，选取土壤的电阻率这一主要影响因素进行研究，分析其对冲击接地电阻的影响规律。冲击接地电阻是指在瞬态过电压（如雷击或电力系统故障）情况下，接地网对地面的有效电阻。这一参数对于保障电力系统安全运行和防止设备损坏至关重要。

土壤电阻率对冲击接地电阻的影响规律主要表现为以下几个方面：

a. 电流分布。在接地系统中，土壤电阻率越高，电流在土壤中的扩散就越困难，导致电流集中在接地体周围，增加了局部电流密度，进而提高了冲击接地电阻。

b. 电场分布。高电阻率土壤会导致电场集中在接地体附近，形成较高的电场强度，这不仅增加了冲击接地电阻，还可能引发土壤击穿和局部过热现象。

c. 电压分布。在高电阻率土壤中，故障电流产生的电压降较大，导致接地体周围的地表电位显著升高，增加了接触电压和跨步电压的风险。

接地网的冲击接地电阻通常通过现场试验或数值模拟进行计算和分析。理论上，冲击接地电阻可以通过式（1 – 17）估算。

$$R_{imp} = \frac{\rho_s}{2\pi L} \ln\left(\frac{4L}{r}\right) \qquad\qquad (1-17)$$

式中　R_{imp}——冲击接地电阻，Ω；

　　　ρ_s——土壤电阻率，$\Omega \cdot m$；

　　　L——接地体长度，m；

　　　r——接地体半径，m。

由式（1-17）可知，冲击接地电阻与土壤电阻率呈正比关系，土壤电阻率越高，冲击接地电阻也越高。此外，接地体的长度和半径也会影响冲击接地电阻的大小。

为研究土壤电阻率对冲击接地电阻的影响，设置计算条件为：接地网的埋深取值为 0.5m，接地导体为圆形铜材，接地导体的半径取值为 0.01m，电阻率取值为 $1.75e^{-8}\Omega \cdot m$，接地网导体采取边长为 10m 的正方形网格等间距布置。土壤非线性电离效应采用 35% 残余电阻率法进行模拟。分别仿真计算在 10、20、30kA 幅值，波头/波尾时间 2.6/50μs 的雷电流作用下，土壤电阻率为 100、300、500、700、1000、5000、10000$\Omega \cdot m$ 时的接地网冲击接地电阻。土壤电阻率对冲击接地电阻的影响规律如图 1-11 所示。

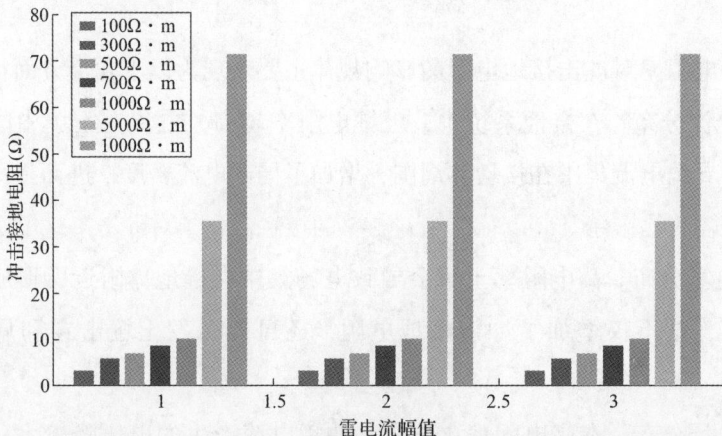

图 1-11　土壤电阻率对冲击接地电阻的影响规律

2）接地网参数的影响。接地网的参数是影响其冲击特性最主要的因素之一，土壤参数和雷电流参数无法人为改变，所以对接地网的优化就是对其本身参数的优化。在接地网的众多参数中，选取其中最具代表性的影响因素，如埋深、导体半径、垂直接地极等进行研究，分析这些因素对冲击接地电阻的影响，具有重要意义。

a. 接地网埋深的影响。接地网的埋深是指接地导体在地下的深度。埋深对接地网的冲击接地电阻有显著影响，主要表现为以下几个方面：

（a）电阻降低。增加埋深通常会减少接地电阻。较深的埋设能够接触到更低电阻率的土壤层，从而降低整体接地电阻。在土壤电阻率分布不均匀的情况下，较深的埋设可以避开表层高电阻率土壤，利用更深层次的低电阻率土壤，提升接地效果。

（b）电流分布优化。较深的接地导体能够使故障电流在更大体积的土壤中扩散，减少局部电流密度。这有助于降低局部过热和腐蚀的风险，同时降低地表电位梯度，减少跨步电压和接触电压，增强安全性。

（c）电场分布改善。随着埋深的增加，电场分布更加均匀，有效减小接地导体周围的电场强度，减少电场集中引发的土壤击穿现象。

从实际应用来看，优化埋深可以通过以下方式实现：

（a）深入研究土壤层结构。通过详细的地质勘探，确定不同深度土壤的电阻率分布，选择最佳的埋设深度。

（b）分层埋设接地网。在不同深度布置接地导体，形成多层次的接地网结构，以充分利用各层土壤的导电特性，进一步降低接地电阻。

b. 接地导体半径的影响。接地导体半径是指接地导体的截面半径。接地导体的半径直接影响其导电性能和与土壤的接触面积，对冲击接地电阻的影响主要体现在以下几个方面：

（a）接触面积增大。增加接地导体的半径能够显著增加导体与土壤的接触面积，从而降低单位面积上的电流密度，减少局部电阻，提高电流的散流能力。

（b）电阻降低。较大的半径减少了接地导体的单位长度电阻，这意味着相同长度的导体可以承载更多的电流而不会显著增加电阻。根据电学原理，导体电阻与其横截面积成反比，增大半径可以有效降低导体的内电阻，从而降低整体接地电阻。

（c）电流分布更均匀。较大的导体半径使电流在导体表面的分布更均匀，减少了电流密度高的区域，有助于降低局部过热和腐蚀风险。

优化接地导体半径的策略包括：

（a）选择适当的材料。使用电导率高且耐腐蚀的材料，如铜或镀锌钢，可以在相对较小的半径下提供良好的导电性能和机械强度。

（b）平衡成本和效果。虽然增加导体半径可以提高接地性能，但材料成本也随之增加。因此，需要在设计过程中平衡导体半径和材料成本，选择最佳方案。

c.雷电流参数的影响。在实际仿真中，往往采用标准雷电波参数进行计算，但由于雷电具有较大的随机性和不确定性，实际情况却经常与标准雷电波的参数差异较大。所以计算同种接地网在不同雷电波注入下的冲击特性对研究其防雷性能具有重大意义。雷电流的参数包括幅值、波头实际时间和波尾时间。一般来说，雷电流的幅值决定了雷电流的大小，而波头时间和波尾时间决定了雷电流的形状。雷电流的幅值对接地网冲击特性的影响已经早有研究，其幅值越大土壤的非线性电离效应越强烈，冲击接地电阻会更小。但波头和波尾时间对其影响尚需研究。

本处选取了仿真常用波形 2.6/50、5/50、9/50μs 研究其波头时间对接地网冲击接地电阻的影响，2.6/50、2.6/100、2.6/200μs 研究其波尾时间对冲击接地电阻的影响。采用典型接地网基础模型为仿真模型，计算条件为接地网埋深 0.5m，土壤电阻率为 100Ω·m，接地导体为圆柱形铜材，半径为 0.01m，电阻率为 $1.75e^{-8}\Omega \cdot m$，接地网导体采取边长为 10m 的正方形网格等间距布置。土壤非线性电离效应采用 35% 残余电阻率法进行模拟，得到不同波头时间影响的计算结果。不同雷电波头波尾时间的冲击接地电阻见表 1-5。

表 1-5　　　　　　　　不同雷电波头波尾时间的冲击接地电阻

波头/波尾时间（μs）	2.6/50	2.6/100	2.6/200	5/50	9/50
接地电阻（Ω）	3.23	3.22	3.22	2.15	1.46

根据表 1 – 5 可知，比较波头波尾时间为 2.6/50、2.6/100、2.6/200μs 的计算结果可以得出，在波头时间为 2.6μs 时，改变波尾时间发现波尾对于地网的冲击接地电阻的影响程度较小，在一定范围内，其影响甚至可以被忽略。而比较 2.6/50、5/50、9/50μs 的计算结果可以发现，当波尾时间一定时，波头时间从 2.6μs 增加到 9μs，而冲击接地电阻从 3.23Ω 降低至 1.46Ω。说明波头时间对地网的冲击接地电阻影响较大，地网的冲击接地电阻随着波头时间的增加而大幅减少。原因是在雷电流幅值相同，波头时间越短，陡度就越大，那么冲击雷电流的等值频率就越高，从而接地网的感抗越强。反之波头时间越短，则接地网产生的感抗越弱，从而导致了更低的冲击接地电阻。

1.4 复杂电磁场对智能电能表的耦合途径

1.4.1 复杂电磁场的来源分析

1. 复杂电磁场的来源

电力线是电力系统中最直观的电磁辐射源之一。在电能传输过程中，由于电流的变化（如交流电的周期性变化），会在导线周围产生交变的电磁场。这种电磁场不仅存在于导线表面，还会以电磁波的形式向周围空间辐射，形成电磁干扰。特别是当电力线老化、绝缘不良或设计不合理时，电磁辐射的强度可能会显著增加，对附近的电子设备造成干扰，影响其正常工作。

电机设备，如发电机、电动机、变压器等，是电力系统中不可或缺的组成部分。这些设备在运行时，内部电流和磁场的相互作用会产生复杂的电磁场。特别是当电机设备出现故障或运行异常时（如不平衡运行、短路等），会产生更强的电磁辐射，对周围环境和设备造成显著影响。此外，电机设备的启动和停止过程也是电磁干扰的重要来源，因为这些过程往往伴随着电流的急剧变化。

电力系统中的开关操作，如断路器的闭合与断开、接触器的吸合与释放等，都会产生瞬时的电磁脉冲。这些脉冲具有高频、高强度的特点，能够迅速向周围空间辐射电磁波，形成强烈的电磁干扰。尤其是在高压电力系统中，开关操作产生的电磁干扰尤为显著，可能对电力设备的绝缘、通信设备的信号传输等造成严重影响。

随着移动通信技术的飞速发展，无线通信设备已成为现代社会不可或缺的一部分。手机、基站、无线路由器等设备在传输信息时，会向周围空间发射无线电波。这些无线电波不仅用于通信，也是电磁场的重要来源。虽然无线通信设备的设计通常遵循严格的电磁兼容标准，但在高密度使用场景下，如城市中心或大型活动现场，多个设备的电磁辐射相互叠加，可能形成复杂的电磁环境，对周围设备产生干扰。

雷电是自然界中最强烈的电磁现象之一。在雷电发生时，巨大的电流通过空气通道，产生强烈的电磁辐射。这种辐射不仅限于雷电发生的局部区域，还可能通过大气层传播到很远的地方。雷电产生的电磁脉冲对电力系统、通信设备、航空航天器等具有极大的破坏力，是外部环境中不可忽视的电磁场来源。

2. 复杂电磁环境监测

（1）实地测量法。实地测量法是复杂电磁环境监测中最直接、最基础的方法之一。它通过在实际环境中布置监测设备，直接采集电磁环境数据，为后续的分析和评估提供基础数据支持。其实施步骤如下：

1）监测点选择：根据监测目的和区域特点，选择合适的监测点。监测点的选择应充分考虑电磁环境的代表性、多样性和可访问性，以确保监测结果的全面性和准确性。

2）设备布置：在监测点布置频谱分析仪、测向仪、电磁场强度计等监测设备。这些设备应具备高精度、高灵敏度和抗干扰能力强等特点，以确保采集到的数据准确可靠。

3）数据采集：启动监测设备，按照预定的采样频率和时长采集电磁环境数据。数据采集过程中应注意避免人为干扰和误差，确保数据的真实性和有效性。

4）数据处理：对采集到的数据进行预处理，包括去噪、滤波、校准等操作，以提高数据的准确性和可靠性。然后，利用数据处理软件对数据进行进一步的分析和挖掘，提取有用信息。

5）结果报告：根据数据处理结果，编写监测报告。报告应详细记录监测过程、数据分析方法和结果，以及存在的问题和建议。同时，报告还应以图表、曲线等形式直观地展示监测结果，便于理解和应用。

（2）仿真模拟法。仿真模拟法是利用计算机仿真软件对复杂电磁环境进行模拟和预测的方法。它可以通过建立电磁环境仿真模型，模拟电磁信号的传播、反射、散射等过程，预测电磁环境的动态变化。其实施步骤如下：

1）模型建立：根据监测区域的实际情况，建立电磁环境仿真模型。模型应包括地形地貌、建筑物分布、电磁信号源等要素，并考虑电磁波的传播特性和干扰因素。

2）参数设置：设置仿真模型的各项参数，包括信号源参数（如频率、功率、方向等）、环境参数（如地形、建筑物材料、电磁特性等）及仿真条件（如时间、空间范围等）。

3）仿真运行：运行仿真软件，模拟电磁环境的动态变化过程。仿真过程中应关注电磁信号的传播路径、衰减特性、干扰情况等关键指标。

4）结果分析：对仿真结果进行分析和评估，比较不同参数设置下的电磁环境差异，找出影响电磁环境的主要因素和规律。

5）优化建议：根据仿真结果提出优化建议，指导实际监测工作和电磁环境改善措施。

（3）数据分析法。数据分析法是通过对采集到的电磁环境数据进行深入分析和挖掘，提取有用信息的方法。它可以帮助研究人员发现电磁环境的规律、特征和趋势，为电磁环境监测和评估提供科学依据。其实施步骤如下：

1）数据预处理：对采集到的数据进行清洗、去噪、校准等预处理操作，以提高数据的准确性和可靠性。

2）特征提取：利用信号处理和数据挖掘技术提取电磁信号的特征参数，如频率、带宽、功率密度、信号强度等。这些特征参数能够反映电磁环境的特性和变化规律。

3）模式识别：利用模式识别技术识别电磁信号的类型和来源。通过比较不同信号的特征参数和模式库中的标准模式，可以实现对电磁信号的分类和识别。

4）统计分析：对提取到的特征参数进行统计分析，如计算平均值、方差、标准差等统计量，以了解电磁环境的整体情况和分布情况。同时，还可以利用统计分析方法发现电磁环境的异常值和变化趋势。

5）结果展示：将分析结果以图表、曲线等形式直观地展示出来，便于理解和应用。同时，还可以结合地理信息系统（GIS）等技术手段将电磁环境数据与地理位置信息相结合，实现电磁环境的可视化展示。

1.4.2　复杂电磁环境对智能电能表的影响

1. 电子线路受无线电干扰原理

无线电波是在自由空间传播的射频段电磁波。射频电磁波信号由于频率较高，信号波长 λ 远小于印刷线路板（printed circuit board，PCB）电子线路信号传输线长度 L，极易与 PCB 电子线路的信号传输线耦合并转化成电信号进入电子线路中，引起电子线路的信号紊乱，造成干扰。

根据 PCB 电子线路信号传输线的横电磁波模型，PCB 电子线路上的信号传输线对射频信号的耦合如图 1-12 所示，信号传输线在无线电波作用下产生感应电动势，并流过感应电流 I，感应电流流经线路和后续负载 Z_1，产生压降并叠加至正常信号中。此时，传输线相当于一个电压源，根据戴维南定理，可将其等效为图 1-13 所示电路。其中，$Z_{in} = R_{in} + jX_{in}$ 为线路等效阻抗；$Z_1 = R_1 + jX_1$ 是负载阻抗；U 为被等效电路的开路电压，也即信号传输线的感应电动势。则负载的端电压，也即干扰电压为

$$U_z = \frac{U \cdot Z_1}{Z_{in} + Z_1} \qquad (1-18)$$

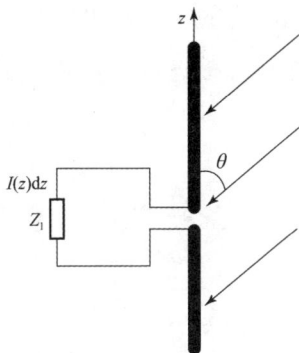

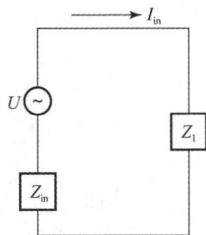

图 1 – 12　传输线对射频信号的耦合示意图　　图 1 – 13　传输线对射频信号的耦合等效电路

通常，可近似认为干扰源在电子设备 PCB 电子线路小范围内的电磁波为平面波，平面波在该处产生的电场为均匀电场，故根据天线设计理论有

$$U = L_e \cdot E' \qquad (1-19)$$

式中　L_e——有效接收长度，m;

　　　E'——极化方向电场分量，V/m。

于是

$$U_z = L_e \cdot E'/2 \qquad (1-20)$$

根据叠加原理，存在干扰时 PCB 电子线路上信号传输线的信号为原有信号和干扰电压 U_z 信号的叠加。当干扰电压 U_z 较弱时，相较正常信号可忽略不计，原有电路功能不受影响；当干扰电压 U_z 较强时，则干扰将对信号造成显著影响，即信号出现严重畸变，导致用电子设备功能、性能异常。

2. 互感器受电磁干扰失效原理

互感器是一种特殊的变压器。为了保证电力系统安全经济运行，必须对电力设备的运行情况进行监视和测量。但一般的测量不能直接接入一次高压设备，而需要将一次系统的高电压和大电流按比例转换成低电压和小电流，供给测量仪表和保护装置使用。此时就要用到互感器，其中进行电压转换的是电压互感器（TV），进行电流转换的是电流互感器（TA）。

电流互感器是由闭合的铁芯和绕组组成。它的一次绕组匝数很少，串在需要测量电流的线路中，二次绕组匝数比较多，串接在测量仪表和保护回路中。电流互感器在工作时，它的二次回路始终是闭合的，因此测量仪表和保护回路串联线圈的阻抗很小，电流互感器的工作状态接近短路。电流互感器原理如图 1 – 14 所示。

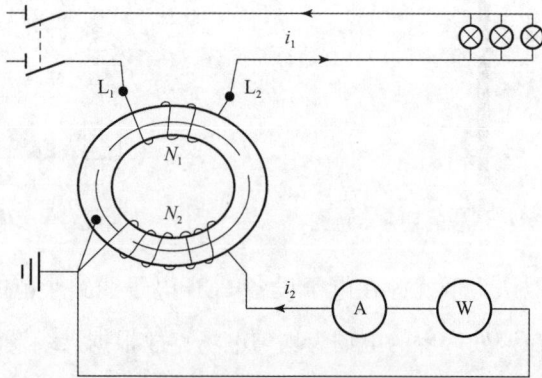

图 1 – 14　电流互感器原理图

电流互感器在传递能量过程中，也会有损耗。当一次电流通过互感器的一次绕组时，必须消耗小部分电流用来励磁，这样二次绕组才能产生感应电动势，也才能有二次电流。用来励磁的电流叫作励磁电流。励磁电流与一次绕组匝数的乘积叫作励磁安匝。理想的电流互感器没有误差，一次安匝等于二次安匝。实际上由于互感器磁芯要消耗励磁安匝，即在一次安匝中要扣除励磁安匝后，才能传递成为二次安匝。因此，一、二次安匝就不相等，产生了误差。外部的电磁场冲击会直接影响互感器内部的交变磁场，进而影响励磁安匝，极端情况下会导致互感器磁芯饱和，所以电磁场冲击对互感器的精度影响更大。

3. 电磁屏蔽原理

屏蔽就是用由导电或者导磁材料制成的金属屏蔽体将电磁骚扰源限制在一定范围内，使骚扰源从屏蔽体的一面耦合或辐射到另外一面时受到抑制或衰减。屏蔽的目的是采用屏蔽体包围电磁骚扰源，以抑制电磁骚扰源对其周围空间中接收器的干扰，或采用屏蔽体包围接收器，以保护、避免骚扰源对其进行干扰。

电磁屏蔽分为电场屏蔽、磁场屏蔽和电磁场屏蔽。对于电场屏蔽，根据电磁理论，处于静电场中的导体在静电平衡的情况下，具有导体内电场为零、表面电场与导体表面垂直、整个导体等电位、电荷分布于导体表面的特点，可以使用空腔来进行屏蔽。即对于外部电场影响，当屏蔽体完全封闭时，无论空腔屏蔽体是否接地，屏蔽体内部的外电场均为零，如图 1 – 15 所示。

（1）交变电场屏蔽的基本原理。采用接地良好的金属屏蔽体将干扰源产生的交变电场限制在一定的空间内，从而阻断骚扰源到接收器的传输路径。可以用电路模型研究对交变电场进行屏蔽，如图 1 – 16 所示为屏蔽前的电路模型，U_g 为交变电场源，Z_s 为被干扰物体的等效阻抗，U_s 为交变电场在被干扰物体上产生的干扰电压。

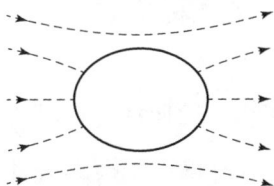

图 1 – 15　电磁屏蔽原理图

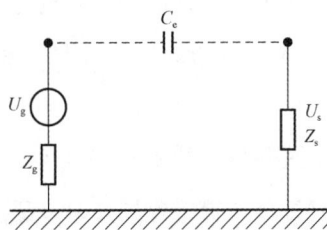

图 1 – 16　交变电场屏蔽的基本原理

U_g 的影响通过电容直接作用于 Z_s，被干扰物体受到的影响约为

$$U_s = \frac{j\omega C_e Z_s}{1 + j\omega C_e \times (Z_s + Z_g)} \times U_g \qquad (1-21)$$

式中　U_g——交变电场源，V；

　　　Z_s——被干扰物体的等效阻抗，Ω；

　　　U_s——交变电场在被干扰物体上产生的干扰电压，V。

上述模型中加入屏蔽体 Z_1，并进行良好接地后，对应的模型修改为如图 1 –17 所示。

U_g 在屏蔽体上感应的电压为

$$U_1 = \frac{j\omega C_1 Z_s}{1 + j\omega C_1 \times (Z_1 + Z_g)} \times U_g \qquad (1-22)$$

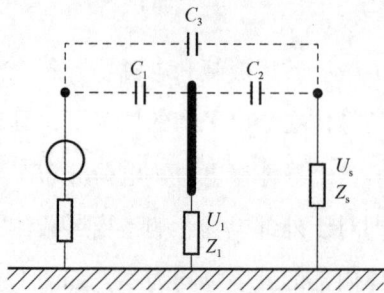

图 1 – 17　交变电场屏蔽的原理模型修改图

屏蔽体上产生的感应电压对被干扰物体的作用电压为

$$U_s = \frac{j\omega C_2 Z_s}{1 + j\omega C_2 \times (Z_1 + Z_s)} \times U_1 \qquad (1-23)$$

由感应电压公式（1 – 22）可得，屏蔽体接地（$Z_1 = 0$），将使 $U_s = 0\text{V}$，进而可以实现对骚扰源产生骚扰电场的耦合抑制，实现对接收器的保护。

（2）低频磁场的屏蔽原理。利用高导磁率的铁磁材料（如铁、硅钢片、坡莫合金），对干扰磁场进行分路。

由于铁磁材料的磁导率比空气的磁导率大得多，因此铁磁材料的磁阻很小。将铁磁材料置于磁场中时，磁通将主要通过铁磁材料，而通过外部的磁通相对较小，从而起到磁场屏蔽的作用。

（3）高频磁场屏蔽原理。当高频磁场穿过导体时，会在金属板中形成感应电动势，进而产生涡流。由涡流产生的反向磁场将抵消穿过金属的原磁场，涡流产生的反向磁场会增加金属侧向的磁场，从而表现为磁力线绕过金属。

高频磁场屏蔽主要考虑如下四个问题：

1）频率：频率很高时，高频磁屏蔽主要依赖屏蔽结构和材料物理特性。一般情况下，涡流产生的反向磁场不会大于原磁场。

2）材料：良导体损耗小，产生的涡流强。

3）厚度：由于高频集肤效应，高频一般无须从屏蔽的角度考虑厚度，实际一般集中于 0.2 ~ 0.8mm。

4）缝隙：在垂直涡流方向一般不用有缝隙或开口。一般不应大于波长的 1/50 ~ 1/100。

（4）电磁场屏蔽原理。对于电磁场屏蔽，需要同时抑制电场和磁场的影响。在频率比较低的情况下，电磁骚扰一般表现为近区，这时其特性与骚扰源的性质相关。高电压小电流的骚扰源以电场为主，磁场骚扰可以略去，此时主要考虑电场屏蔽；低电压大电流的骚扰源以磁场为主，电场骚扰可以略去，此时主要考虑磁场屏蔽。随着频率升高，辐射区域远区表现，这时电场骚扰和磁场骚扰需要同时屏蔽。

（5）屏蔽效能的概念。电磁场通过金属材料隔离时，电磁场的强度将明显降低，这种现象就是金属材料的屏蔽作用。可以用同一位置无屏蔽体时电磁场的强度与加屏蔽体之后电磁场的强度之比来表征金属材料的屏蔽作用，定义屏蔽效能（shielding effectiveness，SE）为

$$SE = 20 \times \log_{10} \frac{E_1}{E_2}（电场的屏蔽效能） \tag{1-24}$$

$$SE = 20 \times \log_{10} \frac{H_1}{H_2}（磁场的屏蔽效能） \tag{1-25}$$

式中　E_1——无屏蔽体时的电场强度，V/m；

　　　H_1——无屏蔽体时的磁场强度，A/m；

　　　E_2——有屏蔽体时的电场强度，V/m；

　　　H_2——有屏蔽体时的磁场强度，A/m。

4. 电路设计中削弱电磁场冲击的旁路和退耦

高频电磁场在 PCB 的环路走线中可产生干扰信号，这些干扰信号直接传导到关键的芯片引脚内部，引起芯片复位或者逻辑判断混乱，因此需要采用旁路和退耦措施。旁路和退耦是指把能量从一个电路转移到另一个电路，常用于提高电能分配系统的供电质量。

退耦是用以克服因数字电路逻辑电平切换而引起的物理上和时间上的约束限制的一种方法。数字逻辑通常有"0"或"1"两种状态；这两种状态的设定和检测是通过元件内部的开关来实现的。器件处于逻辑低还是逻辑高状态都由这些内部开关决定。器件响应这种决定需要一定时间，所以应留出时间裕量以确保不发生误触发。如果逻辑切换状态时段过于靠近逻辑触发状态时段，会

产生一定的不确定性；如果还有高频噪声引入，不确定性就会更高，可能会发生误触发。

芯片或电路传送时钟或者数据时，当所有元器件信号引脚在接有最大容性负载的状态下同时切换时，为确保其正确运行，就需采用退耦的方法来提供足够的动态电压和电流。实现退耦实际上就是通过相关办法使电源一直处于低阻抗状态。在自谐振点之前，退耦电容的阻抗随频率升高而降低，因此供电网络的高频噪声可以被有效滤除，而低频能量不受影响。将电容按照特定情况分类使用，可以得到最佳效果。

旁路是将来自元件或线缆耦合的无用射频噪声从一个区域移往别处。旁路不仅对于实现滤波功能相当关键，而且对于设置交流分路、防止干扰进入敏感区域也是不可或缺的。

5. 电磁吸波材料的电磁特性

吸波材料电磁参数 $\varepsilon(\varepsilon', \varepsilon'')$ 和 $\mu(\mu', \mu'')$ 是描述材料电磁特性的重要参数。如果能测定吸波材料的电磁参数，就能对材料的吸波性能进行评估。当由带正负电荷组成的粒子置于电场中时，带电粒子会因为电磁场力的作用而改变分布状态，宏观效应表现为材料对电磁场极化、磁化和传导的响应。

将电介质置于外电场中时，正负电荷会在电场的作用下发生位移，无极性分子正负电荷中心不再重合，形成电偶极子。电偶极子的特性通常用电偶极矩描述。当电介质处于交变电场下时，复介电常数实部与静电场下介电常数相同，反映了电介质储存能量的能力；复介电常数虚部代表了电介质产生损耗的能力。

电介质损耗由极化损耗和电导损耗组成。极化损耗为电介质在外加电场下产生极化引起的损耗，主要包含电子位移极化、离子位移极化和固有偶极矩取向极化。电导损耗则是由电介质电导造成的电流引发的损耗。

外加电场作用下原子核与负电子云产生相对位移，等效中心不重合形成电偶极矩，引发电子位移极化。离子位移极化是指由正负离子组成的物质中异极性离子沿电场向相反方向位移形成电偶极矩，引起位移极化。极化损耗中，电子位移极化和离子位移极化达到稳态的时间极短，为 $10^{-16} \sim 10^{-12} \mathrm{s}$，几乎不损耗能量。

在外加交变电场中，正负电场轮流加到电介质上，将引起电偶极子随电场运动。偶极子的变化跟不上外加电场频率的变化时，会引起介质损耗。在某一频率下供给介质电能，一部分电能因强迫固有极矩的转动使介质变热，以热能形式耗散。在电场作用下，取向极化的弛豫经过较长时间（10^{-10}s 或更长）达到稳态，是极化弛豫的主要损耗机制。

结构紧密的晶体内部，离子规则地紧密堆积，离子键强度较大。在外加电场下结构紧密的晶体很难形成离子松弛极化，只有电子和离子式的弹性位移极化，因而没有极化损耗，仅有的一点损耗由电导引起。结构不紧密的离子晶体内部有较大的空隙和晶格畸变，离子活动范围大。在外加电场作用下，晶体中弱联系离子可能贯穿电极运动产生电导损耗。两种晶体或多或少带来的各种点阵畸变和结构缺陷通常有较大损耗，可能在某一比例具有远远超过原本两种组分的损耗。

当外磁场发生改变时，系统的能量也会随之改变，系统表现出宏观磁性。而从微观角度看，当物质中带电粒子运动形成的元磁矩取向呈现有序排列时，就形成了物质的磁性。将物体置于磁场中，物体被磁化，铁磁性物质在较弱磁场内也可以达到很高的磁化强度，显示出较高的磁导率；在磁场撤去后仍保留很强的磁性。常见的铁磁性材料有 Fe、Co、Ni 等。

当物质处于外加交变磁场中，物质磁化跟不上外加磁场频率变化，与复介电常数相似。在交变磁场下，复磁导率实部反映铁磁体储存能量的能力；复磁导率虚部则代表了铁磁体损耗能量的能力。磁感应强度 B 落后于外加磁场 H，导致铁磁性物质在交变磁场下不断消耗外加能量。

磁滞是指磁性材料中由于畴壁的不可逆位移和磁矩的不可逆转动引起磁感应强度随磁场强度变化出现滞后。铁磁材料在低频磁化下，磁滞损耗正比于磁滞回线面积。

外加交变磁场作用于铁磁性物质时，铁磁性物质内将产生垂直于磁通量的环形感应电流，即涡流。涡流又将激发一个磁场，阻止外加磁场引起的磁通量变化。铁磁体中实际磁场总是滞后于外加磁场，表现出涡流对磁化的滞后效应。电磁感应产生涡流将引起铁磁体内部磁场强度和磁感应强度的振幅和相位不均匀分布，并使磁感应强度的相位落后于磁场强度的相位，形成涡流损耗。对于铁磁导电样品，无论形态为片状、球状还是圆柱状，涡流效应引起的损耗功率都正比于外加交变磁场频率的平方、磁感应强度幅值的平方、样品尺寸的平方，反比于铁磁体电阻率。

剩余损耗是指除磁滞损耗和涡流损耗以外的其他所有损耗。在低频和弱磁场下，剩余损耗以磁后效损耗为主。剩余损耗在高频磁场下主要包括尺寸共振、畴壁共振和自然共振损耗等。若介质样品或内部颗粒尺寸等于或接近 $\lambda/2$ 的整数倍，样品内会形成驻波从而强烈地吸收电磁波能量，表现为尺寸共振损耗。当铁磁材料受到外加交变磁场作用时，畴壁会受到力的作用而在平衡位置附近振动。若畴壁振动的固有频率等于外加交变磁场频率将出现共振，产生畴壁共振损耗。除此之外，对于铁磁晶体，由于磁晶各向异性等效场的存在，当外加交变磁场角频率 ω 与铁磁介质自由振动角频率 ω_0 相等时会出现共振，产生自然共振损耗。

6. 电磁吸波材料吸波机理

由于自由空间的阻抗与媒质的阻抗不匹配，当电磁波在空间中传播遇到媒质时，一部分电磁波会在自由空间与媒质的界面处反射，而另外一部分会折射进入媒质。在媒质内部传播的电磁波会与媒质发生相互作用，从而将电磁波的能量转换为其他诸如热能、电能、机械能等形式的能量进行耗散。因此，材料对电磁波的吸收，关键在于自由空间与吸波层的阻抗是否匹配。高性能吸波材料必须满足两个基本条件：首先，入射到材料表面的电磁波不发生强烈的反射，而是最大程度地进入到材料的内部，即匹配特性；其次，进入材料内部的电磁波能够被高效率地衰减、耗散掉，即衰减特性。

吸波材料的阻抗匹配特性可以通过创造、设计特殊的边界条件来实现。对于单层吸波材料模型，当电磁波从阻抗为 Z_0 的自由空间垂直照射到输入阻抗为 Z_{in} 的单层吸收板上时，电磁波的反射系数为

$$R = \frac{Z_0 - Z_{in}}{Z_0 + Z_{in}} \tag{1-26}$$

$$Z_{\text{in}} = \frac{E}{H} = \sqrt{\frac{\mu_r \mu_0}{\varepsilon_r \varepsilon_0}} \qquad (1-27)$$

$$Z_0 = \frac{\mu_0}{\varepsilon_0} \qquad (1-28)$$

式中　E——材料中有电磁波时的电场强度，V/m；

　　　H——材料中有电磁波时的磁场强度，A/m；

　μ_0，μ_r——自由空间和材料的磁导率，H/m；

　ε_0，ε_r——自由空间和材料的介电常数，F/m。

当 $Z_{\text{in}} = Z_0$，即 $\mu_0/\mu_r = \varepsilon_0/\varepsilon_r$，反射系数 $R = 0$，此时该材料与自由空间达到波阻抗匹配。此外，对于某一特定波长的电磁波，可以有针对性地设计厚度为 $d = n\lambda/4(n=1,3,5\cdots)$ 的吸波层（称窄带谐振吸收层），此时吸波层上下表面反射的电磁波相位相差 180°，从而干涉相消使 R 最小。

衰减特性的实现需要吸波材料的电磁参数满足一定的要求。根据微波传输线原理，单位长度的材料对电磁波的衰减量可以用衰减参数 α 表示，其表达式如下：

$$\alpha = \frac{\sqrt{2}\pi f}{c} \times \sqrt{(\mu''\varepsilon'' - \mu'\varepsilon') + \sqrt{(\mu''\varepsilon'' - \mu'\varepsilon')^2 + (\mu'\varepsilon'' + \mu''\varepsilon')^2}} \qquad (1-29)$$

根据式（1-29）可以看到，要实现对入射的电磁波进行衰减，必须满足 μ'' 和 ε'' 不同时为 0。同时，为了实现对电磁波的高效吸收，就要提高 α 的值。因此，μ'' 总是尽量大好，μ' 尽量小好（电损耗吸波材料不存在这个问题），而 ε'' 和 ε' 要依材料的类型而定，对于电损耗吸波材料 ε'' 大、ε' 小为好；磁损耗吸波材料则相反。

材料的磁导率实部 μ' 和介电常数实部 ε' 代表对入射电磁波磁场能量和电场能量的储存能力；而磁导率虚部 μ'' 和介电常数虚部 ε'' 标志着对能量的损耗能力。对吸波材料而言，其吸波性能与电磁参数密切相关，通常用损耗因子来表征材料对电磁波的介电损耗和磁性损耗大小。在实际应用中，应该综合考虑各因素，通过选择材料类型（磁性或介电）和厚度，改善阻抗和损耗因子及内部结构，从而实现对吸波涂层性能的优化，获得厚度薄、质量轻、频带宽、功能齐全的高性能雷达吸波体。

吸波材料与电磁波相互作用，产生电磁衰减的机理主要有以下三方面：①发生高频介电损耗、电损耗、磁滞损耗或者将其转变成其他形式的能量（热能、电能、机械能等），使电磁波的能量衰减；②具有一定方向的电磁波能量在受到吸波材料作用后，转变为分散于所有可能方向上的电磁能量，从而使其强度锐减，回波量减少；③作用在材料表面的第一电磁反射波与入射进入材料内部的第二电磁反射波产生叠加作用，使得其相互干涉，相互抵消。

7. 电磁吸波材料的影响因素

吸波材料的密度、粒径、形貌和晶体结构对其吸波性能具有较大影响，通过改变这些要素可以实现对吸波性能的有效调控；通过分析这些要素改变引起吸波性能变化的机理，可以有效地指导制备工艺。这几种因素之间也互相影响：不同的物相组成对应着不同的晶体结构，形貌也与粒径密切相关，铁氧体的吸波性能由上述两种或多种因素共同决定。通过改进制备方法，调整工艺参数，可制得满足吸波性能要求的吸波材料。

吸波剂密度包括松装密度、摇实密度及真密度。粉剂自由流落于规定的标准容器中得到的密度为松装密度；粉剂填入规定的标准容器中，进行摇实，使粉剂充满容器时的密度称为摇实密度；真密度是利用比重瓶测得的密度。一般密度不同所测得的电磁常数差别很大，因此通常所称的电磁常数必须是在特定测试条件下的数值。另外，吸波剂密度（如果反映在复合材料当中，即吸波剂的百分含量）对电磁波整体吸收效果影响极大。根据电磁参数和阻抗匹配原理，吸波剂密度对吸波效能有一个最佳值。

吸波剂的粒度对电磁波的吸收性能及吸收频段的选择影响较大。在一定范围内，随粒径的减小，吸波材料的吸收能力增强。在传统的吸波材料吸波频带和吸收能力受限的情况下，通过改变吸波材料的颗粒尺寸，制备超细粉来改变其电磁性能，成为提高吸波材料吸波性能的一个新方向。

现在吸波剂粒度的选择有两种趋向：一种是吸波剂粒度趋于微型化、纳米化，这是目前研究的热点。当颗粒细化为纳米粒子时，由于尺寸小、比表面积大，因而纳米颗粒表面的原子比例高，悬挂的化学键多，增大了纳米材料的活性。界面极化和多重散射是纳米材料具有吸波特性的主要原因。第二种是吸波单元的非连续化。吸波剂细化以后，其在基体中逾渗点出现较早，容易形成导电网格，对电磁波反射较强，不易进入材料内部被吸收；若吸波剂含量控制在逾渗点以下，则不足以充分吸收电磁波。所以应该在吸波体内形成毫米级非连续吸波单元，在每个吸波单元内尽可能增加其吸波剂含量，这样吸收体与自由空间阻抗能形成良好的匹配，电磁波能最大限度地进入材料内部，吸波频段大大拓宽，吸波效能大大提高。纳米吸波材料具有良好的吸波性能，但吸波能力与其粒径并不总是负相关，当材料粒径过小时，较高的比表面积和表面能会导致团聚，形成尺寸巨大的团聚体。因此对于如何精确控制粒径及建立吸波性能与粒径的关系模型等，还需要进一步研究。

改变吸波材料的粒径一般可以通过元素取代、改变制备方法、热处理、改进合成工艺、添加超细粉末等途径。粒径尺寸的改变会不同程度地影响吸波材料的电性能和磁性能，进而影响其吸波性能。

获得高性能吸波材料的关键在于吸波剂，除吸波剂颗粒含量、粒度及聚集状态外，吸波剂颗粒形状无疑会影响材料的吸波性能。形貌一方面会对其电磁参数产生较大影响，进而影响其吸波性能。另一方面，形貌还会影响吸波材料对电磁波的散射，也会对其吸波性能产生影响。吸波剂的形状主要有球形、菱形、树枝状、片状及针状等。研究学者认为颗粒中含有一定数量的片状或核壳结构时，吸波材料的吸波效能大于含其他形状的吸波材料，因此片状结构和核壳结构成为研究的热点。但吸波材料的形貌很难控制，如何更好地改进工艺，制备出特定结构的吸波材料仍待解决。

吸波剂一般来说不单独使用，首先需要和其他基体材料一起制作成一定结构形式才能使用，因此就需要具有良好的工艺性能，以便与其他物质混合或掺杂；其次为了拓宽吸波频段，增强吸收效能，一般通过几种吸波剂叠加使用来实现。叠加方法有简单混合法、包覆法、镀层法及改性法等。

1.4.3　智能电能表电磁兼容试验研究

1. 现有电能表电磁兼容测试标准

现有国内外的电能表电磁兼容测试标准，均明确规定了试验等级、试验位置、施加的干扰波幅值等具体参数。按照现有电磁兼容测试体系测试通过的电能表，在更加复杂的电磁环境下可能会产生无法预料的故障或者损伤。根本原因在于复杂电磁环境下产生的干扰波可能在幅度、持续时间等方面均超过现有的测试标准。因此现有电能表电磁兼容测试需要结合电能表的设计方案，判定可能出现的故障机理，并进行各种条件下的试验，来设计和验证复杂电磁条件下的抗扰度试验技术。

此外现有依托于 GB/T 17626（所有部分）《电磁兼容 试验和测量技术》的电能表电磁兼容测试设备还存在一些不足，无法完全模拟和再现复杂电磁环境下的电磁场参数。国内的一些科研院所，已经在尝试对现有测试设备进行性能指标的提升。

2. 直流恒定磁场测试设备及恒定磁场对电能表的影响机理

针对电能表外部恒定磁感应干扰试验项目，福建省计量科学研究院研制了可实现自动试验的五轴运动平台控制系统。

控制系统的恒定磁场试验装置采用五轴运动机构，以及电磁铁在 X、Y、Z 三坐标位置可控的伺服控制结构；电磁铁伺服控制，采用三坐标式的线性模组结构形式，在电磁铁上再加上二维旋转 A、B 轴结构，这样实现对电能表任意空间位置的磁场检测，坐标恒定磁场电磁铁位置可控位移伺服控制采用计算机设置控制，如图 1 – 18 所示。

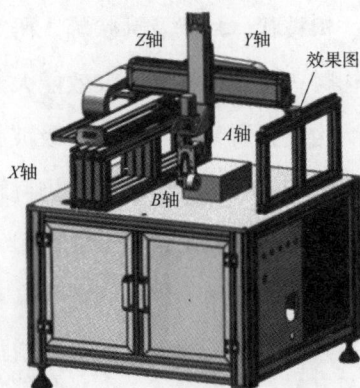

图 1 – 18　五轴运动平台机构图

恒定磁场部分的设计是通过上位机软件，充分利用驱动电源的通信接口，采用软件控制的方式来输出电流驱动电磁铁。

根据恒定磁场影响试验装置控制系统的整体设计思路，以"个人计算机 + 运动控制卡"为核心构架。整个控制系统由软、硬件两部分组成。其中软件部分包括底层驱动软件和运动操作界面软件，硬件部分主要为电动机、个人计算机、运动控制卡、传感器及驱动器等。

最终实现控制精度能够控制在 ±2mm 范围内，并且配套设计了具有 1000 安匝可调节的电磁铁，可精确控制输出恒定磁场，实现了电能表的恒定磁场干扰试验的自动化控制。

恒定磁场对电能表的影响机理如下：现有电能表表内的 TA、TV、计量芯片和 A/D 的前置运算放大器等元器件，这些都会引入相位误差和幅值误差。$W = UI\cos\varphi$ 代表没有附加误差时的电能计算公式。假定由 TV、TA 或 A/D 采样引入的相位误差为 ε，则电能值 W' 为

$$W' = UI\cos(\varphi + \varepsilon) \tag{1-30}$$

电能表误差 δ 的计算公式为

$$\delta = (W' - W)/W \times 100\% = UI\cos(\varphi + \varepsilon)/UI\cos\varphi \tag{1-31}$$

式中　φ——电流、电压相位角，rad；

　　　ε——附加相位误差，rad。

式（1-31）说明电能表误差不但与 φ 有关，还与附加相位误差有关，当 φ 接近 90°时，ε 虽然很小，但由 ε 引起的误差也很大，相位和幅值引起的误差对电能表的计量误差影响很大，而外部磁场对采样幅值和相位都会有很大的影响。

3. 工频磁场测试设备及工频磁场对电能表的影响机理

（1）工频磁场测试设备。工频磁场试验装置基本由调压器、变流器和感应线圈三部分组成，图 1-19 是工频磁场试验装置的原理图。

工频磁场试验装置中的调压器直接连接配网电源，调压器的输出接变流器的一次侧，变流器的二次侧接感应线圈。用户通过调压器来调整输出电压，从而达到控制工频磁场感应线圈产生的磁场强度的目的。标准要求调压器输出的

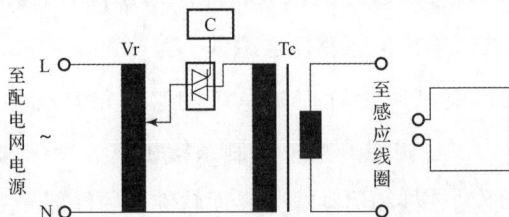

图 1-19　工频磁场试验装置的原理图

Vr—调压器；C—控制回路；Tc—变流器

电流波形为正弦波，其总畸变率不超过 8%。因为在工频磁场试验中是通过调节调压器的电压输出来控制感应线圈产生的磁场强度，所以电源输出电压的准确性直接关系到线圈产生磁场场强的准确性。

工频磁场试验装置中变流器的作用是将调压器提供的高电压、低电流输入转换为低电压、高电流的输出，从而为感应线圈提供能量。变流器电路原理如图 1-20 所示。

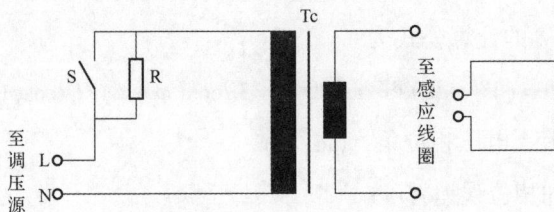

图 1-20　变流器电路原理图

S—挡位开关；R—电阻

从图 1-20 中可以看到变流器内部主要是由一个能够提供足够电流的高比率的降压变压器、一个挡位开关和一组电阻组成。一般来说，变流器都分为低电流输出和高电流输出两个挡位，其作用是控制变流器的输出电流挡位。电压/电流转换系数决定了变流器的特性，它是工频磁场试验装置中一个非常重要的参数。整个试验装置的控制软件需要通过这个参数来计算调压器的输出电压。与试验发生器相连接的感应线圈，用来产生与所选试验等级和规定的均匀性相对应的磁场强度。

感应线圈由铜、铝或其他导电的非磁性材料制成，其横截面和机械结构应有利于在试验期间使线圈稳定。线圈可以是单匝线圈，也可以是多匝线圈。感应线圈的尺寸根据被测设备（equipment under test，EUT）的大小确定，应当可以包围 EUT（在三个互相垂直的方位上）。一般对小型设备［体积为0.6m×0.6m×0.5m（长×宽×高）以内］进行试验时，使用的标准尺寸感应线圈是边长为 1m 的正方形线圈。标准中要求其在整个被测设备（台式设备或立式设备）体积内产生磁场的偏差为 ±3dB。

北京医疗器械检验所自行设计了大尺寸的工频磁场线圈（4m×4m），采用 HAFFELY 公司生产的 PMM1008 型工频磁场试验发生器，使用了 CHAUVINARNOUX 公司的 C103 型电流互感器对发生器的输出电流进行测量校准；选择了 F. W. BELL 公司的 7010 型高斯计测量场强，在此基础上对线圈产生的场强进行测量和校准。其校准数据见表 1–6。

表 1–6　　　　　　　　　　4m×4m 感应线圈校准数据表

距接地平面距离（m）	校准频率（Hz）	磁场强度（A/m）	线圈电流（A）	磁阻（A/Wb）
1	50	3.02	19.8	0.153
	60	3.05	20.2	0.151
1.2	50	3.01	19.2	0.157
	60	3.05	19.7	0.155

（2）工频磁场对电能表的影响机理。电子式电能表中计量输入电路包括电压输入电路和电流输入电路。输入电路的作用是一方面将被测信号按照一定比例转换成低电压信号输入到乘法器中，另一方面使乘法器和电网隔离，减小干扰。单相电子式电能表的输入电路一般采用锰铜分流的方式进行采样。

若把输入回路、PCB 板等部分视为一个大的线圈回路，根据电磁感应定律，工频磁场穿过回路线圈时，会在线圈中感应出同频率的电流。电子式电能表在无负载情况下的感应功率大小取决于励磁电流和励磁电流与参比电压的夹角两个方面。当励磁电流与参比电压之间的相位角一定时（0°除外），励磁电流越大，磁场强度越强，感应功率也越大；当励磁电流一定时，感应功率随夹角（第一象限中）的增大而增大。当励磁电流 $i_m(t) = \sin\omega t$ 通过电感线圈时，会在电感线圈内部产生主磁通 Φ，进而在电感线圈中产生感应电动势 E。根据楞次定律，当磁通 Φ 以规定的标准正方向增加时，其变化率 $d\Phi/dt$ 为正，而感应电动势如能产生电流，该电流又能产生磁场的话，其方向是企图阻止原磁通 Φ 的增加，负方向亦然。可见，在规定电动势、磁通方向符合右手螺旋定则时，根据楞次定律，感应电动势 E 的公式前必须加负号。在线圈中感应的主磁通会以正弦波形式存在，当导体回路中产生感应电动势时，必然会产生电流 i，如果回路中的导体为阻性，则电流 $i = E/R$，其方向和电动势方向相同。当励磁电流与通入电能表的电压之间夹角为 0°时，上述公式关系在相量图中可以清晰描述。

由以上分析可以得出，当 I 与 U 同相位时，感应电流的方向与施加在电能表上的电压方向是呈 90°的，此时在电能表内部是不产生功率的。工频磁场对电能表影响最大的位置是 I 与 U 的夹角为 90°时，此时电能表感应出的功率因数为 1，对电能表的影响量最大。

（3）射频电磁场测试设备及射频电磁场对电能表的影响机理。现有的射频电磁场辐射抗扰度试验系统工作原理如图 1−21 所示。

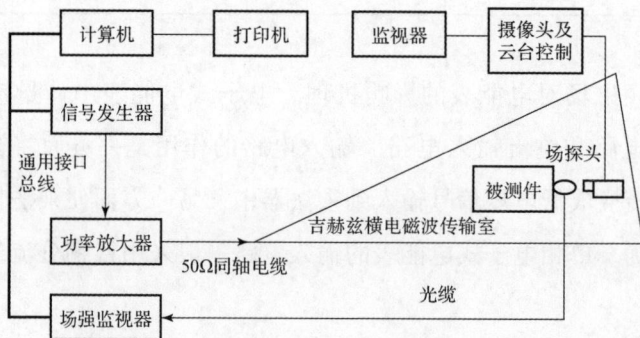

图 1−21　射频电磁场辐射抗扰度试验系统工作原理

在计算机的控制下，根据场强监视器的指示，由信号源产生不同频率的电信号，经功率放大器放大后在横电磁波传输室内产生某个频率范围、某试验强度的射频电磁场。被测设备在绝缘支架上置于横电磁波传输室内，并将摄像头对准正侧、顶面。根据有关要求，进行射频电磁场辐射抗扰度试验。

1.5　复杂电磁环境仿真技术

电磁场包括电场和磁场，是一种由电荷和电荷运动产生的物理场，麦克斯韦方程组阐述了电磁场的基本定律。低频时，电场、磁场可以认为相互独立，电场由电荷产生，磁场由电流产生。高频时，电场和磁场可以相互激发，形成电磁波向空间辐射电磁能量。

复杂电磁环境指的是变电站广域空间中同时存在稳态电磁效应和宽频域暂态电磁效应引起的电磁现象的总和。在变电站正常运行条件下，会产生稳态电磁场，由站内外设施设备等产生。同时，由于开关操作等瞬态过程，也会引起宽频域暂态电磁场。这种环境的特点是，暂态电磁场在时域内具有短脉冲上升（下降）时间和大幅度，在频域内频谱含量丰富，对变电站空间范围内的影响广泛。

1.5.1　复杂电磁信号分布特性

1. 工频电场与工频磁场限值

工频电场和工频磁场是与电力系统运行密切相关的两种电磁场，其限值的设定对于保障人体健康和环境安全至关重要。为了保护公众和工作人员的健康，各国都制定了相应的法规和标准，对工频电场和工频磁场的限值进行了规定。在电力系统的规划、设计和运行过程中，需要严格遵守这些限值标准，通过合理的布局、绝缘和屏蔽等措施，确保电磁场在安全范围内，保障人体健康和环境安全。

（1）工频电场限值。对于工频电场而言，变电站工作人员接近带电高压设备的机会多，场强限值除要考虑暂态电击和稳态电击外，还要考虑电场长期作用可能的生态效应。但由于变电站工作人员通常均具有防止暂态和稳态电击知识，且每天在较高电场中停留的时间不长，因此各国都将变电站内的允许工频电场定得比线路邻近居民区和跨越公路处的要高。例如对运行人员经常巡视或检测必经的地方，一般规定为小于8kV/m，其他地方则不大于10kV/m，少数地区允许最大场强为 10～15kV/m。

国际非离子辐射防护委员会（ICNIRP）在 1998 年 4 月正式提出了 ICNIRP 1998《限制时变电场、磁场和电磁场暴露导则（300GHz 以下）》，该导则明确提出了职业人员的电场暴露限值为 10kV/m，但对于特殊职业，在可排除与带有电荷的导体接触产生的非直接有害影响的条件下，电场参照水平可增加到 20kV/m。同时，IEEE C95.6—2002《IEEE 人体暴露于电磁场的安全水平标准 0～3kHz》中，对 50Hz 电场限值进行了规定：在受控区取 20kV/m；对于公众取 5kV/m。目前对于输电线路工频电场而言，国际上没有统一的标准要求。不同国家和地区会根据自身的法规和标准来制定相应的限值要求。国内的输电线路电场限值在 GB/T 18487—2001《输电线路电磁环境工频电场限值》中有所规定，根据这一标准，输电线路电场限值取决于电场频率和环境类型。以下是 GB/T 18487—2001《输电线路电磁环境工频电场限值》中规定的部分电场限值：在普通居民区、商业区和工业区的输电线路电场限值为 5kV/m；在公共服务场所（如学校、医院等）周围的输电线路电场限值为 5kV/m；在农村居民区的输电线路电场限值为 10kV/m；在农村其他区域的输电线路电场限值为 20kV/m。

（2）工频磁场限值。目前大多数国家尚未提出工频磁场标准要求，只有少数几个国家制定了磁场照射的限值。ICNIRP 在 1998 年 4 月正式提出的 ICNIRP 1998《限制时变电场、磁场和电磁场暴露导则（300GHz 以下）》中，针对不同人员的磁场暴露限值进行了规定，50Hz 条件下，职业人员为 500μT，一般民众为 100μT。IEEE C95.6—2002《IEEE 人体暴露于电磁场的安全水平标准 0 ~ 3kHz》规定了人的头部和躯体最大磁场（50Hz）允许暴露限值：受控环境下为 2710μT，公众环境下为 904μT。对于输电线路工频磁场的限值，中国国内也有相应的标准进行规定。根据 GB/T 18487—2001《输电线路电磁环境工频电磁场限值》的要求，以下是一些常见的输电线路工频磁场限值：在普通居民区、商业区和工业区的输电线路工频磁场限值为 100μT；在公共服务场所（如学校、医院等）周围的输电线路工频磁场限值为 100μT；在农村居民区的输电线路工频磁场限值为 200μT；在农村其他区域的输电线路工频磁场限值为 400μT。

从保护站内职业人员的健康角度出发，站内大部分区域宜采用 ICNIRP 导则中较为严格推荐的工频磁场职业暴露限值（500μT）。有些设备比较特殊，如电抗器，正常工作时附近磁场较大，可以增加围栏，按受控区对待，采用 IEEE C95.6—2002《IEEE 人体暴露于电磁场的安全水平标准 0 ~ 3kHz》规定的工频磁场职业暴露限值（2710μT）。

2. 工频电场分布特性

（1）500kV × × 变电站工频电场分布。500kV 主变压器至避雷器管母线间隔工频电场横向分布测量。在特高压变电站主变压器 1000kV 侧方向，沿垂直主变压器至 CVT 管母线间隔方向选择 2 个断面进行测量。

500kV 主变压器至 CVT 管母线间隔工频电场最大为 6.78kV/m（在 10m 处）；最小为 3.15kV/m（在 66m 处）；平均为 5.21kV/m，其中平均值为各点电场强度相加除以测量点数得到，下述图中的电场平均值均按该处的算法计算。三个峰值分别为 6.78kV/m（在 10m 处）、6.06kV/m（在 53m 处）和 4.84kV/m（在 33m 处）。2 号主变压器前方巡视走道工频电场如图 1 – 22 所示。

3 号主变压器前方巡视走道工频电场最大为 6.26kV/m（在 10m 处）；最小为 3.15kV/m（在 66m 处）；平均为 5.01kV/m，三个峰值分别为 6.26kV/m（在 10m 处）、6.16kV/m（在 53m 处）和 4.84kV/m（在 33m 处），如图 1 – 23 所示。

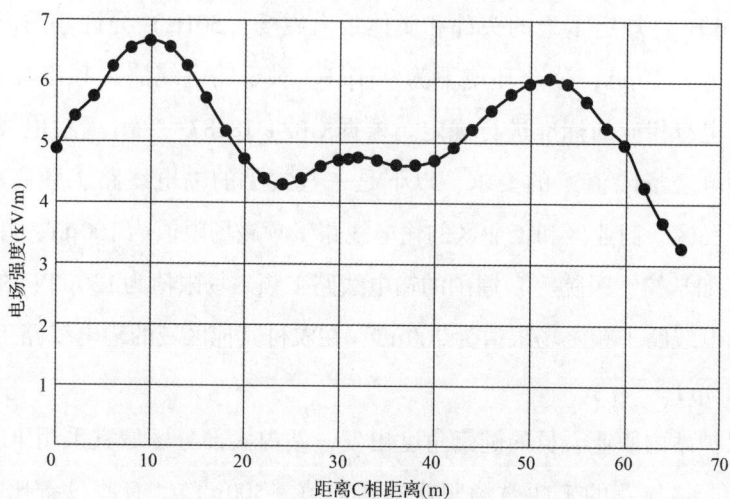

图 1 - 22　2 号主变压器前方巡视走道工频电场

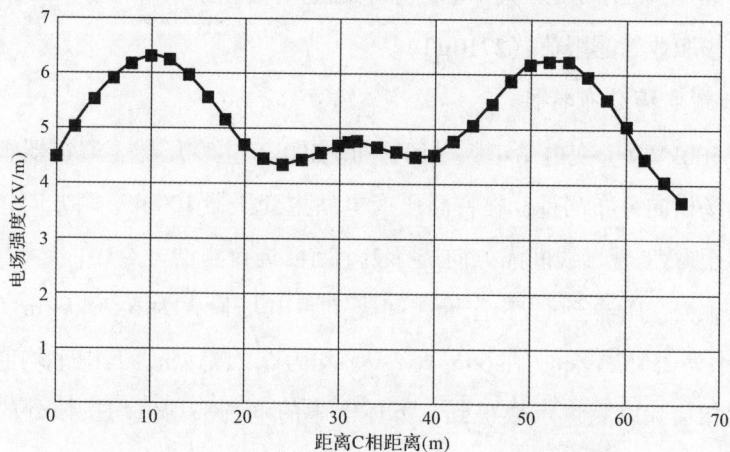

图 1 - 23　3 号主变压器前方巡视走道工频电场

（2）1000kV ××变电站工频电场分布。××线高压电抗器与墙体之间巡视走道的工频电场最大为 5.6kV/m（在 10m 处）；最小为 1.2kV/m（在 38m处）；平均为 3.2kV/m，一个峰值为 5.6kV/m（在 10m 处）。高压电抗器与墙体之间巡视走道的工频电场测量分布曲线如图 1 - 24 所示。

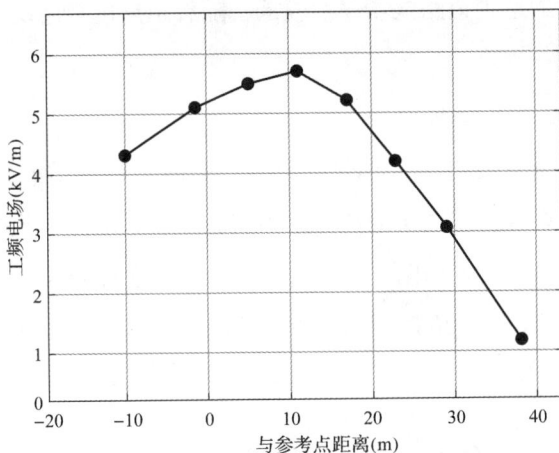

图 1 − 24 高压电抗器与墙体之间巡视走道的工频电场测量分布曲线

××线高压电抗器与 GIS 之间巡视走道的工频电场最大为 11.9kV/m（在 −5m 处）；最小为 5.2kV/m（在38m 处）；平均为 9.3kV/m，三个峰值分别为 11.9kV/m（在 10m 处）、4kV/m（在 4m 处）和 11.9kV/m（在 10m 处），如图 1 −25 所示。

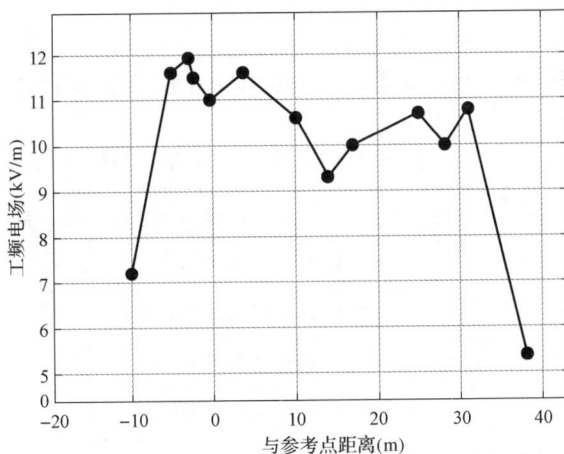

图 1 −25 高压电抗器与 GIS 之间巡视走道的工频电场测量分布曲线

总体而言对于工频电场，主变压器附近区域的工频电场最大值出现在主变压器前方巡视道路上，随着距离边相进线导线距离的增加电场值快速衰减。高压电抗器附近区域的工频电场最大值出现在高压电抗器前方巡视道路上，高压电抗器与围墙间的巡视道路电场强度较低，随着距离边相进线导线距离的增加电场值快速衰减。

3. 工频磁场分布特性

（1）500kV ××变电站工频磁场分布。站内工频磁场测量在调试期间进行。测量内容主要为：在低压电抗器组周围、在设备的地面投影外 5m 处进行工频磁场测试，测试位置如图 1-26 所示；在低压电抗器四周开展工频磁场的距离衰减测试，给出 1000μT 磁感应强度值的范围。

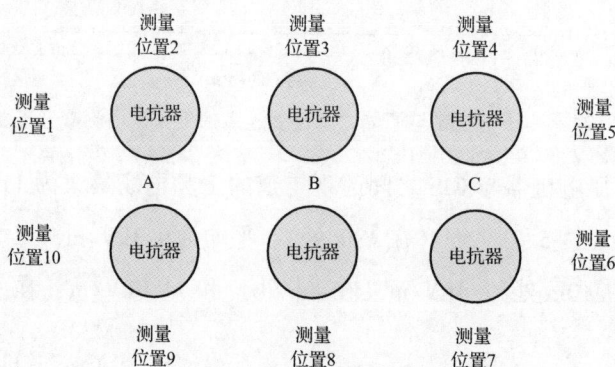

图 1-26　工频磁场测试位置

低压电抗器四周的测量结果和距离衰减测试结果见表 1-7。

表 1-7　　　　　　　　低压电抗器组周围工频磁场测试结果

测试区域	测试位置	测试结果（mT）
1152L 低压电抗器周围	低压电抗器西侧围栏 1m	1.096
	低压电抗器西侧围栏 2m	0.476
	低压电抗器西侧围栏 3m	0.323
	低压电抗器西侧围栏 4m	0.229
	低压电抗器西侧围栏 5m	0.16
	低压电抗器西侧围栏 6m	0.118
	低压电抗器北侧围栏 1m	0.898
	低压电抗器南侧围栏 1m	0.973
	低压电抗器东侧围栏 1m	1.186

续表

测试区域	测试位置	测试结果(mT)
1154L 低压电抗器周围	低压电抗器西侧围栏 1m	1. 179
	低压电抗器南侧围栏 1m	0. 987
	低压电抗器东侧围栏 1m	1. 058
	低压电抗器东侧围栏 2m	0. 705
	低压电抗器东侧围栏 3m	0. 418
	低压电抗器东侧围栏 4m	0. 274
	低压电抗器东侧围栏 5m	0. 178
	低压电抗器东侧围栏 6m	0. 118
	低压电抗器北侧围栏 1m	0. 936
1163L 低压电抗器周围	低压电抗器南侧围栏 1m	0. 898
	低压电抗器东侧围栏 1m	1. 041
	低压电抗器北侧围栏 1m	1. 063
	低压电抗器北侧围栏 2m	0. 735
	低压电抗器北侧围栏 3m	0. 365
	低压电抗器北侧围栏 4m	0. 253
	低压电抗器北侧围栏 5m	0. 175
	低压电抗器北侧围栏 6m	0. 123
	低压电抗器西侧围栏 1m	1. 133
1142L 低压电抗器周围	低压电抗器西侧围栏 1m	1. 026
	低压电抗器西侧围栏 2m	0. 653
	低压电抗器西侧围栏 3m	0. 431
	低压电抗器西侧围栏 4m	0. 304
	低压电抗器西侧围栏 5m	0. 204
	低压电抗器西侧围栏 6m	0. 142
	低压电抗器北侧围栏 1m	0. 973
	低压电抗器南侧围栏 1m	0. 989
	低压电抗器东侧围栏 1m	1. 234

续表

测试区域	测试位置	测试结果(mT)
1144L 低压电抗器周围	低压电抗器东侧围栏 1m	1.105
	低压电抗器东侧围栏 2m	0.623
	低压电抗器东侧围栏 3m	0.35
	低压电抗器东侧围栏 4m	0.22
	低压电抗器东侧围栏 5m	0.149
	低压电抗器东侧围栏 6m	0.102
	低压电抗器西侧围栏 1m	1.112
	低压电抗器北侧围栏 1m	0.929
	低压电抗器南侧围栏 1m	0.948
1133L 低压电抗器周围	低压电抗器西侧围栏 1m	1.075
	低压电抗器北侧围栏 1m	0.986
	低压电抗器东侧围栏 1m	1.061
	低压电抗器南侧围栏 1m	1.091
	低压电抗器南侧围栏 2m	0.611
	低压电抗器南侧围栏 3m	0.354
	低压电抗器南侧围栏 4m	0.234
	低压电抗器南侧围栏 5m	0.159
	低压电抗器南侧围栏 6m	0.106

根据测试结果可知，低压电抗器附近区域的工频磁场较大，最大值为 $1234\mu T$，满足 IEEE 规定的受控区控制值。根据低压电抗器周围工频磁场距离衰减测试结果，距低压电抗器本体 2～3m，工频磁感应强度值可降低至 $1000\mu T$ 以下。

（2）1000kV ××变电站工频磁场分布。2 号主变压器 A 相南侧磁场最大，为 $21.28\mu T$，东侧最小，为 $5.82\mu T$；2 号主变压器 B 相南侧最大，为 $18.16\mu T$，东侧最小，为 $5.91\mu T$；2 号主变压器 C 相西侧磁场最大，为 $17.16\mu T$，南侧最小，为3.17μT；××2线高压电抗器A相西侧磁场最大，为61.58μT，南侧最小，为6.25μT；××2线高压电抗器B相西侧磁场最大，为54.23μT，南侧最小，为4.28μT；××2线高压电抗器C相西侧最大，为62.37μT，南侧最小，为3.24μT；××2线高压电抗器A相西侧磁场最大，为74.22μT，南侧最小，为6.89μT；××2线高压电抗器B相西侧最大，为72.22μT，东侧最小，为6.78μT；××线高压电抗器A相南侧磁场最大，为21.11μT，北侧最小，为3.86μT；××线高压电抗器B相南侧磁场最大，为17.96μT，北侧最小，为4.95μT；XX线高压电抗器C相南侧磁场最大，为18.09μT，北侧磁场最小，为4.43μT；1133低压电抗器周围南侧磁场最大，为2430μT，东侧磁场最小，为2000μT；1143低压电抗器周围北侧磁场最大，为2510μT，东侧磁场最小，为2300μT。

高压电抗器与墙体之间巡视走道的工频磁场最大为1.43μT（在5m处）；最小为0.82μT（在-10m处）；平均为1.22μT，两个峰值分别为1.43μT（在5m处）、-2μT（在1.32m处）。高压电抗器与墙体之间巡视走道的工频磁场测量分布曲线如图1-27所示。

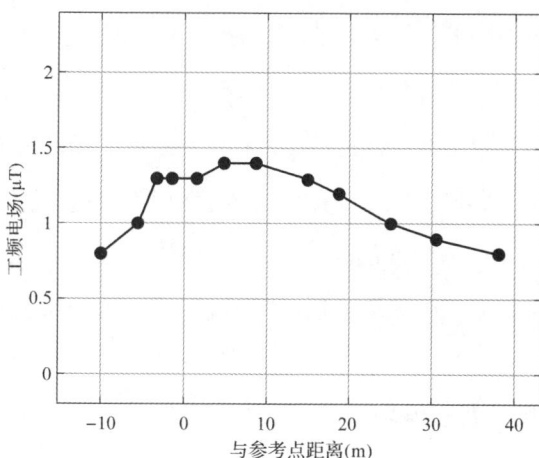

图1-27　高压电抗器与墙体之间巡视走道的工频磁场测量分布曲线

高压电抗器与GIS之间巡视走道的工频磁场最大为7.7μT（在3m处）；最小为2.88μT（在-10m处）；平均为5.24μT，3个峰值分别为7.7μT、在

3m 处，6.11μT、在 15m 处和 6.7μT、在 25m 处。高压电抗器与 GIS 之间巡视走道的工频磁场测量分布曲线如图 1 – 28 所示。

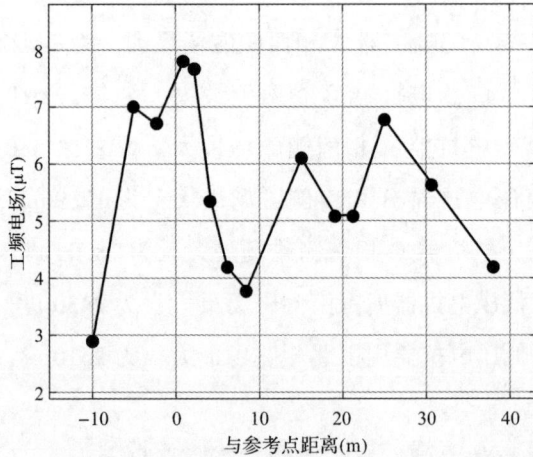

图 1 – 28 高压电抗器与 GIS 之间巡视走道的工频磁场测量分布曲线

总体而言对于工频磁场，低压电抗器附近区域的工频磁场较大，根据低压电抗器周围工频磁场距离衰减测试结果，距低压电抗器本体 2 ～ 3m，工频磁感应强度值可降低至 1000μT 以下。

4. 暂态电场与暂态磁场限值

暂态电磁场属于高频电磁场，暂态磁场与暂态电场之间存在相互耦合作用，二者相互影响，共同决定了电磁波的传播和系统的电磁特性。在实际工程中，为了确保人员安全和设备正常运行，需要根据暂态事件的类型和频率，以及对人体不同部位的限定，采取不同的限值和合适的防护措施，保障人体健康和环境安全。

（1）暂态电场。暂态电场是指由于电力系统的瞬时故障或操作引起的电场变化，如开关操作、设备故障等。与稳态电场相比，暂态电场的持续时间更短，暂态电场的影响范围相对较小，主要局限在故障点附近或受影响设备周围的区域，但其峰值电场强度可能更高。在考虑暂态电场的场强限制时，还需要考虑电场瞬时变化对人体的潜在影响，因此需要采取相应的保护措施，如过电压保护装置、绝缘措施等。然而，由于变电站工作人员通常接受有关暂态电击的培训，变电站的工作人员与一般民众相比停留在高电场的时间较长，因此各国普遍将变电站内的允许暂态电场限值设置得比一般民众要高。

IEEE C95.1—2019《IEEE 人体暴露于 0Hz 至 300GHz 电场、磁场和电磁场的安全水平标准》中对 3kHz~300GHz 不同频率下的暂态电场限值提出了要求，在频率为 3~100kHz 一般公众的电场限值为 614V/m，0.1~1.34MHz 的电场限值也为 614V/m，1.34~30MHz 为 823.8V/m，30~400MHz 为 27.5V/m；受控区 0.1~30MHz 为 1842V/m，30~300MHz 为 61.4V/m。

（2）暂态磁场。与稳态磁场相比，暂态磁场的变化速度更快，持续时间更短，其产生通常伴随着电磁感应现象，即电流或磁场的变化会引起周围介质中感应电流的产生，从而导致磁场的变化，暂态磁场的影响范围通常较小，主要局限在电流或磁场变化的周围区域。

目前大多数国家尚未提出暂态磁场标准要求，只有少数几个国家制定了磁场照射的限值。ICNIRP 1998《限制时变电场、磁场及电磁场暴露导则（300GHz 以下）（0 Hz~300 GHz)》中，针对不同人员的磁场暴露限值进行了规定其中暂态磁场对于频率低于 100kHz 的暂态电场，磁感应强度的允许暴露限值为 100~500μT，取决于频率和暴露时间。对于频率在 100kHz~10MHz 之间的暂态电场，允许的暴露限值约为 100μT。对于频率在 10MHz~3GHz 之间的暂态电场，允许的暴露限值约为 10μT。

IEEE C95.1—2019《IEEE 人体暴露于 0Hz 至 300GHz 电场、磁场和电磁场的安全水平标准》中对 3kHz 到 300GHz 不同频率下的暂态磁场限值提出了要求，对于一般民众，规定了人的头部和躯体最大磁场，3~3.35kHz 为 687μT，3.35~5000kHz 为 205μT，也规定了人的肢体最大磁场，3~3.35kHz 为 3.79mT，3.35~5000kHz 为 1.13mT；对于受控区，规定了人的头部和躯体最大磁场，3~3.35kHz 为 2060μT，3.35~5000kHz 为 615μT，也规定了人的肢体最大磁场，3~3.35kHz 为 3.79mT，3.35~5000kHz 为 1.13mT。

从保护站内职业人员的健康角度出发，对于频率 50Hz~100kHz 范围内的暂态磁场，峰值磁感应强度（peak magnetic flux density）应该控制在 0.5mT 左右；有些设备比较特殊，如电抗器，正常工作时附近磁场较大，可以增加围栏，按受控区对待，采用 IEEE C95.6—2002《IEEE 人体暴露于电磁场的安全水平标准 0～3kHz》在频率为 50Hz～10kHz 范围内，职业暴露限值针对暂态磁场的峰值磁感应强度为 5000mT。

5. 暂态电场分布特性

变电站内宽频域暂态电磁效应主要指开关操作引起的快速暂态过电压（very fast transient overvoltage，VFTO）和变电站周边暂态电磁场剧烈变化，其特点是在时域内脉冲上升、下降时间短瞬时变化非常迅速，幅度大，在频域内频谱含量丰富且具有非常高的频率，可以达到数百兆赫兹甚至更高，这种频谱特性可能导致在不同频段内的电磁干扰。在变电站空间域内作用范围大。

（1）220kV ××变电站暂态电磁环境测试。在××变电站线路转检修，测量了套管出线处由隔离开关操作产生的暂态空间电磁场。××变电站设备图如图 1 - 29 所示。

图 1 - 29　××变电站设备图

测试结果如下：

1）拉开隔离开关操作结果如图 1 - 30 所示。

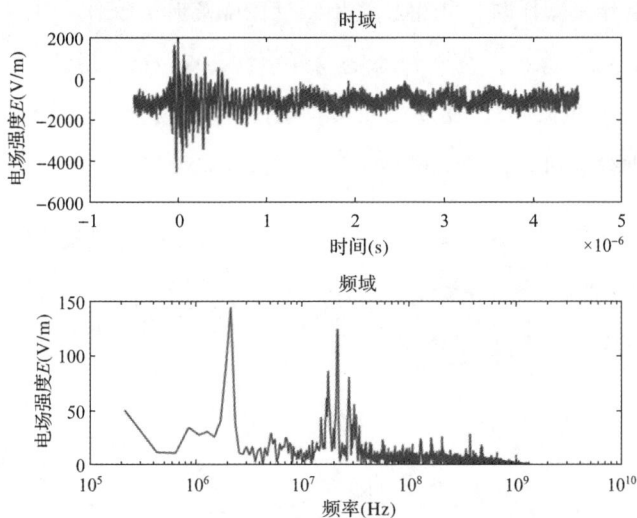

图 1 - 30　拉开隔离开关操作产生的空间电场波形

拉开隔离开关操作时，测得套管出线处由隔离开关操作产生的暂态空间电场波形如图 1 - 50 所示，空间暂态电场峰值约 4kV/m，持续时间为 1.54μs；主频分布为 1.92、15.93、19.39、24.96、27.84MHz，频带范围为 51.26MHz。

2）闭合隔离开关操作结果如图 1 - 31 所示。

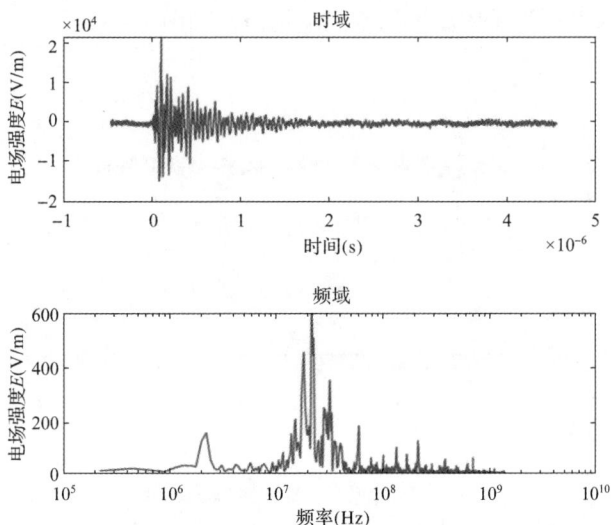

图 1 - 31　闭合隔离开关操作产生的空间电场波形

闭合隔离开关操作时，测得套管出线处由隔离开关操作产生的暂态空间电场波形如图 1 – 33 所示，空间暂态电场峰值约 20kV/m，持续时间为 1.97μs；主频分布为 1.92、15.93、18.81、27.84MHz，频带范围为 51.84MHz。220kV 晨阳变电站暂态空间电磁场测试结果汇总见表 1 – 8。

表 1 – 8　　　　　　220kV 晨阳变电站暂态空间电磁场测试结果汇总

操作类型	暂态电场峰峰值（kV/m）	持续时间（μs）	主频分布（MHz）	频带范围（MHz）
拉开隔离开关操作	4	1.54	1.92、15.93、19.39、24.96、27.84	51.26
闭合隔离开关操作	20	1.97	1.92、15.93、18.81、27.84	51.84

（2）500kV 晨阳变电站暂态电磁环境测试。在晨阳变电站变电检修隔离开关操作时，测量了对应隔离开关附近的架空线线路由隔离开关操作产生的暂态空间电磁场。

测试结果如下：

1）拉开隔离开关操作产生的空间电场波形如图 1 – 32 所示。

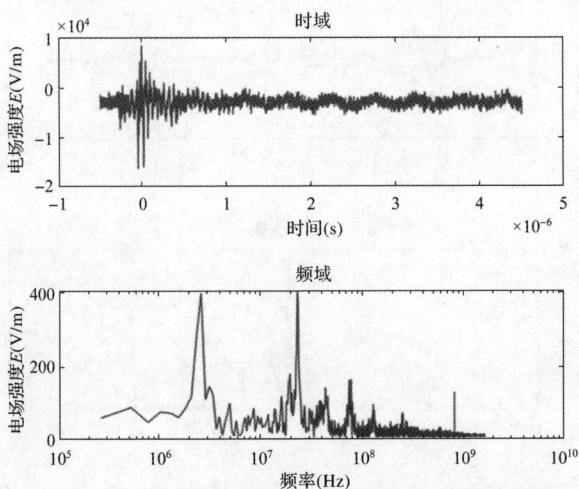

图 1 – 32　拉开隔离开关操作产生的空间电场波形

拉开隔离开关操作时，测得隔离开关附近的暂态空间电场波形如图 1-32 所示，空间暂态电场峰值约 24.85kV/m，持续时间为 0.99μs；主频分布为 1.92MHz、14.44MHz，频带范围为 94.46MHz。

2）闭合隔离开关操作产生的空间电场波形如图 1-33 所示。

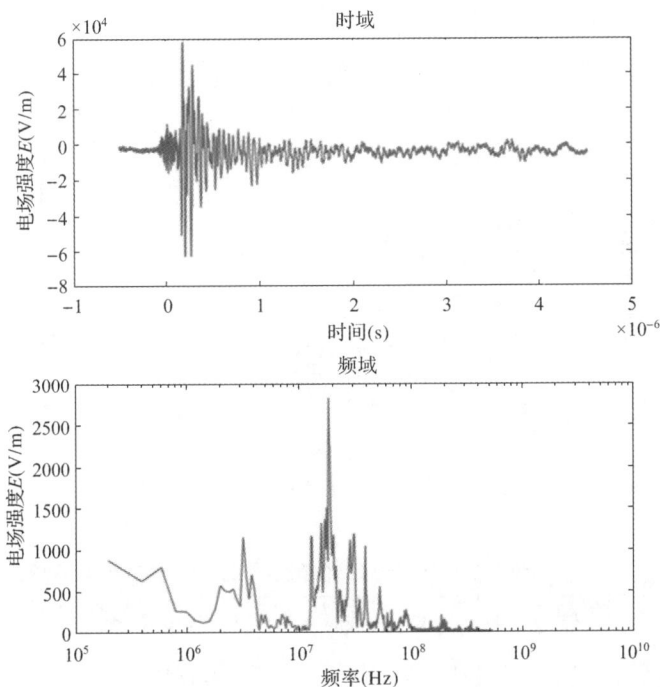

图 1-33　闭合隔离开关操作产生的空间电场波形

闭合隔离开关操作时，测得隔离开关附近的暂态空间电场波形如图 1-33 所示，空间暂态电场峰值约 121kV/m，持续时间为 2.13μs；主频分布为 12.28、15.17、17.66、29.57MHz，频带范围为 50.11MHz。

3）断路器操作产生的空间电场波形如图 1-34 所示。断路器操作时，测得断路器附近的暂态空间电场波形如图 1-34 所示，空间暂态电场峰值约 58.55kV/m，持续时间为 1.41μs；主频分布为 1.72、5.37、22.85、24.77、32.83、42.63MHz，频带范围为 77.95MHz。500kV××变电站暂态空间电磁场测试结果汇总见表 1-9。

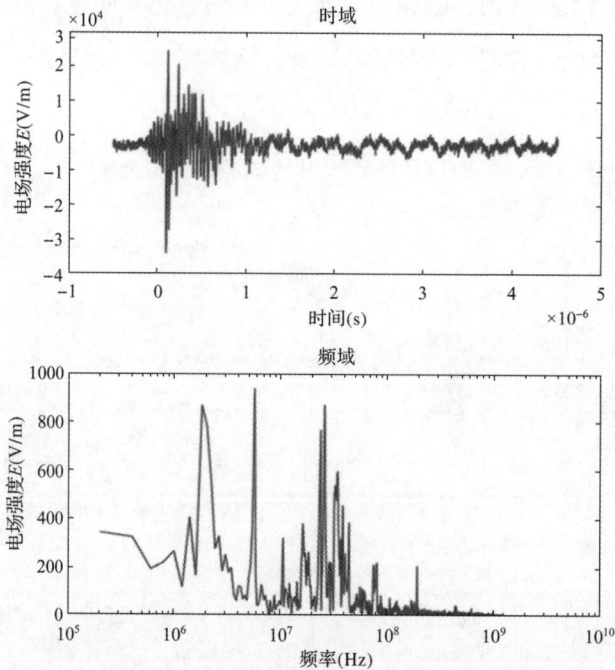

图 1-34 断路器操作产生的空间电场波形

表 1-9   500kV××变电站暂态空间电磁场测试结果汇总

操作类型	暂态电场峰峰值 （kV/m）	持续时间 （μs）	主频分布 （MHz）	频带范围 （MHz）
拉开隔离开关操作	24.85	0.99	1.92、14.44	94.46
闭合隔离开关操作	121	2.13	12.28、15.17、17.66、 29.57	50.11
断路器操作	58.55	1.41	1.72、5.37、22.85、 24.77、32.83、42.63	77.95

6. 隔离开关暂态电磁干扰调研

隔离开关是电力系统中常见的一种设备，用于在电路中实现开关、分离或隔离电路，以便进行维护、检修或防止设备损坏。相比普通的开关或断路器，隔离开关通常设计更为坚固，能够在断开电路时有效地隔离电源，从而确保工作人员的安全，同时还能防止电路中的电流继续流动。隔离开关在操作过程中会产生暂态电磁干扰，影响系统的稳定性和设备的正常运行。其中主要对敞开式空气绝缘变电站（AIS）和气体绝缘变电站（GIS）开关电弧引起的电磁骚扰进行调研。

在敞开式空气绝缘变电站（AIS）中由开关电弧引起的电磁暂态特点如下：

（1）开关操作过程中，触头间隙会产生几十次至几百次重复燃弧和熄弧的过程，电弧的持续时间约从几微秒到几毫秒。

（2）暂态过程中产生的典型过电压幅值约为相电压幅值的 2 倍，在特殊情况下（含有共振电路），可达到相电压幅值的 6.5 倍。

（3）开关操作产生的电磁暂态主频变化范围大，在几百千赫兹到上百兆赫兹之间。

（4）最大暂态干扰幅值出现在分闸最后时刻和合闸开始时刻，隔离开关切合空载母线时在屏蔽电缆上产生的电磁干扰最为强烈。

（5）电压等级越高，开关操作产生最大瞬变电场和磁场的幅值越大。

（6）与隔离开关相比，断路器操作时产生暂态电场及磁场幅值小、主频率高、暂态持续时间短。

AIS 变电站和 GIS 变电站它们在设计、结构和性能上有一些显著的区别：

（1）绝缘介质。

AIS：敞开式空气绝缘变电站使用空气作为绝缘介质，开关设备之间通常有一定的距离，并且设备是暴露在环境中的。

GIS：气体绝缘开关设备使用气体（通常是硫化氢）作为绝缘介质，设备通常密封在金属外壳内，减少了对外部环境的影响。

（2）占地面积。

AIS：敞开式空气绝缘变电站通常需要较大的占地面积，因为设备需要暴露在室外，并且设备之间需要一定的间距。

GIS：气体绝缘开关设备由于设备被密封在金属外壳内，因此通常占地面积较小，适合用于空间有限的场所。

（3）绝缘性能。

AIS：空气绝缘系统在一些恶劣环境下可能受到影响，如高海拔、高湿度或高污染环境。

GIS：气体绝缘系统通常具有较高的绝缘性能，能够适应更广泛的环境条件，并且在污染环境下具有更好的可靠性。

（4）维护和运行。

AIS：由于设备暴露在室外，敞开式空气绝缘变电站通常易于检修和维护。

GIS：气体绝缘开关设备由于设备被密封在金属外壳内，因此通常需要更复杂的维护程序，并且故障排除可能更加困难，但维护周期更长。

（5）环保和安全。

AIS：敞开式空气绝缘变电站通常具有较好的环保性能，因为使用的是常规空气，而不是对环境有害的气体。

GIS：气体绝缘开关设备使用的气体可能对环境有一定的影响，因此在处理废气和漏气方面需要特别注意。

综上所述，GIS 变电站因其具有占地面积更小、GIS 设备的封闭性使其对外部环境条件的影响较小，因此通常具有更高的可靠性和稳定性，同时基于该条件下其维护需求低，也减少了人员接触导电部件的可能性，从而提高了操作人员的安全性，这些优点使得 GIS 变电站在电力系统中的应用日益广泛，成为高压输电的核心设备。

在 GIS 变电站实际运行和例行检修过程中，进行断路器分、合操作和隔离开关切、合空母操作。对断路器进行操作，过电压幅值较低，一般不会对一次设备绝缘性能造成破坏。操作人员通过控制动触头的移动来实现隔离开关的分、合闸。隔离开关操作时，一个完整的 VFTO 全脉冲波形。隔离开关会在短时间内发生多次燃弧，因此会产生一连串 VFTO，后续脉冲的幅值和波前陡度会显著提高。在内部导体与壳体之间传播，在对隔离开关操作时，需要防止 VFTO 对一次设备的损害。

GIS 中由开关操作引起的电磁暂态现象主要表现为：GIS 母线套管上的 VFTO、GIS 壳体上的暂态电位升高（TEV），以及在 GIS 周围空间产生暂态电磁场（TEM）和电磁干扰（EMI），如图 1 - 35 所示。

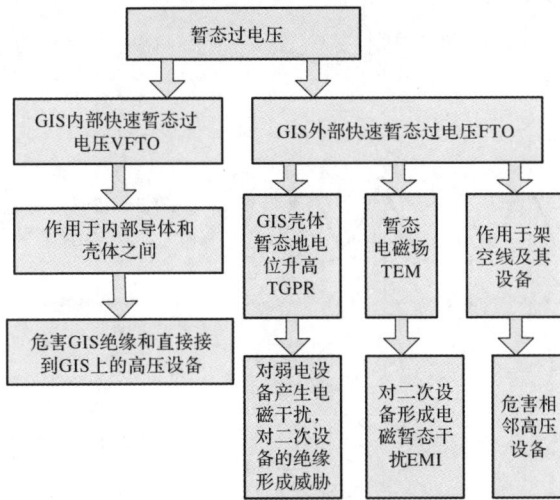

图 1-35　GIS 中的电磁暂态现象

其中，快速暂态过电压 VFTO 是 GIS 中最典型、危害最严重的一种电磁暂态现象。隔离开关在操作过程中，由于其切换速度慢，触头间隙会发生多次重燃，产生极陡的行波并在 GIS 管线内迅速发生折射、反射和叠加，产生高频振荡的快速暂态过电压即 VFTO，其在内部导体与壳体之间传播，在对隔离开关操作时，需要防止 VFTO 对一次设备的损害。典型的 VFTO 波形，如图 1-36 所示。

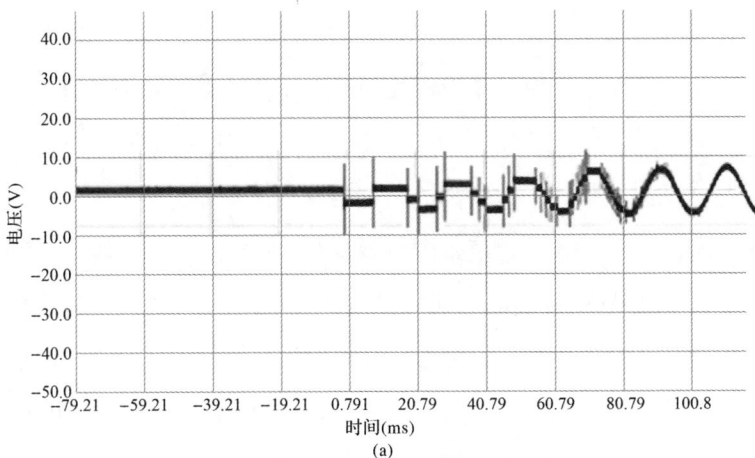

图 1-36　GIS 内部典型 VFTO 波形（一）

（a）隔离开关合闸时电压波形

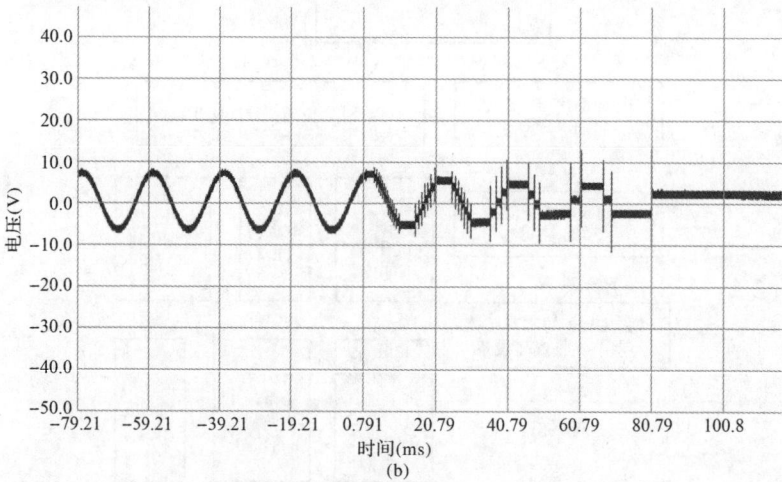

图 1 - 36　GIS 内部典型 VFTO 波形（二）

（b）隔离开关分闸时的波形

根据试验表明，VFTO 具有以下特点：

（1）波前很陡，上升时间短（3~20ns），电压上升率高，可达 40MV/s。

（2）频率高，主要集中在 0.5~150MHz 范围内，最高可达 300MHz。

（3）幅值不高，典型值为 1.5~2.0（标幺值），最高可达 2.5（标幺值）。

VFTO 主要作用于 GIS 内部导体与壳体之间，危及 GIS 内部设备，尤其是对盆式绝缘子的绝缘危害非常大。当 GIS 内的 VFTO 以行波方式沿母线传播时，高频电流的肌肤效应使电流沿母线的外表面及外壳的内表面流动，到达套管后，一部分沿着架空线传播，对与之相连的电气设备（如变压器、架空线路）造成直接的绝缘损坏；另一部分则耦合到壳体与地之间，使 GIS 壳体上形成暂态电位升高，即 TEV，幅值范围一般在 0.1~0.25（标幺值）之间。数十到上百千伏的 TEV 具有持续时间短、频率高和陡度大的特点，对二次设备构成过电压威胁。一般来说，套管是 GIS 结构内最严重的不连续点，因此套管处附近的 TEV 幅值一般是最大的。由于某些智能设备直接安装在 GIS 管道外壳处，TEV 可能会对其产生骚扰，因此 TEV 也是影响变电站内智能设备安全运行的重要因素之一，受到人们更为广泛的关注。

7. GIS 隔离开关电弧模型调研

GIS 变电站由于其占地面积小、运行可靠、维护周期长等诸多优势，正逐渐成为电力系统中的主流选择。在高压输电领域，GIS 技术的广泛应用已经成为提升电网运行效率、确保供电稳定性的关键手段，为电力系统的可靠运行和持续发展注入了强劲动力。GIS 在进行开关操作时，由于隔离开关不具有灭弧功能，当隔离开关动作时，会产生幅值较高，陡度很大，频率很高的 VFTO。VFTO 传播至套管等外壳不连续处会泄漏至外壳外部，导致 GIS 设备外壳对地出现地电位升。VFTO 管道内部传播时，VFTO 由于管道外壳不规则，在套管和盆式绝缘子处会发生颗合，导致 VFTO 会形成瞬态外壳电压，即 GIS 外壳对地的瞬态电压。而隔离开关电弧模型是影响 VFTO 及 TEV 波形和频率的重要因素。

（1）隔离开关电弧模型。从隔离开关的功能角度分析，其可以视为一个阻抗变换装置。当开关间隙击穿时，体现为低阻抗特性，当电弧熄灭时，体现为高阻抗特性，而开关这两种状态之间的过渡过程是通过电弧这一特殊媒介实现的。GIS 隔离开关电弧放电过程体现出高频振荡特性，并非普通的工频电弧，不同的电弧模型下电阻从接近无穷大转变为近似于零的过程不尽相同，会形成不同 VFTO 波形，从而影响 VFTO 幅值和频率分布。

隔离开关操作过程中共有断开状态、动作状态和闭合状态三种状态。其中，对于隔离开关的断开状态和闭合状态的模型已经达成较为一致的共识。隔离开关动作电路模型如图 1 – 37 所示，图中开关处在断开状态，动触头与开关外壳之间的电容为 C_2，动触头与静触头之间电容为 C_0，电容值参数已经较为固定。

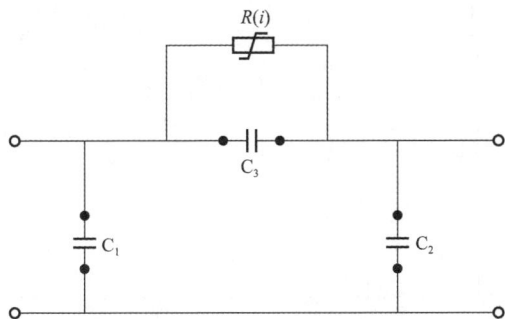

图 1 – 37　隔离开关动作电路模型

该文通过分析两种电弧模型的理论基础，在 EMTP－ATP 软件内实现了这些电弧模型的建模，并对它们的电阻变化规律进行了分析。

（2）隔离开关指数衰减模型。气体开关间隙击穿过程，是指当开关间隙上的电压超过其临界击穿电压时，气体迅速失去绝缘能力，间隙电流剧增，进而转化为导电状态过程。指数衰减电阻模型是国内外科研人员在 VFTO 仿真分析中应用最为广泛的模型，该模型用指数函数表示隔离开关击穿时电弧电阻的变化，即

$$R(t) = r_0 + R_0 \mathrm{e}^{-\frac{t}{\tau}} \tag{1-32}$$

式中　$R(t)$——电弧电阻在时间 t 时的瞬时值，Ω；

　　　r_0——为触头材料的固有电阻，Ω；

　　　R_0——电弧初始电阻（击穿瞬间的电阻值），Ω；

　　　t——时间变量，从电弧击穿开始计算的持续时间，s；

　　　τ——电弧时间常数，s。

其中，$\tau = 1\mathrm{ns}$，$r_0 = 0.5\Omega$，$R_0 = 10^{12}\Omega$。

根据这个模型，电弧的电流和电压随着时间的推移按照指数函数的形式逐渐减小。这意味着电弧的能量会随着时间的推移而逐渐减弱。指数衰减的速率由时间常数决定，它反映了电弧的衰减速度。时间常数越小，电弧衰减的速度越快。指数衰减电弧模型电阻变化图如图 1－38 所示。

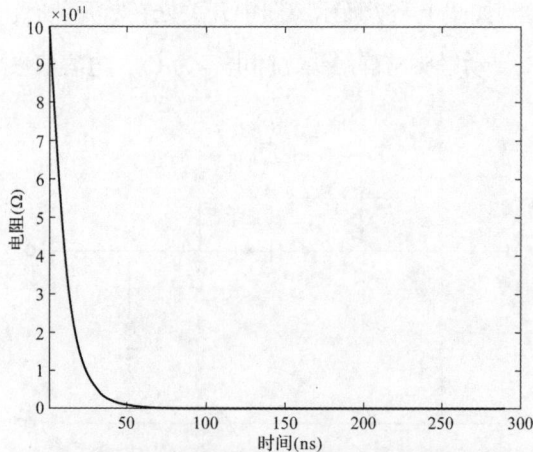

图 1－38　指数衰减电弧模型电阻变化图

指数衰减电弧模型在电弧未击穿时的电阻为 1012Ω，在 200ns 后电弧完全击穿，此后电阻都为 1Ω。该电弧模型只考虑了隔离开关预击穿到燃弧的过程，并未考虑高频电弧从燃弧到电弧熄灭这一过程对电路的影响，模型过于简单且具有一定的局限性对实际开关操作能够产生的 VFTO 和 TEV 波形的最大幅值提前预估，并不能完全还原实际的电磁瞬态变化过程。

（3）隔离开关分段电弧模型。当电弧稳定燃烧时，认为其弧道电阻为静态电阻；在电弧的熄弧阶段，用一个指数上升函数来模拟弧道电阻的变化。隔离开关在开断过程中的燃弧是一个较为复杂的过程，因此隔离开关动作时，击穿电弧用分段电阻模型进行等效，电弧击穿过程分为 3 个阶段，如图 1-39 所示，分别为预击穿阶段、燃弧阶段和熄弧阶段，每个阶段的弧阻为

$$R(t)R = \begin{cases} r_0 + R_0 \mathrm{e}^{-\frac{t}{\tau}} & 0 < t < t_1 \\ r_0 & t_1 < t < t_2 \\ r_0 \mathrm{e}^{\frac{t}{\tau}} & t_2 < t < t_3 \end{cases} \quad (1-33)$$

其中，$r_0 = 1\Omega$，$R_0 = 10^{12}\Omega$，$t_1 = 1\mu s$，$t_2 = 4\mu s$，$t_3 = 10\mu s$。

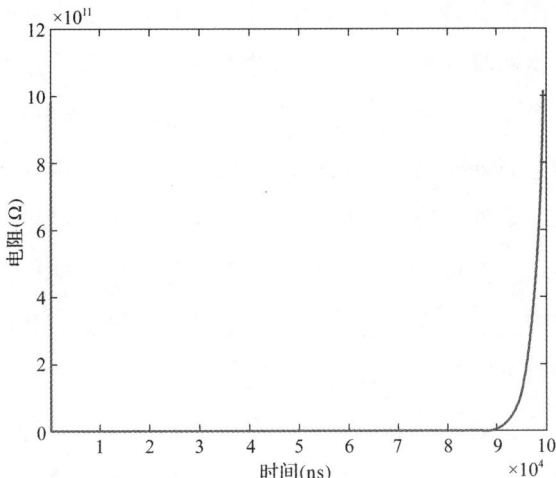

图 1-39　分段电弧模型电阻变化图

指数电弧模型相对简单，只考虑电弧的整体衰减行为，不涉及多个分段的相互影响。隔离开关的分段电弧模型更加复杂，需要考虑多个分段之间的相互

影响、分裂、合并等现象，以及各个分段的电流和电压特性。分段电弧模型过程较为复杂，考虑了电弧的熄弧过程，与电弧实际击穿过程更为接近，可以提供更准确的电弧行为描述和预测。

不同的电弧模型会对 VFTO 及 TEV 的波形和频率产生影响。各个电弧都有其实际应用价值。如果只需要考虑隔离开关操作过程中产生的 VFTO 和 TEV 对一次设备是否会产生危害，对二次设备是否会产生干扰，那么可以选择模型相对简单、仿真时间较短、幅值计算较为精确的指数衰减电弧模型；如果需要掌握 VFTO 及 TEV 的单脉冲波形所有的波形分析数据，则可以选择与电弧实际燃烧、熄灭更加契合的分段电弧模型。在实际仿真计算中，需要根据自身的需求选择合适的电弧模型。

1.5.2　复杂电磁信号建模方法

1. 1000kV 变电站仿真建模

（1）计算原理。由于变电站内带电导体纵横交错，带电设备和接地构架多种多样，不可能采用单一的建模方法进行分析。针对变电站内的具体情况，采用简单模型和精确模型同时使用的方法。对于变电站的整体电场磁场分布，采用简单模型，计算时，忽略瓷套、胶木等绝缘介质对电场的影响，忽略带电设备的金属外壳对电场的屏蔽作用，不考虑带电导体在形状方面的差异，所有设备带电部分统一用圆柱形直导体模拟，对设备间的引线用分段连续的直导线表示。简单模型优点在于模型简单，计算速度较快，但是在变电站内还存在主变压器、高压电抗器等尺寸较大的设备，其周围的电场不可避免地要受到金属外壳的屏蔽影响，采用简单模型就无法考虑这些影响，因此针对这些特殊设备附近的电场分布，需要建立精确模型进行计算。对于前者，可以使用国际著名的商业软件电流分布、电磁场、接地及土壤结构分析软件 CDEGS，其高频分析模块提供暂态和稳态问题的精确解决方案，频率范围可在零到几千兆赫兹，可用于分析埋设和地上载流导体网络在空气和土壤中的电场和磁场，以及导体和土壤的电动势和导体中的电流分布；而对于后者，除了要考虑导线上的电荷以外，还必须考虑设备外壳、均压环等设备上的面电荷，由于 CDEGS 软件适用于分析导线电场，当设备比较复杂时，其计算误差较大，因此采用了基于 ANSYS 公司有限元软件平台并结合边界元技术编制的软件进行计算。在电场计算过程中，共采用了四种计算模型对实际设备进行模拟，即平面、球、圆环和线四种模型，球、圆环模型都采用了坐标转换，对于球和圆环模型的积分，都是在其表面进行的，在某些特殊情况下，忽略了圆环的半径，用线模型代替圆环。下面将简要介绍两种软件的计算原理。

1）矩量法。HIFREQ 模块计算电磁场是基于矩量法的，矩量法是内域积分形式的加权余量法的总称，根据加权方法的不同，可分为点配法、最小二乘法和伽略金法等。它基于电磁场的麦克斯韦方程组，通过引入矢量电流密度和电荷密度的分布情况，利用电磁场与电流、电荷之间的相互作用关系，求解电磁场的分布情况。其基本原理是：先选定基函数对未知函数进行近似展开，代入算子方程，再选取适当的权函数，使在加权平均的意义下方程的余量等于 0，由此将连续的算子方程转换为代数方程。矩量法所做的工作是将积分方程化为差分方程，或将积分方程中的积分化为有限求和，从而建立代数方程组，故它的主要工作量是用计算机求解代数方程组。所以，在矩量法求解代数方程组过程中，矩阵规模的大小涉及占用内存的多少，在很大程度上影响了计算的速度。如何尽可能地减少矩阵存储量，成为加速矩量法计算的关键。

因在采用分域基的场合下，选取脉冲函数为基函数，计算过程比较简单；此外，权函数选择最为高效的点匹配法，故由此构成的矩量法在静态场的求解中得到了有效的应用。使用 HIFREQ 模块建模时，只适用于分析导线电场，因此模型较为简单，但计算效率高，建模和计算所需的时间短，误差也在工程允许的范围内。

2）边界元方法。边界元方法是一种求解边值问题的积分方法，其基本思路就是将微分方程转换成边界积分方程，然后把方程离散为代数方程组，通过解代数方程组得到问题的数值解。简单叙述其过程：

设空间区域 V 的边界由曲面 S_1 和 S_2 组成，区域内的电荷体密度为 $\rho(r')$，分别用 r 和 r' 表示场点和源点，$R = r - r'$。当给出边界条件和区域内电荷分布时，求解区域内及边界上的电位和电场强度分布可表示为

$$\begin{cases} \nabla^2 \phi = -\dfrac{\rho}{\varepsilon} \\[2mm] \phi = \phi_0, \phi \in S_1 \\[2mm] -\dfrac{\partial \phi}{\partial n} = E_0, \phi \in S_2 \end{cases} \qquad (1-34)$$

式中　φ——电位，V；

$\quad\varepsilon$——区域内介质的介电常数，F/m；

$\quad e_n$——边界 S_1 的外法线方向；

$\quad\varphi_0$——边界 S_1 上的电位，V；

$\quad E_0$——边界 S_2 上的法向电场强度，V/m。

利用格林恒等式，式（1-34）化为

$$\phi(r) = \frac{1}{4\pi\varepsilon} \iint\limits_V \frac{\rho(r')}{R} dV + \frac{1}{4\pi} \oiint\limits_S \left[\frac{1}{R} \frac{\partial \phi}{\partial n} - \phi \frac{\partial}{\partial n}\left(\frac{1}{R}\right) \right] dS \qquad (1-35)$$

式中　r——表示区域内的场点，当场点移到区域的边界上时，式（1-35）转化为

$$\frac{1}{2}\phi(r) = \frac{1}{4\pi\varepsilon} \iint\limits_V \frac{\rho(r')}{R} dV + \frac{1}{4\pi} \iint\limits_S \left[\frac{1}{R} \frac{\partial \phi}{\partial n} - \phi \frac{\partial}{\partial n}\left(\frac{1}{R}\right) \right] dS \qquad (1-36)$$

考虑区域内无体电荷分布的拉普拉斯情况，则式（1-36）可简化为

$$\frac{1}{2}\phi(r) = \frac{1}{4\pi} \iint\limits_S \left[\frac{1}{R} \frac{\partial \phi}{\partial n} - \phi \frac{R \cdot e_n}{R^3} \right] dS \qquad (1-37)$$

将边界离散，并且采用伽辽金加权余量方法，则式（1-37）转化为

$$\frac{1}{2} \sum_e \sum_j \sum_i \iint\limits_{S_e} N_j N_i \phi_i dS = \frac{1}{4\pi} \sum_e \sum_{e'} \sum_j \sum_i \iint\limits_{S_e} N_j \iint\limits_{S_{e'}} \frac{N_i}{R} \frac{\partial \phi_i}{\partial n} dS' dS -$$

$$N_j \iint\limits_{S_{e'}} N_i \frac{R \cdot e_n}{R^3} \phi_i dS' dS \qquad (1-38)$$

式中　e——场单元的编号；

e'——源单元的编号；

S_e——场单元的积分区域；

$S_e{}'$——源单元的积分区域。

令向量 $\boldsymbol{E} = \left[-\dfrac{\partial \phi_1}{\partial n}, -\dfrac{\partial \phi_2}{\partial n}, \cdots \right]^{\mathrm{T}}$, $\boldsymbol{u} = [\phi_1, \phi_2, \cdots]^{\mathrm{T}}$, 并且令矩阵

$$A_{ij} = 2\pi \sum_e \iint_{S_e} N_j N_i \mathrm{d}S \qquad (1-39)$$

$$C_{ij} = -\sum_e \sum_{e'} \iint_{S_e} N_j \iint_{S_{e'}} \frac{N_i}{R} \mathrm{d}S' \mathrm{d}S \qquad (1-40)$$

$$D_{ij} = \sum_e \sum_{e'} \iint_{S_e} N_j \iint_{S_{e'}} N_i \frac{R \cdot e_n}{R^3} \mathrm{d}S' \mathrm{d}S \qquad (1-41)$$

将式（1-41）写成矩阵的形式

$$\boldsymbol{CE} = (\boldsymbol{A} + \boldsymbol{D})\boldsymbol{u} = \boldsymbol{Bu} \qquad (1-42)$$

式中 $\boldsymbol{B}$——磁感应强度，T。

因此，当已知边界电位向量 u，通过式（1-42）即可求解边界电场强度向量 $\boldsymbol{E}$，进而得到电荷面密度 σ。

另外，通过模拟电荷法，可以得到导线上的电荷分布 τ，再直接通过电场的积分公式，求出场点的电场强度。

如图 1-40 所示，采用以上两种方法的数值计算某变电站距地面 1.5m 高处的电场分布图。

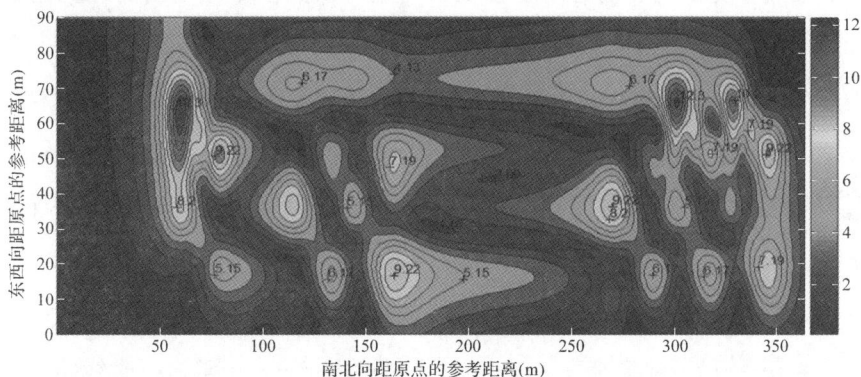

图 1-40　某变电站内地面 1.5m 高处工频电场（kV/m）分布

同变电站工频电场一样，磁场也是一个复杂的三维场。可通过给出地面或离地不同高度的磁场强度等值线、大于某一磁场强度值的高场强区域或给出典型间隔和设备纵向或横向磁场强度分布来表征变电站的工频磁场分布。变电站工频磁场的分布和大小主要与载流导体分布及导体内的电流大小有关。预估新建变电站工频磁场的水平和分布，通常有两种方法：一是将变电站按一定比例缩小，所加电流也按比例缩小，用模拟试验的方法来预测，二是采用数值计算。变电站工频磁场测量重点区域为变电站内巡视走廊、各电压等级的进出线间隔、低压电抗器和电容器附近，变电站围墙外附近。减小变电站工频磁场水平，主要采用合理安排带电体的排列及并列或重叠回路的相序等措施，从结构布置上减小地面磁场强度，还可适当提高带电体对地高度，合理设计接地系统，减小接地电流的流动路径和接地电阻等措施。

（2）1000kV 变电站仿真模型。1000kV 变电站站内主要分为 1000kV 区域、500kV 区域和 110kV 区域，其中 1000kV 区域主要为主变压器以西的部分，500kV 区域为变电站最东侧进线部分，为开关场，110kV 区域为并联电抗器，用于线路的无功补偿。

1000kV 变电站正常运行时，全站整体区域内工频电场、磁场计算模型如图 1 – 41 所示。图中，1000kV 区域 GIS 建模高度 2.7m，相间距 15.0m，但由于其存在金属屏蔽外壳，因此在计算电场时不考虑 GIS 线路部分，仅在计算磁场时有效。主变压器引线的高度按 30m 考虑，线路由 GIS 引出时相间距离为15m，到达主变压器附近时相间距变为 20m，同时在主变压器附近存在 TV 与避雷器，在模型中这部分的引线也同样被考虑，其高度均为 17.5m；出线建模高度39.1m，相间距 20.0m；连接 TV、TA 的引线高度为 18.75m，长度为 44.6m。线路电压按 1050kV 考虑，满负荷电流为 1614.0A。导线类型 4JLHN58K – 1600，等效半径为 29.5cm。

500kV 区域 HGIS 建模高度 2.7m，相间距 8.0m；线路建模高度 24.0m，相间距 8.0m；母线建模高度为 15.5m，间距为 6.5m。正常运行时线路相电压为 288.7kV，满负荷电流为 3056.0A，共有 5 条进线。

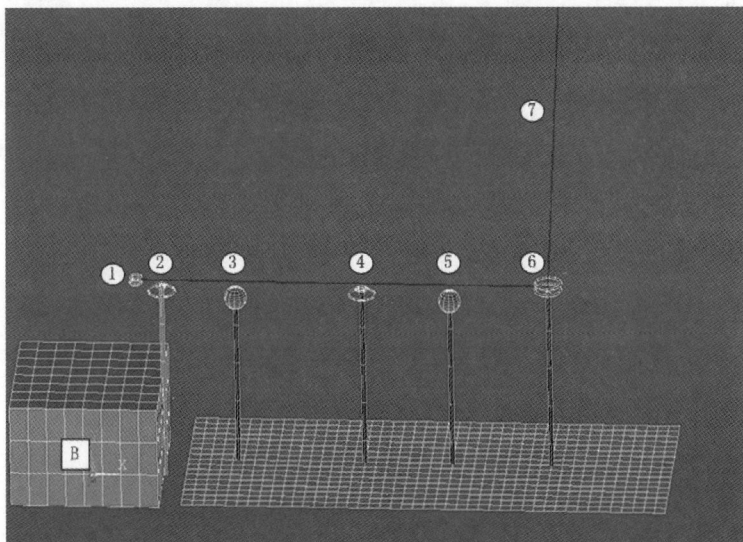

图 1-41　1000kV 变电站高压电抗器（B 相）间隔计算模型示意图

110kV 区域主母线建模高度为 7.3m，间距为 2.5m；1M、2M 建模高度为 7.2m，间距为 2.5m；母线与电容器组及电抗器组连接线建模最低高度为 5.5m；正常运行时线路相电压为 63.5kV。线路总负荷电流为 3810A，由 4 组低压并联电容器组和站用变压器共同分配。

（3）1000kV 变电站仿真计算结果。变电站运行时各种带电导体上的电荷和在接地架构上感应的电荷在变电装置所在处广大空间产生工频电场和工频磁场。由于变电站内带电导体纵横交错，带电设备和接地架构多种多样，变电站内的工频电磁场是一个复杂的三维场，它的表征、计算和测量均较输电线路复杂，其空间电场和磁场不再是椭圆，而是椭球。对于输电线路而言，在距地面 2m 的范围内，电场强度的水平分量很小，其合成场强大小近似等于垂直分量，并且其数值变化很小，因此通常将距地面 1~1.5m 以内的电场强度作为环境评价量，而在变电站中，由于电场强度和磁感应强度分布比较复杂，地面处和地面上的工频电场与磁场变化可能较大，因此在计算过程中，对距地面 0.1m（地面处）和距地面 1.5m 高处的电场和磁感应强度都进行了计算。

计算时，1000kV 变电站的模型参考原点位于变电站东南角，向北为 X 轴的正方向，向西为 Y 轴正方向，如图 1-42 所示。

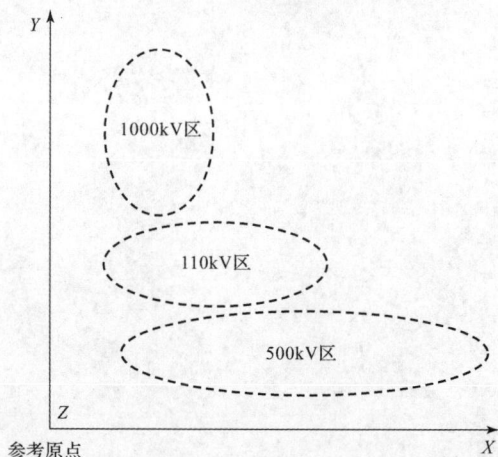

图 1 – 42　1000kV 变电站示意图

1）1000kV 区域整体分布。图 1 – 43 为变电站 1000kV 区域计算模型，按照其结构分为 3 个子区域。区域 1 为 1000kV 出线部分，区域 2 为连接主变压器进线与出线的 GIS 部分，区域 3 为 GIS 通向主变压器进线部分。变电站 1000kV 侧电压与主变压器额定电压一致，为 1050kV，每条母线上的相电压为 606.23kV。

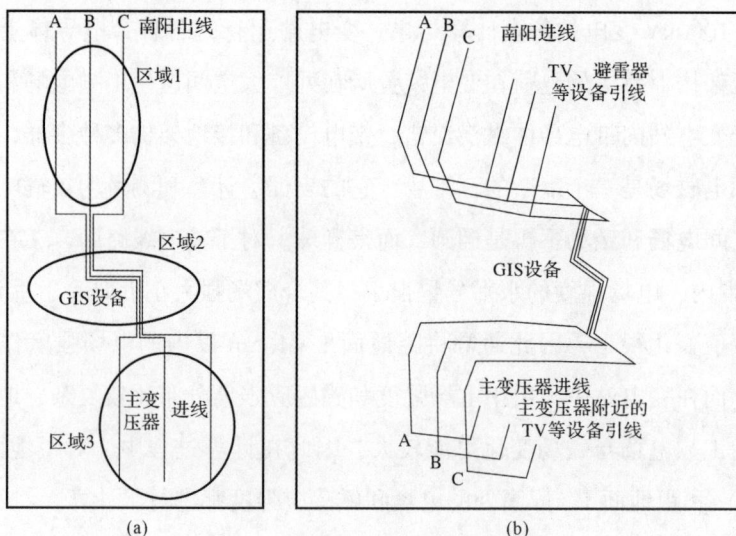

图 1 – 43　变电站 1000kV 区域示意图

(a) 平面俯视图；(b) 空间侧视图

　　图 1 - 44 为变电站 1000kV 区域工频电场的计算结果。由计算结果可知，区域 1 地面处的最大电场强度约为 10.2kV/m，距地 1.5m 处的最大电场强度约为 10.6kV/m，最大值位置位于三相出线的边相外 1 ~ 2m，这与输电线路线下电场规律相似；区域 2 由于为 GIS 连接线部分，GIS 内部线路的电场完全被

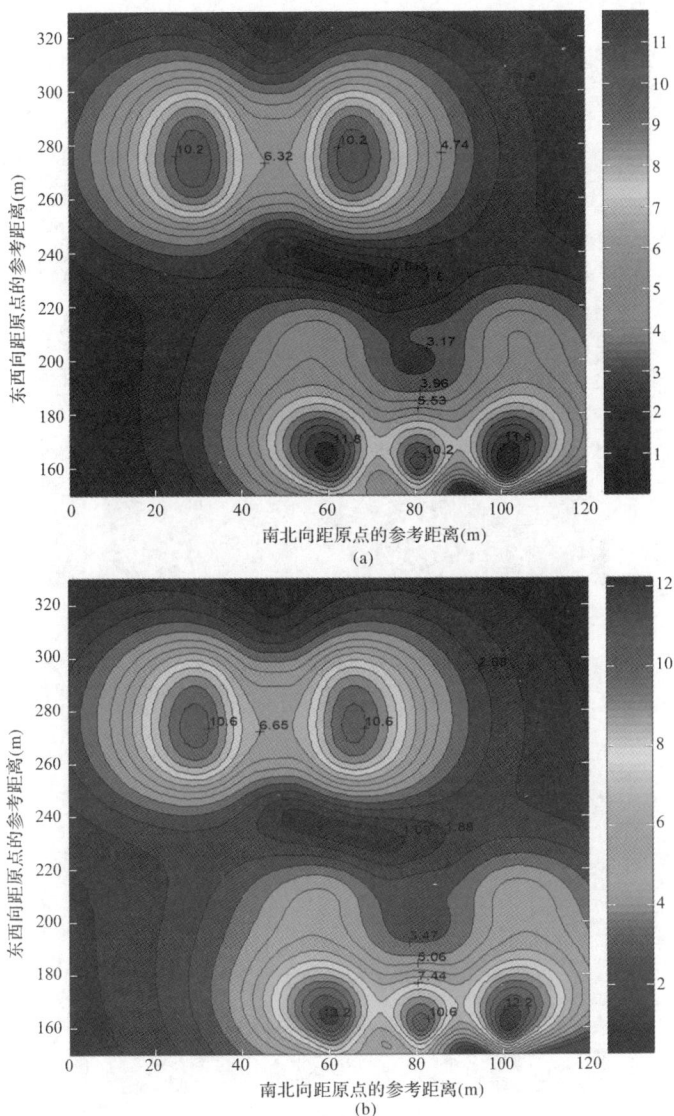

图 1 - 44　变电站 1000kV 区域工频电场分布

（a）地面处电场分布云图（距地面 0.1m）；（b）距地面 1.5m 处电场分布云图

金属外壳所屏蔽，该区域的电场主要来自邻近区域的高压引线，因此其电场水平较小，电场水平在 0.7 ~ 2kV/m 之间；区域 3 地面处的最大电场强度为 11.8kV/m，距地面 1.5m 处最大电场强度约为 12.2kV/m，最大值位置位于变压器至避雷器的引线下方，需要注意的是，此时并未考虑变压器接地金属外壳的屏蔽作用。

图 1 - 45 为变电站 1000kV 区域工频磁场的计算结果。由计算结果可知，区域 1 和区域 3 的工频磁场水平较小，基本在 10 ~ 30μT 之间。磁场水平较大

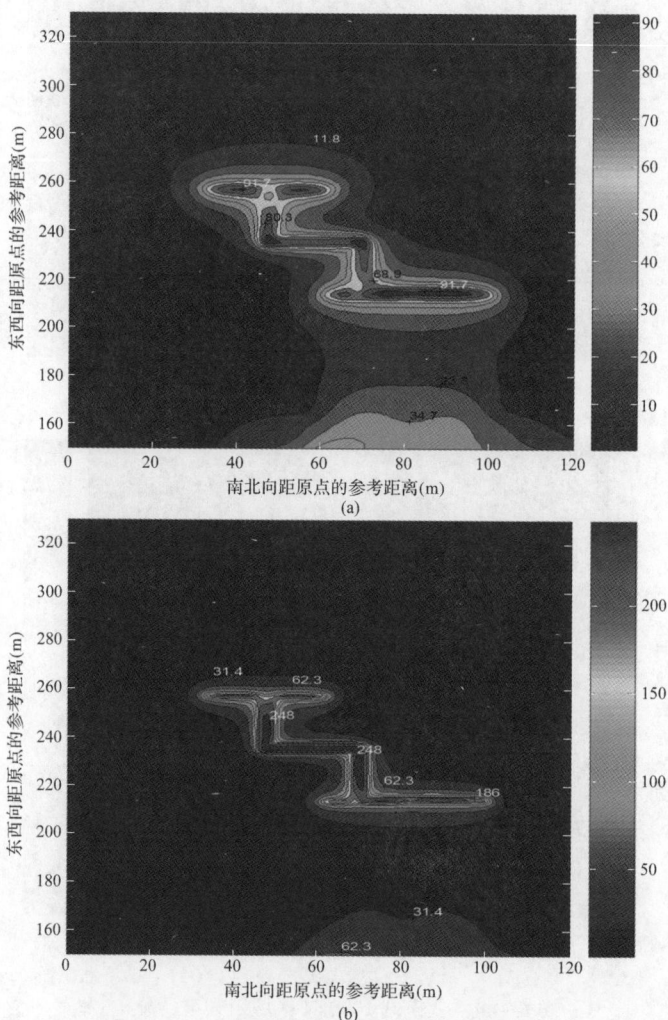

图 1 - 45　变电站 1000kV 区域工频磁场分布

（a）地面处磁场分布云图（距地面 0.1m）；（b）距地面 1.5 处的磁场分布云图

的区域出现在 GIS 附近，由于 GIS 套管距地面较近，因此在地面处和地面上的磁感应强度差别非常显著，区域 2 地面处最大磁感应强度约为 91.7μT，离地 1.5m 处的最大磁感应强度约为 248μT，同时在 GIS 附近，工频磁场随距离的衰减速度也很快，因此实际上其高磁感应强度区域还是比较小。

2）1000kV 主变压器附近。区域 3 存在 1000kV 主变压器，因此需针对主变压器及其附近的设备进行精确地建模分析，所建模型不仅考虑了变压器接地外壳的影响，同时也考虑了避雷器、TV 等设备上方的均压环的影响。计算得到的距地面 1.5m 平面上的电场分布如图 1 - 46 所示。在计算过程中，所加电压为相电压的有效值，计算结果为电场强度的合成最大值。

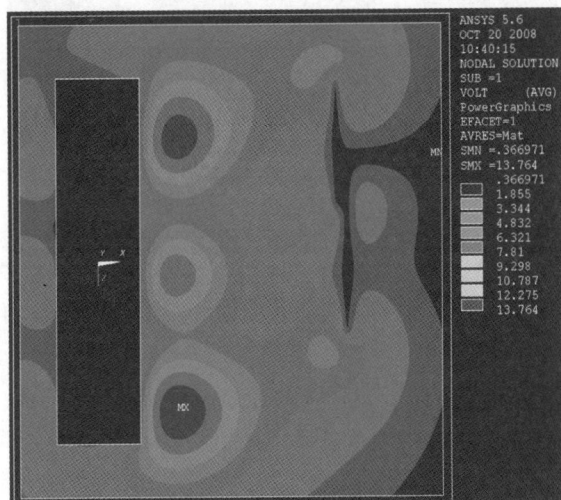

图 1 - 46   1000kV 主变压器附近电场分布云图

从图 1 - 46 可以看出，主变压器附近的最大场强值出现在 A、C 相附近，由于 A、C 两相的电场分布形状相一致，因此特别选取 A 相主变压器附近的电场进行局部放大，如图 1 - 47 所示，为方便观察其最大值出现的位置，将图中区域以方格标记，方格的边长为 1m。

由图 1 - 47 可知，电场强度的最大值出线在距 A 相变压器中心 16m 处，并且 A 相变压器轴线约 4m，主要原因是该处存在避雷器和 TV 等设备且引线高度较低。精确建模计算所得到主变压器附近的地面 1.5m 高处的工频电场最大值约为 13.0kV/m，较简单模型的计算结果略微偏大，其原因主要有两方面：

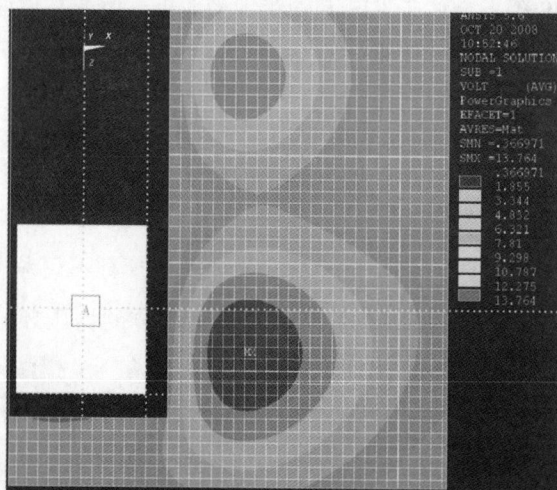

图 1-47　1000kV 主变压器附近电场最大值定位图

一是由于主变压器的存在，使其周围的电场发生了明显的畸变，二是由于考虑了均压环的影响，使得导体对地高度进一步降低。

2. GIS 隔离开关操作电磁骚扰源仿真建模

对于现场运行的 GIS 变电站而言，获得开关操作测试的机会非常宝贵，即使在变电站检修过程中，操作人员分、合开关的次数也非常有限，测试人员还应特别关注测试过程中的变电站和人身安全问题。而且隔离开关电弧放电存在随机性，实测的过电压数据会受到各种因素的影响，导致每次测试结果都会有很大的不同。因此，有必要通过电磁暂态程序如电力系统计算机辅助设计（power systems computer aided design，PSCAD）、替代瞬态程序 - 电磁瞬态程序（alternative transients program - electromagnetic transients program，ATP - EMTP）等仿真软件计算得到 GIS 中 VFTO 的分布。1988 年 CIGRE Working Group 33/13.09 将前人的研究成果进行整合，提出 GIS 各设备的电路模型。国内外学者使用该模型对隔离开关动作产生 VFTO 进行仿真分析，与实测结果较为吻合。韩国学者 S. - M. Yeo 和 C. - HKim 按照 CIGRE Working Group 33/13.09 的标准，对韩国某 345kV 的 GIS 变电站在 EMTP 软件中进行了建模仿真，并且考虑了不同运行情况下，GIS 变电站中各设备 VFTO 幅值及上升时间，所得出的结论与在现场实测结果非常契合。但是 CIGRE Working Group 提出的模型能够满足在低频率范围下的仿真计算，而 TEV 的最高频率可达几十兆赫兹，电路模型需要考虑杂散效应和趋肤效应。胡榕通过矢量匹配法得到 GIS 设备的宽频等效电路模型，并建立 VFTO 和 TEV 的联合仿真电路模型。通过对武汉特高压基地的 GIS 线路进行建模仿真，将仿真结果与实测结果进行比较。证明相较于原有模型，该模型仿真数据更加精确。李明洋和崔翔基于胡榕提出的多导体传输线模型，分别对变电站中套管、L 形拐角、支架、盆式绝缘子的宽频等效电路进行了精细化的修正，并且分别使用 EMTP 和 CST 软件验证模型的准确性[15]。

在对隔离开关操作产生的 VFTO 及 TEV 的仿真研究过程中，学者们注意到隔离开关电弧模型是影响 VFTO 及 TEV 波形及频率的重要因素。在对隔离开关电弧模型的建立过程中，学者们各自提出了不同的电弧模型。这些模型有些是在传统的黑盒电弧模型基础上通过推导获得，有些是在某次变电站现场测试中，分别测量出隔离开关动作处两端的电压和流过隔离开关的电流，并将二者相除后进行曲线拟合获得。由于电弧放电存在随机性，学者们为了摸清操作过电压的普遍规律，都会对电弧模型进行简化，从而使隔离开关电弧模型差异较大。而这些差异对仿真结果造成的影响，学者们的对比研究较少。针对该问题，本文对隔离开关电弧电阻模型进行对比分析，通过使用 ATP – EMTP 内 Models 编程模块，建立两种不同的电弧电阻模型，并将其应用于 VFTO 及 TEV 仿真计算中，确定隔离开关电弧模型对 VFTO 和 TEV 波形幅值及频率的影响。电磁暂态分析程序（electro – magnetic transients program，EMTP）是由加拿大 Dommel 教授创立的分析电力系统电磁暂态的国际标准程序。目前国际上主流版本为 ATP – EMTP，其广泛应用于电力领域规划、设计、培训等各部门，它可以对操作过电压、雷电过电压等快速暂态现象进行仿真。EMTP 通过建立以下主要设备模型，进行仿真分析。下面将简要介绍软件的计算原理。

ATP – EMTP 在进行电磁暂态计算时功能十分广泛。当使用有限差分法求解电磁暂态问题时，ATP – EMTP 的电磁暂态计算原理是首先将电力系统的各元件用相应的等值模型代替如电阻、电感、电容之间组合构成的电路；多相分布参数线路；非线性电阻、电感；单相或三相变压器；电压源、电流源；控制系统，利用模型（MODELS）编程进行逻辑判断、函数表示和各种控制系统的模型，具体做法是用伴随模型解决动态元件的模拟问题、代数方程用稀释矩阵和 Lu 因式分解法求解。随后网格化：将电力系统的几何区域离散化为网格。这个网格可以是规则的矩形网格，也可以是非规则的三角形或四面体网格，取决于系统的几何形状和复杂程度。在此基础上进行差分方程的建立：在每个网格单元上，根据所选择的物理模型和偏微分方程，建立离散化的差分方程，在离散的网格上，利用有限差分近似来替代偏微分方程中的导数项。通常，中心差分、前向差分或后向差分等方法被用来近似各个方向上的导数项。这些方程描述了电磁场的演化过程，例如麦克斯韦方程组、传输线方程或变压器方程。时间步进求解：将时间连续的问题离散化为一系列离散的时间步骤。ATP － EMTP 通过时间步进的方式进行求解。具体地，系统的行为被分解成一系列离散的时间步骤，每一步求解当前时间点的电磁场状态，并根据模型的动态性质，更新到下一个时间点。在每个时间步中，ATP － EMTP 使用适当的数值技术，如显式或隐式差分方案，来解决建立的差分方程。这可能涉及迭代求解非线性方程组或求解带有特定边界条件的线性方程组。

边界条件处理：在差分方程的建立和求解过程中，需要考虑系统的边界条件。这些边界条件通常包括物体的几何形状、电气参数及外部电磁场的影响等。非线性效应和特殊设备建模：考虑到电力系统中存在的各种非线性效应和特殊设备，如变压器、断路器、避雷器等，需要适当地建模并集成到差分方程中。数值稳定性和收敛性分析：在求解过程中，需要对数值稳定性和收敛性进行分析，以确保求解过程的可靠性和准确性。涉及步长选择、网格密度调整等技术

此外，ATP － EMTP 还会考虑到电力系统中的各种影响因素，例如设备的非线性特性、系统的电气参数变化、外部干扰等，以更准确地模拟电磁暂态行为。最后，ATP － EMTP 会提供丰富的结果分析和后处理功能，以帮助用户理解模拟结果并从中获取有用的信息，例如电压、电流、电磁场分布等。

有限差分法可以灵活地处理这些变电站中复杂的几何结构，如不同类型的导体、绝缘体、绝缘子等复杂的几何结构，并精确地建模其影响，从而提供准

确的电磁场分布。同时有限差分法具有良好的数值稳定性和收敛性，能够产生可靠的数值解。这对于变电站暂态电磁场计算来说至关重要，可以确保计算结果的准确性和可靠性。

3. VFTO 仿真建模

当隔离开关断开空载母线时，母线上会有残余电荷。变电站实际操作过程中，一次隔离开关断开和闭合之间间隔的时间较短。因此当下一次隔离开关闭合时，残余电荷没有泄漏完全，导致隔离开关两侧之间的电压差增加，气体击穿过程中会产生幅值更高的 VFTO，会提高破坏变电站安全稳定运行的可能性。在考虑最严重情况下，即假设电源侧母线所带电压为 1（标幺值），空载母线残余电荷为 –1（标幺值）的情况下，进行隔离开关操作产生的 VFTO（瞬时过电压）及 TEV（暂态地电压）最大情况下的建模分析。

某 500kV 变电站为研究对象，建立其相应仿真电路模型，变电站等值电路图如图 1 – 48 所示。计算由隔离开关操作引起的 VFTO 和 TEV。对于三相分体式变电站中各相母线安装在的封闭外壳中，其间电磁耦合现象较为微弱可以忽略，故本文在计算仿真时将该变电站简化为单向的情况进行分析。从过电压倍数的角度观察暂态过程，计算时采用标准值。电源电动势为 550kV，以电源电动势的电压值为基准可取标幺值：

$$1（标幺值）= 550 \times \frac{\sqrt{2}}{\sqrt{3}} = 449\text{kV} \qquad (1-43)$$

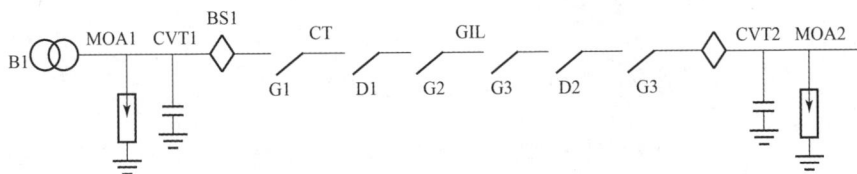

图 1 – 48 某 500kV 变电站等值电路图

B1—母线 1；MOA1—金属氧化物避雷器 1；CUT1—电容式电压互感器；

BS1—母线分段隔离开关 1；G1—接地点 1；CT—电流互感器；

D1—隔离开关 1；G2—接地点 2；G3—接地点 3；

D2—隔离开关 2；G3—接地点 3；

CVT2—电容式电压互感器 2；MOA2—金属氧化物避雷器 2

根据各元件等效模型，在 EMTP 中搭建模型电路。选择指数衰减电弧模型进行仿真，得到各重要节点处的电压波形如图 1-49 和图 1-50 所示。

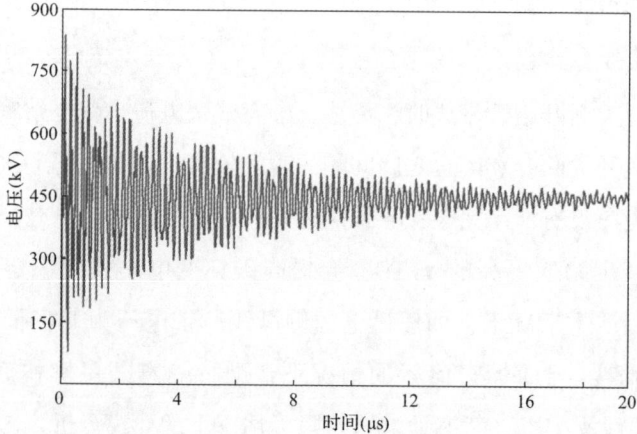

图 1-49　套管 1 处 VFTO

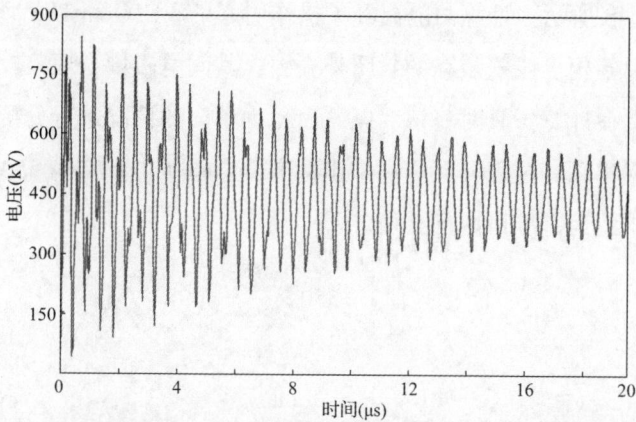

图 1-50　套管 2 处 VFTO

从图 1-49 与图 1-50 可知，VFTO 在各元件都是衰减波形。从计算的结果可看出，隔离开关闭合时产生的 VFTO 幅值最大的地方一般是变电站的套管或隔离开关开断侧，最高值可达 1.987（标幺值）。这时变电站一次设备的绝缘面临巨大威胁必须引起极大重视。同时也需要注意此时对一次设备电磁骚扰通过传导耦合和场耦合两种方式对二次设备产生的影响，传导耦合指暂态电磁场的变化会在一次设备中感应出电流或电压的变化。这些感应电流或电压会通过设备的连接器、导线、绕组等传递到二次设备中。而场耦合可以分为电场耦合、磁场耦合和辐射耦合三种方式。这三种耦合方式都不需要电路连接，而是通过电容、电感和电磁波将干扰源和敏感设备联系在一起。

减小暂态电磁场对敏感设备的影响，可以采取以下一些措施：设计良好的绝缘系统，以抵御暂态电磁场可能引发的绝缘破坏。在一次设备和二次设备之间采取适当的隔离和屏蔽措施，减小电磁耦合效应。使用电磁兼容性（EMC）设计原则，减少设备之间的电磁干扰和传导。使用过电压保护装置，限制过电压传导到二次设备上，保护设备安全。定期进行设备维护和检查，确保设备的绝缘和连接状态良好，及时发现和处理潜在问题。

4. GIS 开关操作瞬态外壳电压及空间电磁场仿真建模

GIS 变电站内存在各种各样的电磁干扰源，但引起问题最严重的是高压隔离开关操作所产生的瞬变电磁场，开关操作时 GIS 外壳的不连续处更容易产生较强的瞬态电场，并且高压开关操作产生的瞬变电磁场会以不同的耦合或传导形式干扰二次设备，例如继电器误动、电子设备损坏、导致通信故障、数据传输错误等问题。图 1 - 51 为 GIS 电磁仿真模型，其中图中 DS$_{22}$ 为隔离开关。

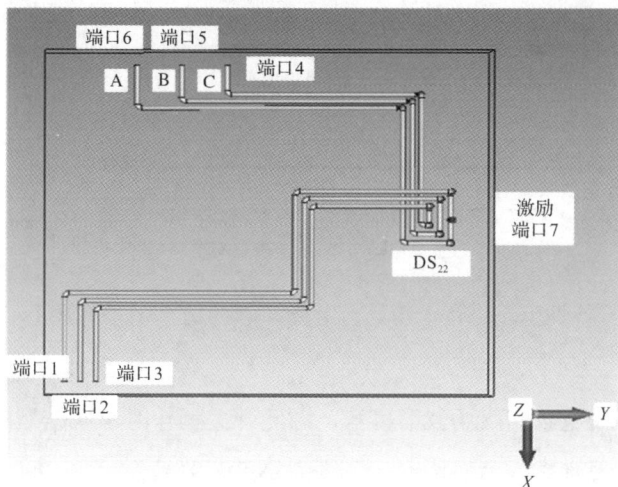

图 1 - 51 GIS 电磁仿真模型

某 252kVGIS 双母线接线的标准化设计如图 1 - 52 所示，对 252kV GIS 变电站进行了建模，考虑到计算机计算资源的限制并在保证一定准确性的前提下提高仿真速度，对 GIS 中的一些结构和装置做了简化处理，例如建模中没有考虑 TA、VT 及接地开关，对中心导体上形状不规则处都做了平滑处理，没有考虑套管的伞裙等。但由于 GIS 中在壳体连接处有盆式绝缘子的存在，有可能产生电磁泄漏，建模中考虑了这些盆式绝缘子，并用材料为铝的连接片来连接相邻的两段外壳，以保证整个 GIS 外壳具有电气的连接。同时，还对出线套管末端的接地内屏蔽进行了简单的建模。

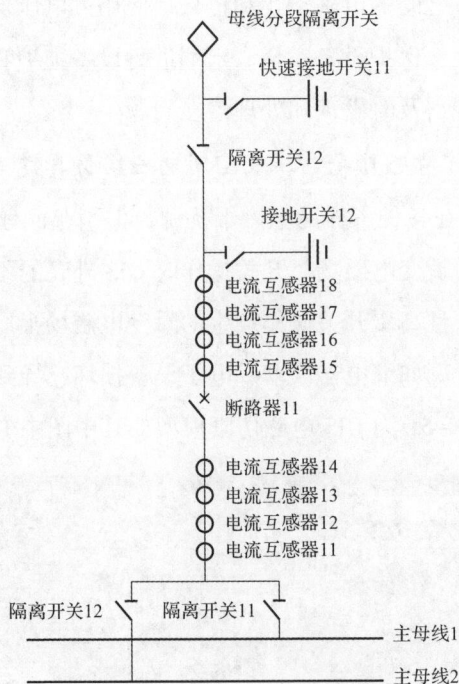

图 1-52　某 252kVGIS 双母线接线的标准化设计

对 252kV GIS 变电站进行了仿真，电场和磁场仿真结果如图 1-53 和图 1-54 所示。

由各测点处电场和磁场波形可知，源侧开关操作时单次燃弧产生的瞬态空间电场波形呈现衰减振荡的特点，母线侧隔离开关操作时在 GIS 周围产生的瞬态磁场波形同样呈现出衰减振荡的特点，时域上表现出非常快速的上升和衰减时间且表现为尖锐的波形特征，隔离开关附近的金属构件、绝缘子等部件可能会与电场发生耦合效应，使得局部电场强度增大。这种耦合效应会导致在隔离开关附近的空间中电场强度的幅值明显高于其他位置。随着距离隔离开关越远，电场会随着距离的增加而逐渐衰减。因此电场强度的幅值在被操作隔离开关附近高于其他位置，并且在离被操作隔离开关越远处幅值越小。

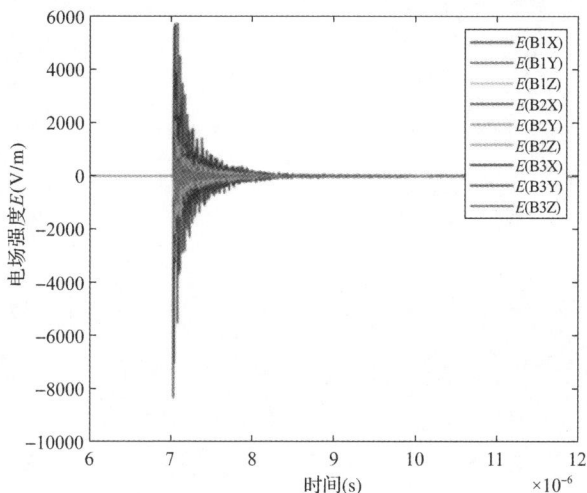

图 1 – 53　各组测点电场波形

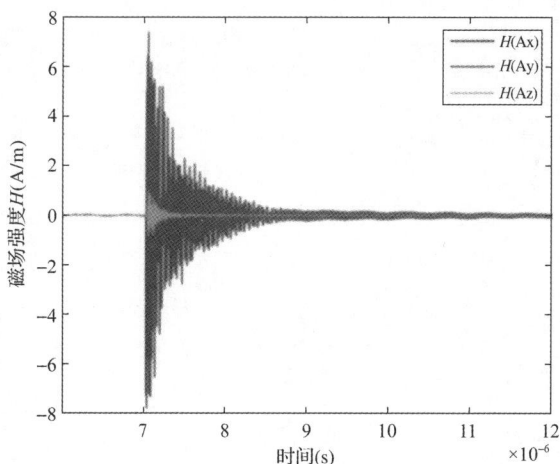

图 1 – 54　各组测点磁场波形

空间电场和磁场波形随着时间的推移会逐渐衰减，这种衰减的速率取决于电力系统的损耗和阻尼特性，以及环境中的吸收和散射等因素，这也表明 GIS 套管是开关操作时瞬态空间电场的重要发射来源。

2

电磁干扰对智能电能表的危害及抗扰度试验

2.1 智能电能表电磁损伤实例分析

电磁环境对电能表内部元器件的影响是一个复杂的问题。近年来，随着电子设备向小型化、集成化、高速化发展的需求提升，设备内部各个功能模块之间的电磁兼容问题变得尤为突出，导致其电磁敏感度也变得越来越高。在强电磁环境下，电能表内部的电子元件会受到显著的影响，甚至可能导致永久性的损伤。这种影响通常包括电磁干扰和电磁辐射，它们可能会干扰电能表的正常工作，对电能表内部的电子元件造成损伤，甚至破坏其内部的电路和元件。此外，不同的元器件对电磁环境的敏感度也有所不同，因此，电磁环境对电能表内部元器件的影响程度可能会因元器件的不同而有所差异。

2.1.1 永久性损伤实例

电磁环境对电能表的影响至关重要，它直接关系到电能表的准确性和稳定性。电能表在实际工作环境中经常面临可能存在的电磁干扰问题，这些干扰不仅幅值大、频率高，而且持续时间短，它们可以通过电磁感应、静电放电或电路传导等多种途径耦合到电能表的电路中。这种耦合效应可能会导致电能表内部的微控制器（MCU）、变压器、光电耦合器、电源管理芯片及其他关键数字电路遭受不同程度的干扰。在一些极端情况下，这些干扰甚至可能引发组件的永久性损坏，造成电能表出现计算错误、程序运行崩溃、信号传输失真等一系列问题。这些问题不仅影响了电能表的正常工作，还可能对整个电网的安全运行造成潜在的威胁。因此，确保电能表具备足够的电磁兼容性，能够有效抵御外部电磁干扰，对于维护电网的稳定性和可靠性具有极其重要的意义。

1. MCU 失效

电能表的 MCU 在电能表中发挥着核心作用，它负责处理和存储电能表的各种数据，包括电能计量、数据处理、数据存储、数据通信等功能。MCU 通过收集和计算电压及电流的实时数据，可以准确地测量和计算电能量，并且能够监测和记录各种电力参数，如功率因数、有功功率、无功功率等。此外，MCU 还可以控制电能表的开关和保护功能，确保电能表的安全运行。通过内置的通信接口，MCU 还可以实现与远程系统的数据通信，进行远程抄表和控制。MCU 在电能表中起着至关重要的作用，是实现电能表智能化、自动化的关键组件。

在复杂多变的电磁环境中，电能表所使用的 MCU 往往会受到不同程度的影响。当 MCU 受到的电磁辐射干扰或静电放电超过其承受能力时，会造成 MCU 性能下降无法正常工作，导致电能表的数据丢失、核心功能失效、系统崩溃等严重后果。当电能表或 MCU 处于强磁场环境中时，高压电脉冲作为强电磁干扰的一种，易造成电能表工作异常，从而影响电能表的正常计量。有研究通过高压电脉冲试验，进一步研究高压电脉冲对电能表及 MCU 的影响，以下为试验详细介绍。

（1）试验设备。电磁脉冲发生器如图 2-1 所示。

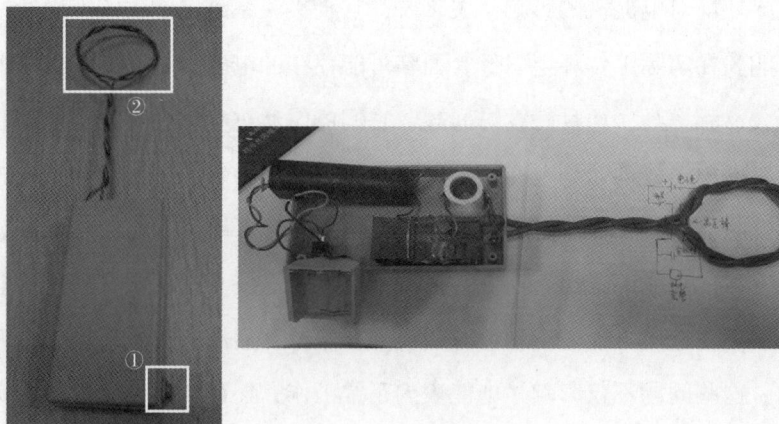

图 2-1　电磁脉冲发生器

①—启动按钮；②—脉冲发生器的辐射线圈

电磁脉冲发生器的脉冲波形如图2-2所示。

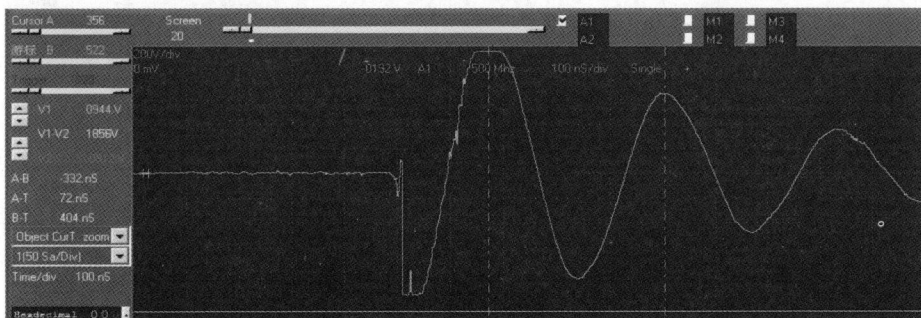

图2-2 电磁脉冲发生器的脉冲波形

该电磁脉冲发生器能够产生超过900V的高压，衰减振荡周期332ns，频率约3MHz。

（2）试验方法。选取不同厂家的单三相智能电能表开展试验，试验采用电磁脉冲发生器施加干扰。试验过程中将电磁脉冲发生器辐射线圈贴近智能电能表表壳，按下电磁脉冲发生器开关按钮，观察智能电能表工作状态，并记录试验现象。每只智能电能表触发开关共10次，每次间隔约1s。

（3）试验结果。由试验结果可知，在施加相同的电磁脉冲情况下，不同厂家的单/三相智能电能表现出的现象各不相同，其中最严重的为死机，掉上电后不可恢复。针对此类智能电能表进行进一步分析，采用测温枪测量智能电能表发热点，发现温度高达300℃；测量智能电能表预留MCU主控电路电源5V测试点，发现电压降至4V，考虑可能是电磁脉冲导致MCU内部发生短路，电源回路异常。

此外，在对同一只智能电能表进行电磁脉冲试验的过程中，通过更改辐射线圈与智能电能表的贴近位置，对比分析电磁脉冲对智能电能表和MCU的影响。研究结果表明，当辐射线圈贴近智能电能表的插卡器位置时，最易造成MCU损坏，导致电能表处于死机状态。经研究分析，导致异常的主要原因是电磁辐射利用插卡器的I/O口与电能表内部电路具有电气耦合通路的特点，对电能表的MCU或计量芯片实施攻击，从而导致电能表处于死机状态，无法实现正常的计量功能。

2. 低压差线性稳压器（LDO）失效

LDO 是一种高效的直流线性稳压电源，它以其低噪声、低成本、小输出纹波、紧凑的 PCB 布局和低功耗等显著特点，在电子设计领域中备受青睐。特别是在智能电能表这类对电源稳定性要求极高的应用中，LDO 的作用尤为关键。它不仅为电能表的各个部分提供稳定且连续的电源，而且其高稳定性能确保了整个电子系统在各种工作条件下都能正常运行。LDO 的这些优势使其成为智能电能表设计中不可或缺的组件，它的可靠性直接关系到电能表的计量精度和系统的整体性能。

LDO 主要分为基准源、误差放大器、场效应管三大部分。其工作原理如图 2 - 3 所示，该图为 P 型金属氧化物半导体（p - type metal - oxide - semiconductor，PMOS）架构。为调节所需的输出电压，反馈回路将控制漏 - 源极电阻 R_{DS}。随着 V_{IN} 逐渐接近 V_{OUT}，误差放大器将驱动栅 - 源极电压负向增大，以减小 R_{DS}，从而保持稳压。在特定的点，误差放大器输出将在接地端达到饱和状态，无法驱动 V_{GS} 进一步负向增大，此时 R_{DS} 取得最小值，其与输出电流的乘积，便是 LDO 的压降电压。

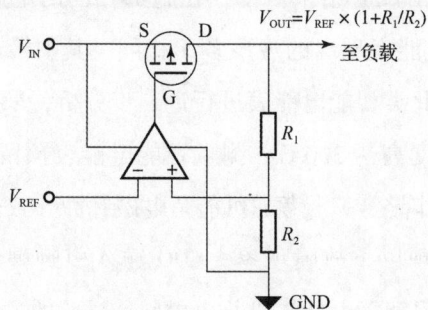

图 2 - 3　PMOS LDO 原理图

EMI 对 LDO 的影响主要体现在以下几个方面：

（1）电源抑制比（power supply rejection ratio，PSRR）下降：LDO 的 PSRR 是指其抑制输入电压纹波和噪声的能力。当 LDO 受到电磁干扰时，其 PSRR 可能会下降，导致输出电压的纹波和噪声增加，影响电路的性能。

（2）稳定性问题：电磁干扰可能会影响 LDO 的控制回路稳定性，导致系统不稳定，甚至产生振荡。特别是当 LDO 的环路增益和带宽不足时，更容易受到外部噪声的影响。

（3）输出噪声增加：LDO 内部的噪声源，如带隙基准源、误差放大器和晶体管，可能会因电磁干扰而增加噪声输出。此外，LDO 的输出噪声也会受到输入噪声的影响，因为 LDO 需要对输入电压进行调节。

（4）敏感度提高：在电磁干扰作用下，LDO 的敏感度可能会提高，使其对电源线上的 EMI 扰动更加敏感。研究表明，电应力老化会导致 LDO 的直流特性和敏感度水平变化，从而影响其性能。

（5）热性能影响：LDO 在电磁干扰下可能需要消耗更多功率来维持稳定的输出，这可能导致器件温度升高，影响热性能和可靠性。

载波 LDO 作为智能电能表的载波供电电源，易受电磁干扰导致 LDO 工作异常。现场反馈在运电能表存在 LDO 失效现象，具体分析内容如下：

（1）失效现象。智能电能表运行环境极为复杂多变，在一些特定的应用场景中，电力线上可能会产生与载波信号带宽极为相近的电磁干扰，这些干扰信号可能通过载波接口耦合，进而侵入电能表的内部电路系统。一旦电磁干扰成功耦合进入电能表内部，就可能导致载波供电系统异常，引发不稳定的供电状况。更为严重的是，这种干扰还可能导致载波通信出现故障，影响电能表与外部系统的正常数据交换和通信。

（2）失效分析。对故障电能表的载波供电电路进行初步分析，发现载波供电的 12V–LDO 工作异常，且该 LDO 焊接无异常、外观正常。对 LDO 进行器件级失效分析，发现以下故障现象：LDO 输入引脚键合线断裂开路、LDO 减薄中发现内部环氧烧穿及开裂、芯片表面 GND 和 VIN 引脚之间部位烧毁严重。LDO 失效分析图如图 2–4 所示。

针对此故障现象，经过深入分析，认为这主要是由于电力线上的电磁干扰与电能表内部电路发生了耦合，这种耦合效应导致电路中产生了较大的反灌电流。这种异常的电流流动不仅对电路的正常工作构成威胁，而且可能对 LDO 造成损伤，影响其稳定性和可靠性。为了有效降低反灌电流对电能表性能的负面影响，推荐在载波供电电路上采取一些止逆措施。例如使用二极管或其他类

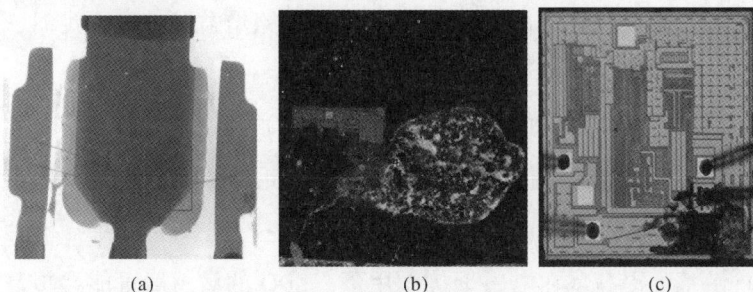

图 2 - 4　LDO 失效分析图

(a) X - RAY 内部结构图；(b) 焊接件内部结构图；(c) 芯片内部结构图

型的电路元件来阻止电流反向流动，从而保护 LDO 不受损害。通过这样的改进，可以增强电能表的抗干扰能力，确保其在复杂的电磁环境下依然能够稳定运行，提供准确的电能计量。

3. DC/DC 芯片失效

在智能电能表中，常需要不同的直流电压来为电路提供工作，DC/DC 转换器便是一种实现直流电压升降转换的芯片，与 LDO 相比 DC/DC 的转换效率更高，效率高的可达到 95% 以上。DC/DC 转换器有三种常见的拓扑结构，分别为 Buck 电路结构、Boost 电路结构、Buck - Boost 电路结构，简易拓扑结构原理图如图 2 - 5 ~ 图 2 - 7 所示。

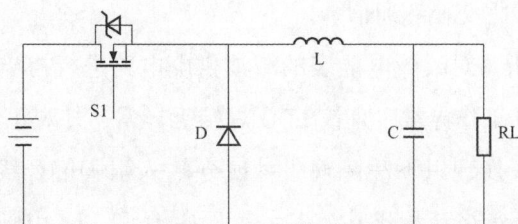

图 2 - 5　Buck 电路结构原理图

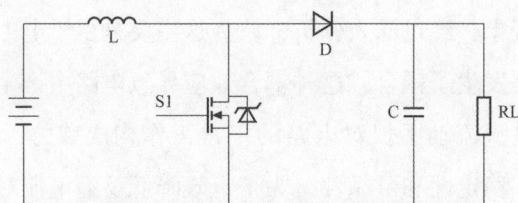

图 2 - 6　Boost 电路结构原理图

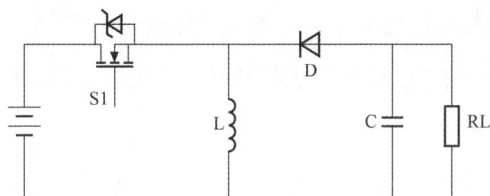

图 2 - 7　Buck - Boost 电路结构原理图

电磁干扰对 DC - DC 芯片的性能影响主要有以下几个方面：

（1）输出纹波增加：电磁干扰可能会导致输出电压的纹波增大，从而影响电路的稳定性和输出质量。

（2）效率降低：由于 EMI 引起的额外损耗，DC - DC 转换器的整体效率可能会下降。

（3）稳定性问题：电磁干扰可能导致 DC - DC 转换器进入不稳定的运行状态，如振荡或跳频，严重时 DC - DC 芯片可能无法正常启动。

除了上述电磁干扰对 DC - DC 芯片性能的影响，在某些特殊工况下产生的强电磁脉冲可能会导致芯片直接损坏。

（1）失效现象。智能电能表的运行环境十分复杂，在某些特定场景中，存在较强的电磁脉冲。电能表长期运行在强电磁脉冲环境中，电能表电源回路工作状态异常，MCU 无法正常启动，导致电能表出现黑屏现象。

（2）失效分析。对故障的电能表进行初步分析，发现电能表电源回路的 DC/DC 芯片工作异常，且 DC/DC 芯片的焊接和外观均无异常。对 DC/DC 进行器件级失效分析，打开芯片外壳后，发现芯片表面严重烧伤，元器件损伤图片如图 2 - 8 所示。与芯片厂家沟通，该现象是由于过电压或者过电流产生大

图 2 - 8　DC/DC 芯片损伤图

量的热能，使元器件内部温度过高导致。考虑是运行环境中存在较强的电磁脉冲，导致 DC/DC 芯片损坏。推荐对应用于智能电能表的 DC/DC 芯片增加脉冲冲击试验的检测要求。

4. ADC 芯片失效

ADC 是一种常用的模数转换芯片，它的主要功能是将连续变化的模拟信号转换成离散的数字信号，以便于计算机或其他数字系统进行处理和存储。ADC 在现代电子设备中扮演着至关重要的角色，尤其是在通信、音频处理、图像处理、自动控制以及测量设备等领域。ADC 的工作原理可以概括为以下步骤：采样、保持、量化、编码。采样是固定的时间间隔对模拟信号的瞬时值进行测量。保持是维持当前采样信号一段时间，方便开展接下来的量化和编码过程。量化是将连续的模拟信号转换成一系列离散的数值，每一个数值代表一个量化级。编码是将量化后的离散信号转换为对应的二进制码或其他数字代码，每一个量化级都有唯一的数字代码。

ADC 芯片在智能电能表中扮演着至关重要的角色，它直接关系到电量的高精度测量。该芯片通过精密转换机制，将前端精心处理过的电压与电流采样信号准确无误地转化为数字信号，为后续的电能计量提供坚实基础。然而，作为电能计量的核心器件，ADC 芯片的性能尤为敏感，极易受到复杂电磁环境的干扰。为此，专项研究深入探索了 ADC 芯片的静电放电抗扰度与浪涌试验，旨在揭示其在极端电磁条件下的损伤失效机制，并明确界定其耐受阈值，从而确保智能电能表在多变环境中的稳定运行与精准计量。

（1）静电放电抗扰度试验。

1）试验方法。考虑 ADC 芯片的电源引脚对芯片的正常工作有很大的影响，故试验针对 AD7656、AD7606、AD9288 三款芯片的模拟电源引脚进行 ESD 损伤试验。试验的放电电极为正，放电方法为 I/O 口静电放电，依次增加 ESD 电压，直至芯片失效，失效判别方法依据 GB/T 17626.2《电磁兼容　试验和测量技术　静电放电抗扰度试验》中对试验的评价。试验后记录三种芯片的失效阈值电压数据。

2）试验结果。试验后 3 款 AD 芯片的失效阈值电压统计见表 2 – 1，可以看到不同芯片的抗扰度能力各不相同，其中 AD7656 的抗扰度能力最高。

表 2 – 1　　　　　　　　　　浪涌平均失效阈值电压统计

器件型号	失效阈值电压（kV）
AD7656	9.0
AD7606	6.0
AD9288	5.0

（2）浪涌抗扰度试验。

1）试验布置。使用 SG5010B 型雷击浪涌发生器对 AD7656AD7606、AD92883 种型号芯片的浪涌抗扰度测试。由于雷击浪涌脉冲发生器的最小输出电压为 100V，因此在试验过程中采用变比为 12.5∶1 的脉冲变压器来降低脉冲源的输出电压。使用 BLF – S7 电流传感器测量由脉冲源和待测试样组成的闭合回路中的电流[16]。使用 DS1302CA 示波器测量待测试样两端的电压及 BLF – S7 电流传感器的输出电压。使用逻辑测试电路对 3 种型号芯片的损伤进行判断。

2）试验步骤。

步骤一：试验前，使用测试电路对选出的各器件进行检测，并记录特征参数值。

步骤二：分别对 3 种器件的输入——地端，以浪涌脉冲电压 100V 为级差逐步增加电压等级（接近损伤电压阈值时设置级差为 50V），进行雷击浪涌脉冲注入，记录每一次的浪涌电压值及相应脉冲注入时刻被测端对地两端的电压和流过端的电流波形，然后使用检测电路测量各集成电路的特征参数值，逐渐增大浪涌脉冲电压，直至集成电路发生损伤。

步骤三：比较使管脚发生击穿的电压，将击穿电压最小的管脚记录为被测试样的最敏感端。

步骤四：将损伤时刻注入到器件的脉冲电压记为损伤电压阈值。

3) 试验结果分析。逐级增加浪涌电压，直至芯片失效，对比试验前后芯片电源对地引脚之间的阻抗，发现失效后的芯片阻抗特性值明显减少，其中 AD9288 类型芯片阻抗特性减少最为严重。3 种类型芯片浪涌失效前后阻抗特性记录见表 2 – 2。

表 2 – 2　　　　　　　　3 种类型芯片浪涌失效前后阻抗特性记录表

器件型号	失效前阻抗特性($M\Omega$)	失效后阻抗特性
AD7656	1. 4	5. 78kΩ
AD7606	1. 3	81. 0kΩ
AD9288	1. 3	6. 1Ω

根据试验数据统计三种型号芯片的浪涌平均失效阈值电压统计如表 2 – 3 所示。

表 2 – 3　　　　　　　　　　浪涌平均失效阈值电压统计

器件型号	测试位置	平均失效阈值电压(V)
AD7656	AVCC—GND	32
AD7606	AVCC—GND	20
AD9288	AVCC—GND	25

由表 2 – 2 和表 2 – 3 的测试数据可知，对三种芯片施加浪涌干扰时，AD7656 的抗干扰性能力最高。

对失效芯片的内部结构进行 X – RAY 分析，发现三种型号的失效芯片的电源端都出现不同程度的损坏，其中 AD7656 芯片的电源引脚键合线出现断裂且出现熔球。结果表明，ADC 芯片失效来源于敷金属引线失效和氧化物击穿。由于雷击浪涌脉冲源输出的脉冲持续时间为微秒量级的，在这种脉冲持续时间量级下器件的损伤主要是能量积累的效应而不是一个瞬时的效应。因此考虑芯片的损伤是一个由能量主导结区发热产生局部热点从而导致结区损伤或失效的过程。

5. 贴片电容失效

贴片电容广泛应用于各种电子设备，包括计算机、手机、医疗设备、汽车电子、智能电能表等，是现代电子设计中不可或缺的元件。贴片电容的工作原理基于电容器的基本定义，即在两个导电板之间通过绝缘介质（也称为介电材料）隔开，形成一个能够存储电荷的组件。当电压施加在电容器两端时，电荷在导电板上积累，形成电场。电容器存储的能量可以通过以下公式计算：$Q = UC$（其中，Q 表示电容器极板上所带的电荷量，单位是库仑（C）；U 表示电容器两极板间的电压，单位是伏特（V）；C 表示电容器的电容，单位是法拉（F））。贴片电容主要分为两大类：一类是陶瓷电容，具有高稳定性、高 Q 值和良好的温度特性，适用于高频应用。一类是有机电容，包括钽电容和铝电容，具有较大的电容值和较高的能量密度，适用于低频应用。贴片电容根据其使用场合的不同，可实现储能、滤波、过压保护、耦合和旁路等多种电路功能。智能电能表上的贴片电容多被应用于电源电路中，一方面可起到滤波作用，滤除高频噪声，保证电压的稳定性；另一方面可用于抑制电路中可能出现的瞬态电压，保护电路安全。

智能电能表现场运行的电磁环境复杂，贴片电容在强电磁场干扰可能会出现不同程度的性能退化：①贴片电容充放电效率下降，导致其在电路中的滤波和储能能力下降；②贴片电容因吸收干扰能量而长期处于发热状态，导致器件本身处于加速老化状态，严重时可损坏电容；③贴片电容内部的电介质材料加速老化，影响其长期稳定性和可靠性；④贴片电容的等效串联电阻和等效串联电感等寄生参数改变，进而影响其在电路中的表现。

除了上述所说的电磁干扰对贴片电容的影响，强电磁脉冲也易造成贴片电容失效。有研究发现单相电能表中整流桥后端位置贴片电容（1μF/50V ± 10% − X5R）容易发生短路失效，将失效的电容拆解分析，初步判断是过压导致的电容短路失效。针对此分析结果从不同维度开展了试验验证分析，试验过程及分析结果如下：

（1）贴片电容耐压试验。

试验方法：取相同型号贴片电容，贴片电容两端从 2.5 倍额定电压

（125V）开始增加电压至 300V 持续 10min，观察其电性能及内部结构。

试验结果：电容电性能指标未发生变化，且内部结构正常。

（2）整机耐压试验。

试验方法：取单相表一只，单相表电压端子分别施加 220V/380V，测试贴片电容两端电压，并记录电压值。

试验结果：电能表施加 220V 时，电容两端电压约 20V，持续时间约 9s；电能表施加 380V 时，电容两端电压约 39V，持续时间约 7s。电能表正常和异常时，电容两端电压均不超过其耐压值。

（3）浪涌试验。

试验方法：取两个品牌各 5 只贴片电容（0603 – 1μF/50V ± 10% – X5R），试验前做容值、损耗因数和绝缘电阻测试。将每个电容与一个 47Ω/6W 的电阻串联在一起，对其施加 500V 浪涌电压，正反向各 5 次。试验后测试各电容电气性能参数并观察内部结构。

试验结果：试验后电容损耗因数出现急剧增加现象，绝缘电阻值无法测量，考虑电容被浪涌电压击穿，进一步分析其内部结构，发现失效电容内部结构与雷击浪涌失效电容的内部结构高度相似。

（4）结论分析。贴片电容耐压试验表明贴片电容的耐压性能指标满足智能电能表的要求；整机耐压试验表明智能电能表正常运行过程中其两端的电压不超过电容的标称耐压值（50V），故贴片电容失效不是器件不良造成。再结合浪涌试验的试验结果，考虑贴片电容失效是由雷击浪涌造成。

6. 二极管失效

二极管作为电子电路中重要的器件，其种类繁多，每种二极管都有其特定的功能和应用。开关二极管和 TVS 二极管是其中两种常见的类型。开关二极管是一种专门用于高速开关操作的二极管。其主要特点是具有极短的正向恢复时间和反向恢复时间，能够在极短的时间内从导通状态转换到截止状态，或从截止状态转换到导通状态。开关二极管通常采用 PIN 结构，其中 I 层（本征区）非常薄，以减少载流子的存储和加快恢复速度。开关二极管广泛应用于需要快速切换的电路中，如高频信号整形、脉冲形成电路、混频器等。TVS 二极管是一种专门用于保护电路免受瞬态电压（如浪涌电压、静电放电等）冲击的二极管。当电路中的电压突然超过 TVS 二极管的击穿电压时，TVS 二极管会迅速进入低阻态，将过电压钳位在安全水平，防止电子元器件受到损害。其响应时间极快，一般在纳秒级别。TVS 二极管主要用于保护敏感电子设备免受瞬态过电压冲击，常见于电源线路保护、数据通信线路保护、接口保护等。

智能电能表中开关二极管和 TVS 管的应用主要是为了提高电能表的安全性和可靠性。开关二极管在智能电能表中通常用于整流作用，将交流输入电压转换为直流电压，供给电能表内部电路使用。在开关电源技术中，开关二极管也用于进行高频开关操作，控制电流的通断，以实现对电压的稳定和调节。TVS 管主要应用于端口保护，防止由于静电放电、电气快速瞬变和浪涌事件等引起的电压冲击，从而保护电能表的敏感电路。特别是在 RS-485 通信接口中，由于电能表通常安装在室外，容易受到雷击和静电干扰，因此使用具有抗雷击保护能力的 TVS 管是必要的。

在复杂电磁环境中，二极管会因电磁干扰产生性能的退化，严重时可能会出现失效。例如：在高频干扰下，二极管表现出的寄生电容效应会更加显著，这可能会影响其正常工作，尤其是在开关电源等应用中；在电磁干扰下，二极管的非线性特性会发生变化；在电磁干扰下，可能会有额外的电流通过二极管，从而增加二极管的功耗并产生热量，进而影响其稳定性和寿命；电磁干扰可能会引起瞬态电压或电流的出现，这些瞬态信号可能会超过二极管的最大额定值，导致二极管损坏或性能下降。下面将结合一个二极管失效实例，深入分析电磁干扰对二极管的影响。

（1）失效现象。智能电能表整机通电情况下开展 8.5kV 静电试验，发现个别二极管出现失效现象。

（2）失效分析。

第一步挑选失效的两个样品做常规电参数测试，测试记录见表 2-4，可以看到三个样品均表现为短路现象。

表 2 – 4　　　　　　　　　　　　　　失效样品电参数测试表

样品编号	正向电压（V）	反向击穿电压（V）	反向漏电流（μA）	说明
测试条件	@ IF = 1A	@ I1 = 500μA	@ VR = 60V	
规定参数	< 0.55V	> 60V	< 500μA	
1 号	0	0	∞	短路
2 号	0	0	∞	短路

　　第二步对样品进行 X – RAY 分析，观察失效样品正面和侧面结构，发现两个样品内部结构均无异常。X – RAY 内部结构图见表 2 – 5。

表 2 – 5　　　　　　　　　　　　　　X – RAY 内部结构图

序号	正面	侧面
1		
2		

　　第三步将样品解剖至焊接件，再次观察失效样品正面和侧面结构，发现两个样品内部结构无异常。焊接件内部结构图见表 2 – 6。

　　第四步将样品解剖至芯片，观察芯片正面和反面结构，发现两个样品芯片正面均有烧伤痕迹。芯片内部结构图见表 2 – 7。

表 2－6　　　　　　　　　　　　　　　　焊接件内部结构图

序号	正面	侧面
1	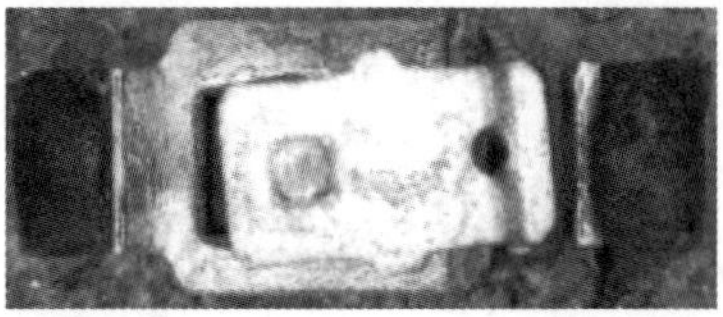	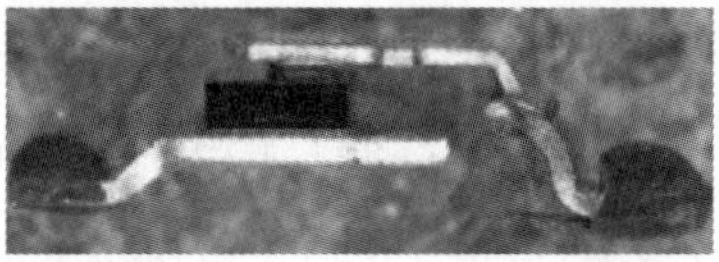
2		

表 2－7　　　　　　　　　　　　　　　　芯片内部结构图

序号	正面	反面
1	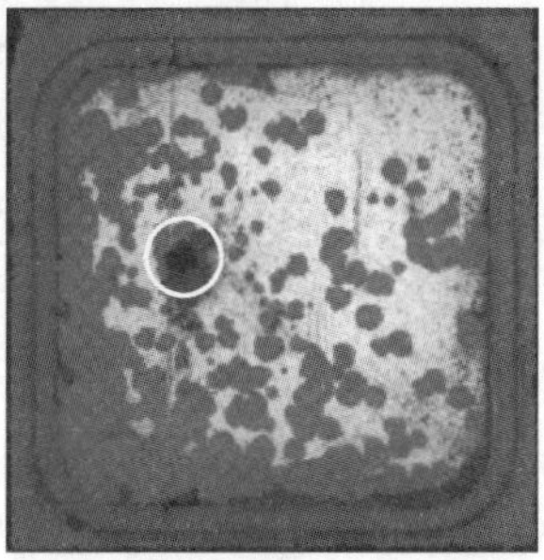	
2	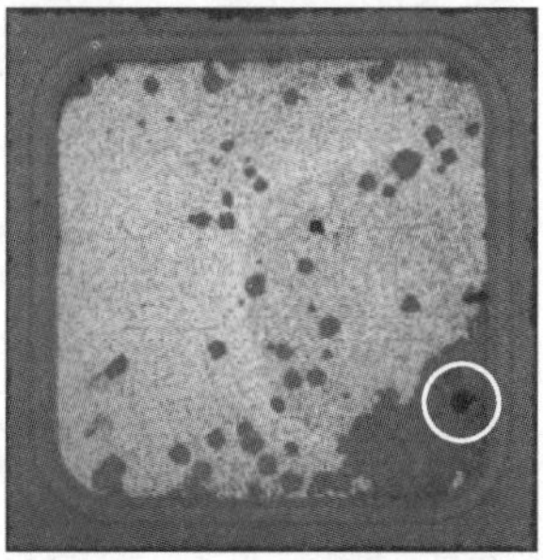	

第五步确认是否为二极管 ESD 防护能力不达标，进而导致静电损伤。取 10 片厂内库存二极管进行 ESD 测试（HBM 模式），结果见表 2－8。可以看到对器件进行 ESD 测试时，静电等级施加到 18kV 时才会出现失效现象。

表 2－8   ESD 测试记录表

ESD	8kV	9kV	10kV	11kV	12kV	13kV	14kV	15kV	16kV	17kV	18kV
失效率	0/10	0/10	0/10	0/10	0/10	0/10	0/10	0/10	0/10	0/10	1/10

第六步将该失效样品解剖至芯片，观察其正面和反面结构，发现该样品芯片表面无明显异常，判断为电性失效。ESD 损伤芯片表面图见表 2－9。

表 2－9   ESD 损伤芯片表面图

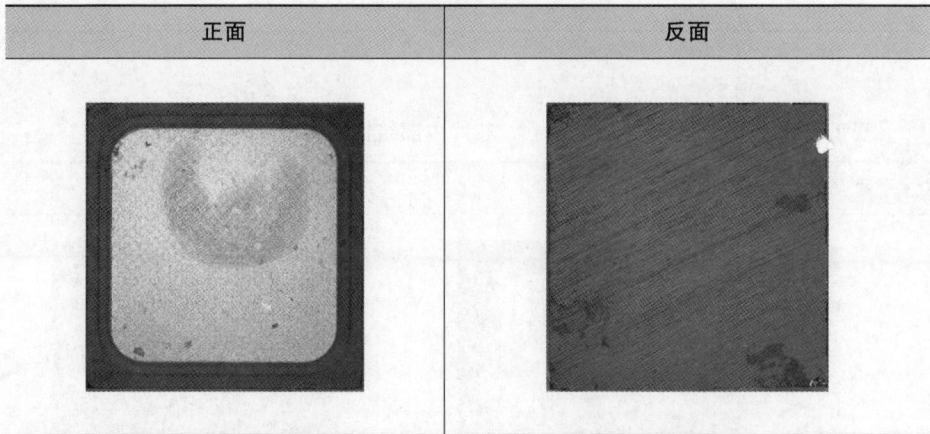

正面	反面

经过以上分析判断样品失效的主要原因不是静电损伤，考虑静电产生的电磁场或其余外部电磁场干扰，导致二极管工作时出现电气过应力的异常工况，进而导致二极管失效。

7. 光耦失效

在电能表中，光耦是一种重要的元件，它具有电隔离和信号传输的功能，能够将电能表的输入信号与输出信号进行隔离，以避免电路之间的相互干扰。光耦还可以将输入信号转换为光信号，再将其传输到输出端，以实现电信号的传输和控制。这种传输方式具有高绝缘、高耐压、低漏电等优点，能够提高电能表的安全性和稳定性。此外，光耦还可以用于实现电能表的远程控制和数据通信，提高电能表的智能化程度。总之，电能表中的光耦在信号隔离、传输和控制方面起着重要的作用，能够提高电能表的整体性能和可靠性。

在电磁环境中，光耦可能会受到静电放电、磁场干扰等因素的影响，从而导致其出现失效现象。具体来说，以下几种因素可能会对光耦产生影响：

（1）静电放电。在静电放电或磁场干扰的作用下，可能会在短时间内承受超过其额定电压的强电流冲击，光耦内部的 LED 发光管会受到损坏，导致其无法正常发光或传输信号。这种损坏一般是由于发光管内部的分子结构被破坏或电流过大导致发光管烧毁等原因造成的。

（2）磁场干扰。在强磁场环境中时，磁场会与电路中的电流产生相互作用，导致光耦内部的磁性元件受到磁化，从而影响其性能或导致永久性损坏。当磁性元件被磁化后，其内部的磁通量会发生变化，导致光耦的传输特性发生改变，从而使信号失真或丢失。

8. 半导体器件失效

半导体器件，作为射频收发系统中的关键有源器件，因其敏感性，常常成为整个系统中最容易受到损伤的部分。在面对强电磁脉冲的攻击时，不同类型的半导体器件展现出各自独特的损伤方式和机理。这些损伤特性与脉冲的幅值紧密相关，随着脉冲幅值的不同，器件的响应特性也会发生相应的变化。尽管如此，综合分析可以发现，半导体器件的损伤方式总体上可以归纳为引脚或极间的金属化烧毁；有源结区的热、电二次击穿；氧化层及介质击穿三种主要类型。

（1）引脚或极间的金属化烧毁。当强电磁脉冲作用于半导体器件时，若脉冲电流幅值过高，就可能在金属电极处发生金属化热烧毁，呈现短路或开路失效，它的主要损伤机理包括两个方面：

1）当强电磁脉冲为短脉冲时，半导体器件金属化区域产生的焦耳热可能使得其在电流通路较为狭窄的地方，由于过电流效应出现明显温升，并导致发生熔化。

2）当强电磁脉冲为长脉冲时，金属化区域附近的半导体材料可能产生大量的热量，出现热累积现象导致半导体材料上方的金属条发生熔化。

因此根据强电磁脉冲脉宽的不同，其对半导体器件的失效机理也有所区别。除了脉宽以外，脉冲的重复频率也会对器件失效机理产生一定的影响。

（2）有源结区的热、电二次击穿。半导体器件的二次击穿体现为负阻性，其电流会随着偏置电压的增大而迅速上升，同时电压会明显下降，该击穿主要形式可分为两种，一种是基于热不稳定性理论的热次击穿，另一种是基于雪崩注入理论的电二次击穿。

热不稳定性理论主要是认为器件内部的电流密度和温升存在正反馈的关系，且二次击穿和半导体器件的过热点有关。由于器件制作工艺的原因，会导致大电压作用时器件所产生的热量在 PN 结上分布不均匀；随着电压幅值的增加，电流密度和电场强度在某点达到最大，该点的温度迅速升高，形成热斑（过热点），从而使得半导体器件出现不可恢复的毁伤现象，比如双极型晶体管（bipolar junction transistor，BJT）在高偏置电压下的 B－C 结击穿，产生高电场和大电流，最终形成热斑。对于强脉冲而言，该现象出现的时间一般为微秒（μs）级或毫秒（ms）级。

雪崩注入理论主要是二次击穿时，半导体器件内部电场很大，电流密度也较大，两种因素同时影响正常时的耗尽区固定电荷，使载流子发生雪崩式倍增的现象。当半导体器件内部的峰值场强超过半导体临界击穿场强时，会导致半导体出现一次击穿（雪崩击穿），但该击穿一般持续时间短，可恢复。在 PN 结附近的雪崩区内，由于雪崩倍增使得电流进一步增加，当其增大到一临界值时，空间电荷向 N－N 结移动，N－N$^+$ 在强电场的作用下发生雪崩注入，导致二次击穿，并导致器件永久性损坏，该现象般出现时间为纳秒（ns）级。

（3）氧化层及介质击穿。现阶段，随着技术水平的提升，半导体器件的氧化层变得越来越薄，因此也就更加容易被高幅值的强电磁脉冲所击穿。氧化层及介质击穿是指在强脉冲作用时，器件的氧化层与电介质丧失了电绝缘的能力，该击穿形式可分为"自愈性击穿"和"毁伤性击穿"，"自愈性击穿"是由于局部点击穿所导致的温升使得该点处的铝材料被瞬间蒸发，使得该点与氧化层隔离，不会影响半导体器件的正常性能。"伤性击穿"是由于过高的温度使得铝材料熔化，并入侵氧化层，使得氧化层失去绝缘能力，导致半导体器件失去正常性能。

2.1.2 非永久性损伤实例

1. 电流互感器超差

电流互感器是依据电磁感应原理将一次侧大电流转换成二次侧小电流来测量的仪器。电流互感器由闭合的铁芯和绕组组成。它的一次侧绕组匝数很少，串在需要测量的电流的线路中。二次侧绕组匝数比较多，串接在测量仪表和保护回路中。电流互感器在工作时，它的二次侧回路始终是闭合的，因此测量仪表和保护回路串联线圈的阻抗很小，电流互感器的工作状态接近短路。

电流互感器的等效电路如图 2-9 所示，其中 i_1' 为一次侧换算到二次侧的电流，R_e 和 L_e 为励磁阻抗，R_2 与 L_2 分别为二次绕组的电阻和电感、R_L 与 L_L 分别为负载的电阻、电感。为了维持铁芯中的磁场，存在励磁电流 i_e。此时电流互感器的基本输入/输出关系式为

$$i_1' = i_1/K = i_e + i_2 \qquad\qquad (2-1)$$

式中　i_1'——一次侧折算到二次侧的电流，A；

K——一二侧线圈匝数比；

i_1——一次侧电流，A；

i_2——二次侧电流，A；

i_e——励磁电流，A。

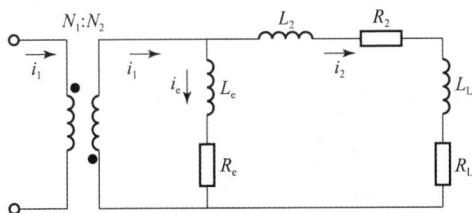

图 2-9　互感器电路原理图

电流互感器在电能计量的应用十分广泛。外部磁场对电流互感器的传输特性会有一定影响，当外部磁场强度超过一定阈值后会对智能电能表的线性度产生影响。电流互感器的非线性特性主要由励磁特性的非线性及铁芯饱和引起。由于电流互感器铁芯励磁特性曲线的非线性，当铁芯饱和时，其励磁特性呈现非线性，导致电流互感器传变非线性，进而产生误差。针对此现象，开展了外部恒定磁场对互感器角差、比差特性的影响试验和分析。

（1）试验设备。互感器检测设备的外形如图 2 - 10 所示，该检测设备采用标准的电流互感器作为参考，可检测不同电流规格的电流互感器的角差和比差特性。

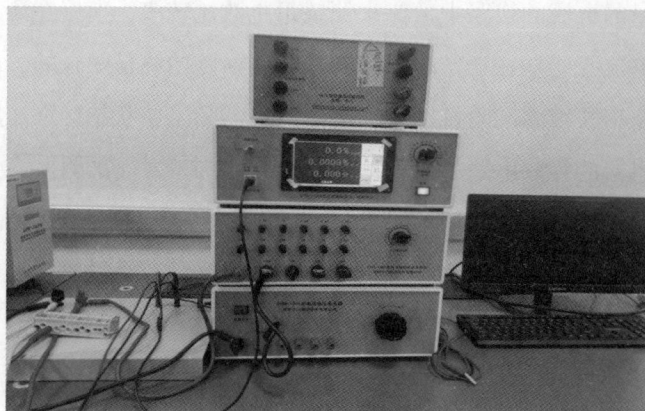

图 2 - 10　互感器测试仪

（2）试验方法。

1）将互感器安装在电能表实际安装位置，随后放置在互感器测试台上，将磁铁放置在电能表旁边，调整磁场强度，使得磁场强度在 300 ~ 500mT 之间变化，记录互感器在不同电流点（其中 I_b 为额定电流，I_{max} 为最大电流）的比差和角差。

2）调整磁铁和互感器的相对位置，重复步骤 1）。

3）更换不同电流规格的电流互感器，重复步骤 1）和 2）。

（3）试验结果。为了更快定位损伤阈值，试验选取智能电能表的底面积和顶面两个面施加干扰，试验数据见表 2 - 10 和表 2 - 11。

表 2 – 10 　　　　　　　　　　　　电流互感器比差测试数据记录表

项目	电流误差（比差）（±%）					
	$1\%I_b$	$5\%I_b$	$20\%I_b$	I_b	$120\%I_b$	I_{max}
标称值	0.1000	0.0500	0.0500	0.0500	0.0500	0.1000
原始数据	0.0063	−0.0013	−0.0030	−0.0057	−0.0064	−0.0116
	0.0047	−0.0008	−0.0027	−0.0056	−0.0064	−0.0115
500mT/底	0.0289	0.0067	−0.0043	−0.0065	−0.0101	−0.0190
	0.0273	0.0059	−0.0042	−0.0062	−0.0099	−0.0189
300mT/底	0.0289	0.0049	−0.0038	−0.0077	−0.0104	−0.0138
	0.0274	0.0045	−0.0031	−0.0076	−0.0102	−0.0131
500mT/顶	0.0303	0.0052	−0.0018	−0.0082	−0.0083	−0.0122
	0.0286	0.0048	−0.0013	−0.0080	−0.0080	−0.0118
300mT/顶	0.0302	0.0059	−0.0010	−0.0070	−0.0074	−0.0111
	0.0285	0.0056	−0.0008	−0.0069	−0.0073	−0.0107

表 2 – 11 　　　　　　　　　　　　电流互感器角差测试数据记录表

项目	相位误差（角差）（±%）					
	$1\%I_b$	$5\%I_b$	$20\%I_b$	I_b	$120\%I_b$	I_{max}
标称值	6.000	4.000	4.000	4.000	4.000	4.000
原始数据	3.461	3.326	3.246	3.073	3.034	2.386
	3.421	3.317	3.243	3.071	3.031	2.384
500mT/底	13.786	13.345	13.037	12.683	12.624	11.576
	13.745	13.311	13.027	12.672	12.615	11.561
300mT/底	8.282	7.728	7.491	7.182	7.141	6.703
	8.234	7.701	7.472	7.171	7.131	6.696
500mT/顶	4.845	4.592	4.412	4.170	4.173	3.942
	4.821	4.580	4.401	4.162	4.170	3.937

续表

项目	相位误差（角差）（±%）					
	$1\%I_b$	$5\%I_b$	$20\%I_b$	I_b	$120\%I_b$	I_{max}
300mT/顶	4.301	3.986	3.813	3.577	3.550	3.182
	4.282	3.972	3.808	3.565	3.548	3.179

（4）试验结果分析。由测试数据可知，当磁场增大到 500mT 时，互感器的比差基本无明显变化，且互感器的比差基本不随着磁场强度的增加。当磁场增大到 500mT 时，互感器的角差有明显的变化且超出了规格书规定的误差范围，随着磁场强度的增大，互感器的比差也逐渐增大。当磁场干扰消失后，互感器的比差和角差特性均能恢复正常。

2. 继电器误动作

智能电能表常用的继电器有电磁继电器和磁保持继电器两种。电磁继电器需要通过电信号激励触点转换，进而实现触点的通断。磁保持继电器需要在驱动信号的作用下，利用电磁线圈和长时间磁铁的相互作用、相对运动实现接通和关断功能。

电磁式继电器一般由铁芯、线圈、衔铁、触点簧片等组成的。其基本结构如图 2-11 所示，只要在线圈两端加上一定的电压，线圈中就会流过一定的电流，从而产生电磁效应，衔铁就会在电磁力吸引的作用下克服返回弹簧的拉力吸向铁芯，从而带动衔铁的动触点与静触点（常开触点）吸合。当线圈断电后，电磁的吸力也随之消失，

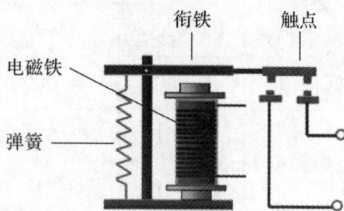

图 2-11　电磁继电器工作原理

衔铁就会在弹簧的反作用力返回原来的位置，使动触点与原来的静触点（常闭触点）释放。这样吸合、释放，从而达到了在电路中的导通、切断的目的。

磁保持继电器基于磁性材料的特性，通过电磁激励和磁性保持力来实现开关控制功能。它由线圈、铁芯、触点和弹簧等组成。当线圈中通入电流时，产

生的磁场使得铁芯磁化并吸引触点吸合，电路闭合，继电器开始工作。当触点吸合后，铁芯具有磁性保持力，线圈中的电流消失后，仍可维持触点的吸合状态。当线圈中通入反向电流或者加入一个破坏铁芯磁化的助磁线圈时，磁场被破坏，触点打开，电路断开。磁保持继电器工作原理如图 2 - 12 所示。

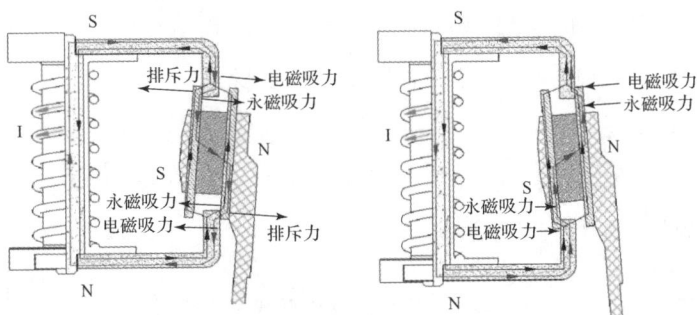

图 2 - 12　磁保持继电器工作原理

　　由于磁保持继电器只需一次脉冲电信号激励就能实现触点状态转换并持续维持该状态，故智能电能表多采用磁保持继电器。外部恒定磁场会对磁保持继电器的动作特性产生影响，当外部磁场超过一定阈值时，会抵消继电器原有线圈产生的磁力，进而导致相同驱动电压下继电器动作变缓或者不动作。针对此现象，开展了外部恒定磁场对继电器动作特性的影响试验和分析。

　　（1）试验设备。继电器检测设备的外形如图 2 - 13 所示，该检测设备可测试继电器的吸合电压、复归电压、吸合时间、吸合回跳、复归时间、复归回跳等参数。

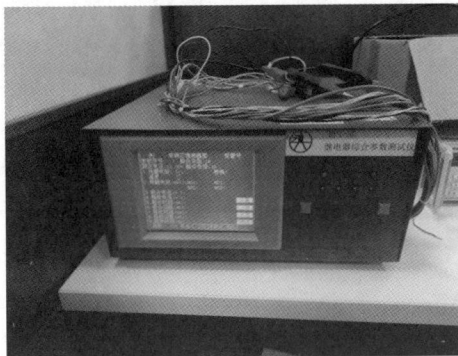

图 2 - 13　继电器综合参数测试仪

（2）试验方法。

1）将继电器安装在电能表实际安装位置，随后放置在继电器测试台上，将永磁铁放置在继电器旁边，调整磁场强度，使得磁场强度在 300~500mT 之间变化，执行拉合闸操作，记录继电器动作状态。

2）调整磁铁和继电器的相对位置，重复步骤1）。

3）更换不同规格型号的继电器，重复以上步骤。

（3）试验数据记录。为了更快定位损伤阈值，试验选取距离智能电能表最近的两个面开展测试，通过改变磁场强度和屏蔽措施两个参变量，观察继电器的动作特性，测试数据见表2-12。

表2-12　　　　　　　　　磁保持继电器测试数据

项目	吸合电压（V）	复归电压（V）	吸合时间（ms）	吸合回跳（ms）	复归时间（ms）	复归回跳（ms）
原始数据	5.34	4.56	24.88	0.27	19.03	0.00
	5.34	4.56	24.92	0.28	19.08	0.00
	5.34	4.56	24.94	0.28	18.98	0.00
300mT/侧/无屏蔽	5.64	6.90	22.01	0.28	23.43	0.00
	5.64	6.84	22.10	0.28	23.43	0.00
	5.64	6.84	22.07	0.28	23.51	0.00
500mT/侧/无屏蔽	无法正常工作					
500mT/侧/带屏蔽	5.34	4.98	22.90	0.28	21.06	0.00
	5.34	4.98	22.91	0.28	21.12	0.00
	5.34	5.04	22.83	0.28	21.00	0.00
300mT/底/无屏蔽	无法正常工作					
500mT/底/无屏蔽	无法正常工作					

续表

项目	吸合电压（V）	复归电压（V）	吸合时间（ms）	吸合回跳（ms）	复归时间（ms）	复归回跳（ms）
300mT/底/带屏蔽	5.04	5.58	20.51	0.25	22.37	0.00
	5.04	5.58	20.55	0.19	22.51	0.00
	5.04	5.58	20.58	0.27	21.94	0.00
500mT/底/带屏蔽	无法正常工作					

（4）试验结果分析。由测试数据可知，从电能表底面施加恒定磁场对继电器的影响更为显著。当在底面施加 500mT 磁场时，无论是否增加屏蔽措施，继电器都出现无法动作的异常现象；当在底面施加 300mT 磁场时，不增加屏蔽措施时，继电器才会出现无法动作的异常现象。当在侧面施加恒定磁场时，只有在 500mT 磁场强度且不施加屏蔽措施时，才会出现继电器无法动作的异常现象。当磁场干扰消失后，继电器可以正常工作，各项参数恢复正常。

3. 变压器异常

变压器是一种相对静止的电气设备，由绕在同一个铁芯上的两个或两个以上的绕组组成，绕组之间通过交变的磁通相互联系。变压器的工作原理就是"电生磁，磁生电"。如图 2-14 所示，变压器的一次侧（一次）线圈和二次侧（二次）线圈共同绕在一个铁芯上，当一次绕组通入电压 u_1 后，在铁芯中产生交变磁通，这个磁通穿过一次绕组和二次绕组，根据电磁感应定律，在一次绕组和二次绕组中分别产生感应电动势 E_1 和 E_2。

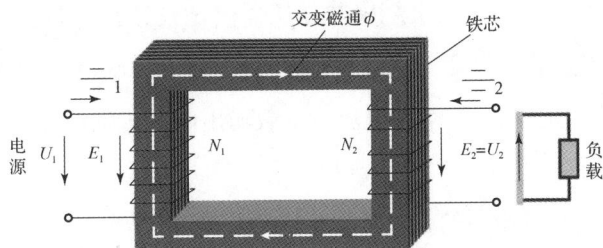

图 2-14　变压器工作原理

根据电磁感应定律可知，一次侧、二次侧绕组的感应电动势分别为

$$E_1/E_2 = U_1/U_2 = N_1/N_2 \qquad (2-2)$$

式中　U_1——变压器一次侧电压，V；

　　　U_2——变压器二次侧电压，V；

　　　N_1——变压器一次侧绕组线圈匝数；

　　　N_2——变压器二次侧绕组线圈匝数。

智能电能表常用的变压器主要分为两类，一类是工频变压器，也称为低频变压器，通常指的是工作在市电频率（如中国 50Hz 或其他国家 60Hz）的变压器。它们在过去传统的电源中大量使用，并且通常与线性调节的稳定方式一起使用，因此该类电源也被称为线性电源。该类变压器主要应用于线性电源方案。另一类是高频变压器，高频变压器则是工作频率超过中频（10kHz）的电源变压器，主要用于高频开关电源中，也有用于高频逆变电源和高频逆变焊机中。与工频变压器相比，高频变压器的主要优点包括提高转换效率，可以对高频脉冲进行变压，并且由于电源管工作在瞬间导通 – 截止的状态，损耗比传统铁芯变压器低大约 30%。该类变压器主要应用于开关电源方案。工频变压器在外部强磁场的干扰下，会出现空载电流增大的异常现象。高频变压器在外部强磁场的干扰下，会引起其输出电压的工作异常。针对此现象，开展了外部恒定磁场对工频变压器、高频变压器参数特性的影响试验和分析。

（1）工频变压器。

1）试验设备。变压器检测设备的外形如图 2 – 15 所示，该检测设备可测试变压器的空载电压、空载电流、满载电压、满载电流等参数。

2）试验方法。

a. 将工频变压器一、二次绕组与变压器测试仪连接，将磁铁放置在工频变压器旁边，调整磁场强度，使得磁场强度在 300 ~ 500mT 之间变化，记录工频变压器施加额定电压时的空载电流、空载输出电压，施加额定电压和满载电流时的输出电压。

b. 调整磁铁和变压器的相对位置，重复步骤 a。

c. 更换不同规格型号的变压器，重复以上步骤。

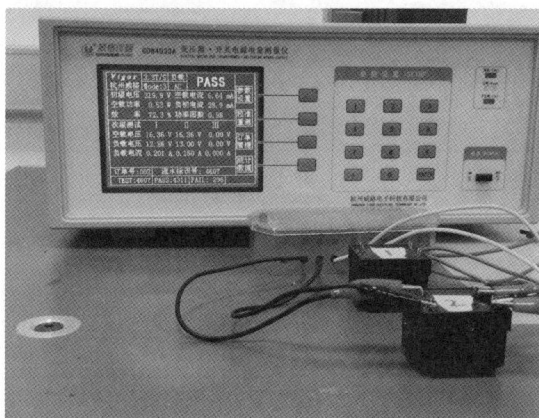

图 2 - 15　变压器测试仪

3）试验数据记录。试验选取三个安装在智能电能表上的工频变压器，分别从侧面和底面两个方向施加恒定磁场干扰，观察变压器的输入/输出特性，测试数据见表 2 - 13。

表 2 - 13　　　　　　　　　　工频变压器测试数据

序号	项目	空载电流 [mA(≤8mA)]	空载电压 I(16±0.5V)	负载电压 I(13±0.5V)	空载电压 II(16±0.5V)	负载电压 II(13±0.5V)
1	原始数据	7.63	16.26	12.59	16.25	12.73
	300mT/侧	27.10	16.26	12.69	16.15	12.77
	500mT/侧	54.10	15.75	12.40	15.50	12.41
	300mT/底	12.30	16.43	12.71	16.40	12.87
	500mT/底	38.90	16.09	12.58	16.01	12.71
2	原始数据	7.31	16.38	12.66	16.37	12.85
	300mT/侧	9.18	16.35	12.63	16.33	12.82
	500mT/侧	13.60	16.29	12.59	16.25	12.78
	300mT/底	12.60	16.34	12.63	16.32	12.83
	500mT/底	30.40	16.16	12.57	16.11	12.73

续表

序号	项目	空载电流 [mA(≤8mA)]	空载电压 I(16±0.5V)	负载电压 I(13±0.5V)	空载电压 II(16±0.5V)	负载电压 II(13±0.5V)
3	原始数据	6.32	16.43	12.77	16.43	12.85
	300mT/侧	9.94	16.38	12.72	16.36	12.81
	500mT/侧	16.80	16.30	12.69	16.25	12.76
	300mT/底	11.40	16.38	12.73	16.36	12.82
	500mT/底	33.50	16.18	12.66	16.13	12.72

4）试验结果分析。由试验数据可知，恒定磁场对工频变压器的输出变化特性影响不显著，改变方向和强度，两个输出绕组的空载电压、满载电压波动性很小，基本都在正常范围内。恒定磁场对工频变压器的输入特性影响较为显著，随着磁场强度的增强、相对位置的缩短，一次侧空载电流都呈现逐渐增大的特性，且均超过了规格书规定的范围（≤8mA）。

外部恒定磁场的影响相当于给工频变压器铁芯叠加了一个直流磁场，使工频变压器铁芯工作的磁通密度 B 增加，进入铁芯材料磁化曲线（$B-H$ 曲线）接近饱和的区域，使得励磁电流增加，进而导致变压器的空载电流增大。

（2）高频变压器。

1）试验设备。高频变压器的检测设备与工频变压器的测试设备一样，具体设备信息同上。

2）试验方法。

a. 将高频变压器一、二次绕组与变压器测试仪连接，将磁铁放置在高频频变压器旁边，调整磁场强度，使得磁场强度在 300～500mT 之间变化，记录高变压器施加额定电压时的负初电流、空载输出电压，施加额定电压和满载电流时的负初电流、输出电压。

b. 调整磁铁和变压器的相对位置，重复步骤 a。

c. 更换不同规格型号的变压器，重复以上步骤。

3）试验数据记录。高频变压器需要结合开关电源的电路进行测试，试验选取智能电能表开关电源方案变压器输出测试点开展测试，分别从侧面和底面两个方向施加恒定磁场干扰，观察高频变压器的输出特性，测试数据见表2－14。

表2－14　　　　　　　　　　　　　　高频变压器测试

项目	空载输出电压Ⅰ（V）	空载输出电压Ⅱ（V）	满载输出电压Ⅰ（V）	满载输出电压Ⅱ（V）
原始数据	13.200	12.395	12.690	12.124
300mT 侧	13.460	12.395	输出电压工作异常	
500mT 侧	13.520	12.395	输出电压工作异常	
300mT 底	13.310	12.394	输出电压工作异常	
500mT 底	14.030	12.394	输出电压工作异常	

4）试验结果分析。由试验数据可知，恒定磁场对高频变压器的输出特性影响较大，当输出空载时，输出电压基本不随磁场强度和相对位置的改变而改变；当输出满载时，输出电压在不同磁场强度和方向干扰下均无法正常输出。

4. 电感异常

电感器是一种电子元件，它能够将电能转化为磁能并储存起来。电感的构造通常基于绕制的线圈，这种设计使得它能够在电流通过时产生磁场，从而实现从电能到磁能的有效转换。这一物理现象是电感运作的基础，也是其在电路设计中不可或缺的原因。当流经电感内部线圈的电流发生改变时，周围的磁场也会随之变化，这种变化对于维持电路的稳定性和响应性至关重要。电感的这种特性，使其不仅能够存储能量，还能在电路中电流发生变化时，通过磁场的变化来抑制电流的突变，从而保护电路不受瞬态电流的影响。电感工作原理如图2－16所示。

电感在智能电能表上的应用场景十分广

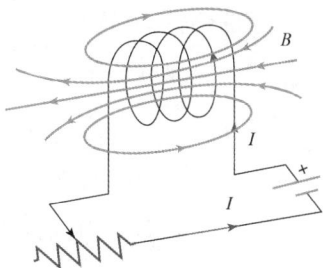

图2－16　电感工作原理

泛，电感在电源电路中用作滤波元件，滤除电源中的高频噪声和杂波，使输出电源稳定；在信号处理电路中，电感用作信号耦合元件，传递信号并起到去耦作用，防止不同电路间的干扰；电感与电容配合构成谐振电路，用于调谐和选频，广泛应用于无线电通信、广播电视等领域；电感在电路中实现信号的延迟和移相，适用于信号延迟处理等特定应用场景；在需要稳定电流的电路中，电感限制电流变化率，起到稳定电流作用，例如在 LED 驱动电路中确保 LED 电流稳定。

电感长期处于复杂的电磁环境中会导致性能的退化，电磁干扰对电感的影响主要体现在以下几个方面：

（1）噪声引入。电磁干扰可以向电感器引入额外的电压或电流噪声，这可能会导致信号失真或降低信噪比。

（2）温升效应。由于电磁干扰导致的额外能量吸收，电感器内部的温度可能上升，进而改变其材料特性，如磁导率的变化，从而影响电感值。

（3）谐振频率变化。电感器通常有一个自谐振频率（self resonant frequency，SRF），超过这个频率时，电感将从感性转变为容性。EMI 可能会使电感器在较低的频率下达到其自谐振频率，从而影响高频性能。

（4）磁饱和。强烈的电磁干扰可能会导致电感器内部的磁芯材料饱和，这意味着磁芯无法再有效地存储更多的磁场能量，这会导致电感值下降。

（5）耦合效应。如果电感器与其他电路组件靠近放置，EMI 可能会通过电容耦合或互感耦合的方式影响这些组件，从而间接影响整个系统的性能。

有研究表明外部恒定磁场会影响电感的自感系数，进而会引起电感的感量值。电感的感量值出现变化，会引起电能表内部 DC/DC 转换器的波动。电感值过小，其纹波电流越小，对 EMI 辐射的抗干扰能力变差；电感值过大，会使电路的瞬态响应变差，即电感电流的变化跟不上电压变化。针对此现象，开展了外部恒定磁场对电感特性的影响试验和分析。

（1）试验设备。阻抗分析仪如图 2 - 17 所示，该检测设备可测试电感在某一频率的交流电压下工作时的感量、感抗与其等效损耗电阻之比等参数。

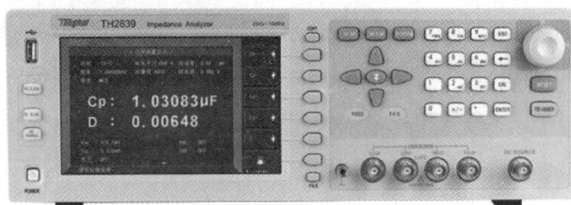

图 2 - 17 阻抗分析仪

（2）试验方法。

1）将电感放置在电感测试台上，将磁铁放置在电感旁边，调整磁场强度，使得磁场强度在 200 ~ 500mT 之间变化（电感表面实际磁场强度用磁场测试仪测试），记录电感感量的变化值。

2）调整磁铁和电感的距离，重复步骤 1）。

3）更换不同规格的电感，重复步骤 1）和 2）。

（3）试验数据记录。试验选取了三种不同感量值的电感，分别测试了其在不同距离和不同磁场强度下的感量值及其在同一磁场强度下感量下降到规格书规定限值的距离。详细测试数据见表 2 - 15 和表 2 - 16。

表 2 - 15　　　　　　　　　电感在不同磁场和距离下的感量数据

测试样品	试验条件	1 号电感量(μH)		2 号电感量(μH)		3 号电感量(μH)	
SWPA6045S6R8MT/ 标称值 6.8μH（1 ± 20%)/(5.44 ~8.16μH)	无磁场影响	7.065	7.064	7.090	7.089	7.281	7.280
	200mT/1cm	4.092	4.090	1.218	1.215	3.943	3.940
	200mT/2cm	5.867	5.865	1.998	1.996	6.372	6.370
	200mT/3cm	6.697	6.696	6.158	6.156	6.874	6.872
	300mT/1cm	3.397	3.390	1.183	1.181	3.124	3.108
	300mT/2cm	5.891	5.889	1.423	1.421	5.571	5.569
	300mT/3cm	6.641	6.639	4.780	4.775	6.863	6.861
	500mT/1cm	1.973	1.971	1.143	1.142	2.235	2.233
	500mT/2cm	2.510	2.508	1.284	1.282	3.356	3.354
	500mT/3cm	4.216	4.214	1.566	1.563	4.903	4.900

续表

测试样品	试验条件	1号电感量(μH)		2号电感量(μH)		3号电感量(μH)	
LVS404018－150M/标称值 15μH（1 ± 20%）/（12 ~ 18μH）	无磁场影响	14.559	14.558	14.689	14.689	14.538	14.538
	200mT/1cm	5.744	5.743	5.904	5.903	5.526	5.524
	200mT/2cm	8.428	8.423	7.457	7.450	7.382	7.378
	200mT/3cm	12.528	12.525	11.111	11.108	11.242	11.238
	300mT/1cm	3.715	3.712	4.138	4.134	4.086	4.084
	300mT/2cm	5.368	5.363	6.273	6.270	6.126	6.121
	300mT/3cm	9.831	9.828	8.268	8.265	7.637	7.635
	500mT/1cm	3.102	3.100	3.132	3.130	2.778	2.773
	500mT/2cm	4.195	4.193	5.209	5.208	3.714	3.709
	500mT/3cm	6.678	6.674	6.954	6.950	6.580	6.573
SLF7055T－6R8N2R8－3PF/标称值 6.8μH（1 ± 30%）/（4.76 ~ 8.84μH）	无磁场影响	6.345	6.344	6.562	6.561	6.374	6.373
	200mT/1cm	3.579	3.576	3.505	3.500	3.987	3.985
	200mT/2cm	5.312	5.310	5.789	5.788	5.194	5.190
	200mT/3cm	6.152	6.154	6.404	6.402	6.065	6.062
	300mT/1cm	1.905	1.901	2.295	2.290	2.788	2.784
	300mT/2cm	3.910	3.907	3.995	3.992	3.428	3.423
	300mT/3cm	5.518	5.516	5.827	5.824	4.828	4.826
	500mT/1cm	2.008	2.006	1.801	1.798	1.932	1.928
	500mT/2cm	3.490	3.488	3.610	3.607	3.111	3.107
	500mT/3cm	4.380	4.378	4.604	4.601	4.337	4.334

表 2 – 16   同一磁场干扰电感下限的距离测试数据

测试样品	试验条件 (mT)	1 号感量 下限距离（cm）	2 号感量 下限距离（cm）	3 号感量 下限距离（cm）
SWPA6045S6R8MT/ 标称值 6.8μH(1±20%)/ (5.44~8.16μH)	200	2.0	3.0	2.0
	300	2.5	3.5	2.5
	500	3.5	5.0	3.5
LVS404018 – 150M/ 标称值 15μH (1±20%)/ (12~18μH)	200	2.7	3.2	3.2
	300	3.5	4.0	4.0
	500	4.2	4.5	4.5
SLF7055T – 6R8N2R8 – 3PF/标称值 6.8μH (1±30%)/ (4.76~8.84μH)	200	2.1	2.0	2.0
	300	2.5	2.4	2.5
	500	3.3	3.2	3.5

（4）试验结果分析。由测试数据可知，在无磁场影响时，不同型号电感的电感量都在规格书范围内。在相同距离条件下，随着磁场强度的增强，不同型号电感的电感量都呈现下降趋势。在相同磁场强度条件下，随着距离的缩短，不同型号电感的电感量都呈现下降趋势。当磁场干扰消失后，不同型号电感的电感量均可恢复正常。

除此之外，当磁场强度增强到 500mT 时，个别型号电感在距离磁场 5cm 处的电感量已超过规格书下限值。结合智能电能表的实际应用场景，在设计 PCB 板布局时，需要注意将电源回路的电感尽可能放置在离板边较远的距离，以保证电源回路的稳定性。

5. 锰铜分流器异常

锰铜分流器作为一种电流传感器件，因其低温度系数特性，常应用于单相电能表中。锰铜分流器就是采用锰铜材料制作的一个小电阻，该电阻用于电流信号的取样，当负载电流如图 2 – 18 所示方向流过锰铜分流器时，电流会在两条引线之间的电阻上产出一个毫伏级的电压值。这一数值的压降大小可由欧姆定律 $U = RI$ 来表示，其中 I 为电流，R 为两引线间锰铜分流器的电阻。由此可见，大小相同的电流经过不同阻值的分流器时所得到的采样效果是不一样的。采样信号通过采样信号线传送至电能表。经过一阶 RC 抗混叠滤波器电路后送至计量芯片，并根据欧姆定律计算出电流值，实现计量功能[17]。

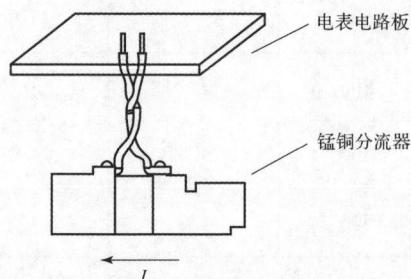

图 2 – 18 锰铜分流器采样原理示意图

在使用分流器的智能电能表中，锰铜分流器、信号线及电能表的电路板能够构成一个如图 2 – 19 所示的闭合回路，当空间中存在方向如图 2 – 19 所示逐渐减小的磁场时，会产生同回路方向一致的感应电动势，从而产生如图所示方向的感应电流。此时，引线之间中的感应电流会直接附加在采样电流上，影响计量精确度，特别是对小电流信号的计量精度影响很大。

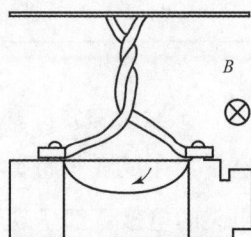

图 2 – 19 磁场在分流器中产生感应电流

6. 时钟日计时超差

智能电能表的精确计时功能主要依赖于电能表内部的时钟晶振电路来实现。这个时钟晶振电路的核心作用是产生一个高度稳定的时钟频率，这个频率是电能表计时准确性的基础。通过特定的分频机制，原始的时钟频率被转换成适合计时用途的秒脉冲信号。这些秒脉冲信号通过累加，形成连续的计时过程，从而实现对时间的精确追踪。进一步地，通过内置的年月日转换机制，电能表能够将秒脉冲信号转换为日常使用的日期和时间格式，最终实现全面的日计时功能。这一过程不仅确保了电能表在计量电量时的时间基准，而且对于维护电力系统的稳定性和可靠性也发挥着关键作用。通过这种方式，智能电能表能够在各种环境条件下提供持续而准确的时间记录，满足现代智能电网对时间同步性的严格要求。

日计时误差的测量原理是一个精确而复杂的过程，其核心在于确保电能表的时钟准确性。电能表时钟日计时误差测量原理如图 2-20 所示，这一过程涉及几个关键组件：工作电源、标准时钟源、误差计算单元及被检电能表。工作电源为整个系统提供必需的额定工作电压，确保所有组件能够正常运行。标准时钟源是整个测量过程的基准，它产生的高频时钟脉冲信号具有极高的稳定性和准确性。误差计算单元是测量过程中的大脑，它同时接收来自标准时钟源和被检电能表的时钟脉冲信号。通过对比这两个信号，误差计算单元能够精确地计算出时钟日计时误差，并将这一重要数据展示在日计时误差显示单元中，为技术人员提供了直观的误差信息。

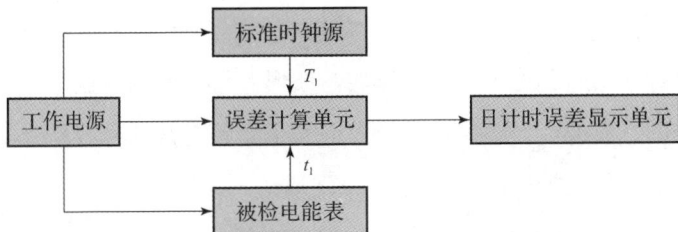

图 2-20　电能表时钟日计时误差测量原理

（1）日计时误差干扰分析。智能电能表通常会受到电气设备的干扰，这些设备会产生电磁波，干扰智能电能表的电路，从而导致时钟异常。由于电磁干扰的强度较小、持续时间有限，通常只会导致短暂的时钟异常，随着干扰的消失，电能表可以自动调整并恢复正常。电磁波可能会通过以下方式导致电能表的时钟异常：

1）直接辐射。电磁波直接辐射到电能表上，对内部的电子元件产生影响，导致时钟异常。

2）传导干扰。电磁波通过电源线等途径传导到电能表上，对内部的电路产生干扰，导致时钟异常。

3）静电感应。电磁波引起的静电感应效应，使得电能表上的电压和电流发生变化，从而影响时钟的准确性。

（2）日计时误差试验。有试验针对智能电能表的时钟日计时超差原因开展分析，试验内容如下：

试验选择两块 DDZY178 - Z 型单相智能电能表，其规格为：电压为 220V，电流为 5（60）A，脉冲常数为 2000imp/kWh，有功等级为 A 级，通信方式为 HPLC。按规定的试验方法，为其进行时钟日计时误差试验，测试结果见表 2 - 17，即编号为 224501182185 的电能表时钟日计时误差超差，试验结果不合格[18]。

表 2 - 17　　　　　　　　　电能表时钟日计时误差测试结果

序号	电能表编号	误差1	误差2	误差3	平均值	误差限值	结论
1	2245	+0.91	+0.91	+0.92	+0.91	±0.5	不合格
2	2246	+0.17	+0.17	+0.16	+0.17		合格

1）试验分析。在电能表出现异常的前提下，为了进一步验证，试验使用示波器在时钟晶振引脚处观测的晶体振荡波形。可以看到晶振产生的振荡波形并非为标准的方波波形，幅值也较低，证实了高频时钟信号容易受安装工艺及外部环境影响。晶振振荡波形如图 2 - 21 所示。

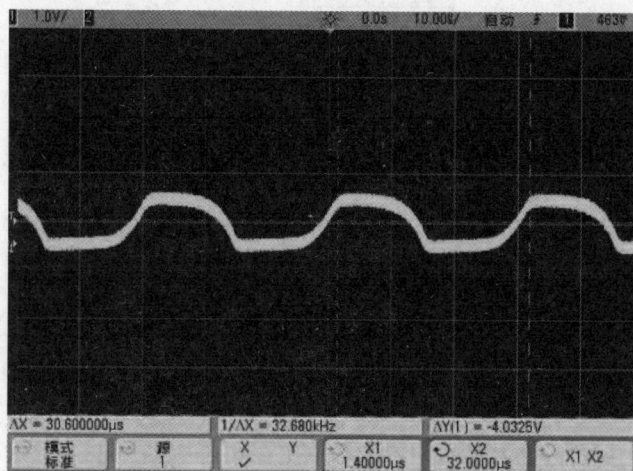

图 2 - 21　晶振振荡波形图

　　对比不同电能表制造商关于时钟晶振的安装工艺，发现目前电能表时钟晶振的固定方式有3种，分别是：无固定（无附加固定措施）、胶水固定和金属丝绑定。试验所选用的智能电能表，其PCB上的时钟晶振为无固定方式，仅依靠时钟晶振焊接的引脚支撑。

　　2）试验结果。试验通过更改电能表时钟晶振的固定方式，选用金属丝绑定的方式固定，不仅可以更好地固定时钟晶振，避免出现晶振脱落，还能够起到晶振外壳接地，减少电磁干扰影响的作用。对更改固定方式的电能表进行重复性日计时误差试验，试验结果均合格。

　　7. 恒定磁场检测芯片误动作

　　为了满足国家电网智能电能表防窃电应用的需求，智能电能表需搭载专用的恒定磁场检测芯片来检测恒定磁场。目前比较常用的检测芯片为3D磁开关芯片。该芯片具备高灵敏度、低功耗、宽工作范围的特点，可实现全方位的磁场检测。该芯片基于磁阻效应将磁场强度的变化转换为阻值的变化，再搭配内部的运算电路、温度补偿电路、锁存电路等实现磁场信号到电信号的转换。当外界磁场超过阈值时，芯片输出低电平，反之芯片输出高电平。恒定磁场芯片结构如图2-22所示。

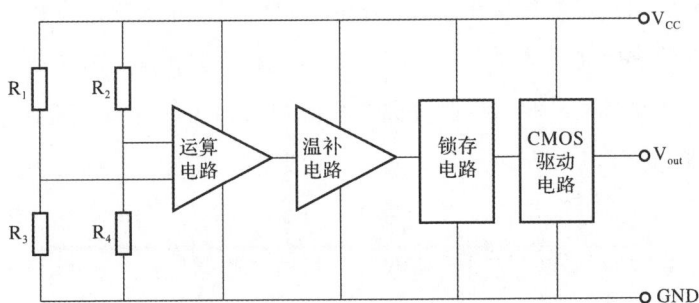

图2-22　恒定磁场芯片结构框图

　　（1）失效现象。现场在运的三相智能电能表，在外部恒定磁场强度不超过设定阈值时，智能电能表误报恒定磁场事件记录。

　　（2）失效分析。查阅恒定磁场检测芯片的规格书可知，芯片在全温度范围下的低电平阈值为7mT，考虑是工频磁场干扰导致恒定检测芯片误动作造成异常事件的记录。进一步对异常的电能表进行分析，将异常电能表放置至较强的工频磁场环境中，用示波器观测恒定磁场检测芯片的输出电压，发现输出电压存在波动的情况，整体输出电压波形为低电平，但偶尔会出现持续时间较短的高电平波形，该波形有可能会导致软件进行误判，进而产生异常磁场事件记录。

8. 开关电源异常

开关电源可分为 AC/DC 和 DC/DC，智能电能表常用的是 AC/DC 开关电源。AC/DC 开关电源是一种将电网上的交流高电压供电电源转换为可供电能表工作的直流低电压电源的电源模块。其主要的工作原理是：输入的高压交流电经过整流滤波后转换为直流电，通过电源芯片上的晶体管的导通与截止（高速）将直流电转化为高频率的交流电提供给变压器一次侧，变压器二次侧的 2 个输出经过整流滤波后转化成可供电能表产品各电路正常工作的低电压直流信号。为保证开关电源工作的可靠性，开关电源模块还含有前端的保护、EMI 防护、输出反馈电路。

在复杂的电磁环境中，开关电源易受电磁干扰而产生性能的降低。电磁干扰对开关电源的影响主要有以下几个方面：第一，电磁干扰可能导致开关电源的开关损耗增加，尤其是在开关器件的开关过程中，高频变化的电压和电流可能产生额外的热损耗，从而降低电源的效率。第二，电磁干扰可能引起电源的不稳定，比如在开关电源的控制环路中引入噪声，可能导致系统振荡或失控。第三，由于电磁干扰的存在，开关电源的输出电压可能会产生波动，影响电源的输出质量和可靠性。第四，长期处于高 EMI 环境下工作的开关电源，其内部器件可能会因为额外的热损耗和电磁应力而加速老化，缩短使用寿命。

查阅相关资料发现，在电磁干扰的影响下开关电源电压波动进而导致电能表重启的故障现象较为普遍，下面将围绕一个较为经典的案例来分析电磁干扰对开关电源的影响。

（1）失效现象。智能电能表安装后出现异常上报停上电事件问题。拆回故障电能表分析其日志发现确实出现了停电事件，但未复现重启现象。

（2）失效分析。基于以上现象对现场运行环境进行排查，通过和现场工作人员确认，并复测多次，确认该掉电事件只会在电能表右上角的开关闭合后发生，且考虑到该开关控制的政府能耗监测装置的天线在该计量柜内部，故怀疑可能是该通信设备发射的高频信号，对电能表造成了辐射干扰，导致运行异常。

为了验证是否为空间电磁辐射造成的干扰，采用数字对讲机放在电能表旁边，打开对讲机的信号发送功能，该异常现象很快复现。关闭对讲机后一段时间内终端恢复正常。由此可判断是该监测装置发射的电磁信号对电能表运行造成了辐射干扰，导致其运行异常。

在存在电磁干扰状态下进一步分析异常来源，用示波器监测开关电源输出电压及掉电检测信号的电压波形，波形图如图 2-23 和图 2-24 所示。从该波形判断，能耗监测装置的电磁辐射干扰，会导致开关电源的输出电压出现跌落，进而会导致掉电检测信号被拉低，导致产生掉电事件的误判，进而发生电能表重启现象，且该现象每隔 5s 会出现一次，具备周期性。

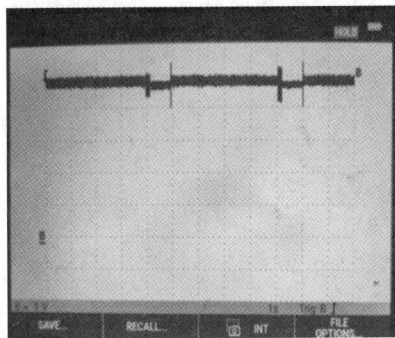

图 2-23　输出电压波形　　　　　　图 2-24　掉电检测信号波形

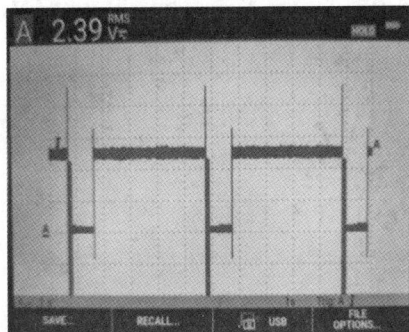

9. 电能表显示异常

静电是静止不动的带电电荷（正电荷或者负电荷），通常存在于物体表面，它是由于物体表面局部正负电荷（电子）失衡造成。通常，静电产生有摩擦起电、界面剥离起电和感应起电三种方式。其中，摩擦起电和剥离起电主要发生在非导体材料之间，如有机聚合物、木制品、橡胶、棉花和羊毛制品、人手、玻璃等，影响的因素包括：材料特性、摩擦或接触面积、速度、环境湿度等；感应起电主要是带电的物体引起非导体材料感应起电。

静电放电是当两个携带不同静电电位的物体相互接触时，其上的静电电荷发生转移的过程。这种放电方式包括接触放电和空气放电等形式。通常情况下，静电本身并不会对电子元器件构成威胁，但一旦发生放电，尤其是快速放电的情况，就极有可能对敏感的元器件造成损伤。这种损伤可能是暂时性的，也可能是永久性的，具体取决于放电的强度和元器件的敏感度。

在智能电能表中，液晶显示屏是展示数据和状态信息的核心组件，它对静电放电尤为敏感。如果在显示屏的驱动电路附近发生静电放电，可能会导致显示屏出现暂时性或永久性的损坏。这种损坏是由于放电过程中产生的强烈电磁干扰，这种干扰不仅直接影响信号的传输，还可能导致显示屏出现异常，如闪烁、漂移、花屏或颜色失真等问题，严重影响图像质量。此外，如果显示屏的信号线屏蔽效果不佳，静电放电产生的电磁场还可能进一步干扰信号线，加剧显示异常。为了深入理解这一现象，下面将结合实际的电能表静电失效案例，进一步分析失效的原因。通过对实际案例的分析，能够更好地了解静电放电对智能电能表液晶显示屏的影响机理及降低静电对智能电能表性能影响的改善措施。

（1）失效现象。对智能电能表的上壳与底壳之间的缝隙进行空气放电时，出现黑屏和花屏现象。

（2）失效分析。对于空气放电测试来说，其实质上是一个带电物体接近一个电位不相等的导体或接地导体，带电物体上的电荷会通过另一个导体或接地导体泄放，这就是空气静电放电现象。当放电现象发生时，由于静电放电波形具有很高的幅度和很短的上升时间，这样就会产生强度大、频谱宽的电磁场，对电子设备和器件造成电磁干扰。对于被测试的智能电能表来说，当放电电极的圆形放电头很快地接近并接触测试点时，如果接触点周边一定的空气击穿距离范围内存在较低电位的导体或接地导体，就会出现放电现象。进一步分析印制电路板距放电位置的距离，发现印刷板边缘过大，与表壳内壁的距离不足 1.5mm，局部的安全爬电距离过短，当高电压静电攻击时，印刷板与外壳之间的介质被击穿，从而对印刷板内部电路造成影响，出现花屏和黑屏现象。针对此现象可通过在电能表缝隙处增加屏蔽材料来提升智能电能表的抗干扰能力。

10. 电能表计量超差

智能电能表计量超差,即电能表的计量误差超出了规定的精度范围,这不仅会严重影响电能表的计量准确性,还可能对电力系统的稳定运行和用户的经济利益造成损害。影响计量误差超差的原因多样,包括电能表本身的质量、外部环境因素及人为操作等。在环境因素中,射频电磁场的干扰尤为突出,它可能通过两种途径影响电能表的正常工作:一是通过传导方式,电磁场干扰沿着电源线或信号线进入电能表内部;二是通过辐射方式,电磁波直接在空间中传播并作用于电能表的内部器件。为了评估和确定智能电能表对射频电磁场辐射干扰的耐受能力,即阈值评定标准,有研究对此进行了深入的试验和测定,详细试验内容如下:

(1)试验设备。射频电磁场辐射试验的测试系统应至少由三部分组成:

1)干扰信号发生装置。

2)电波暗室,包括发射天线、被干扰电子设备、虚拟负载,被干扰电子设备置于发射天线的近场范围内,发射天线与干扰信号发生装置连接,虚拟负载与被干扰电子设备连接,用于给被干扰电子设备提供电信号,以使被干扰电子设备运行。

3)控制装置,用于控制干扰信号发生装置发出干扰信号至发射天线,以使发射天线向被干扰电子设备提供超过预设强度的电磁场,以及获取被干扰电子设备的测试信息,并根据测试信息得到被干扰电子设备的抗电磁干扰能力。

该系统可产生超过预设强度的电磁场,对置于发射天线近场范围的电子设备进行干扰,检测被干扰电子设备的抗电磁干扰能力。试验设备系统图如图 2 – 25 所示。

(2)测试位置。如图 2 – 26 所示,将三相智能电能表划分正面 4 个、背面 4 个、左、右侧面各 2 个共 12 个位置,每个位置采取 2 个极化方向测试。

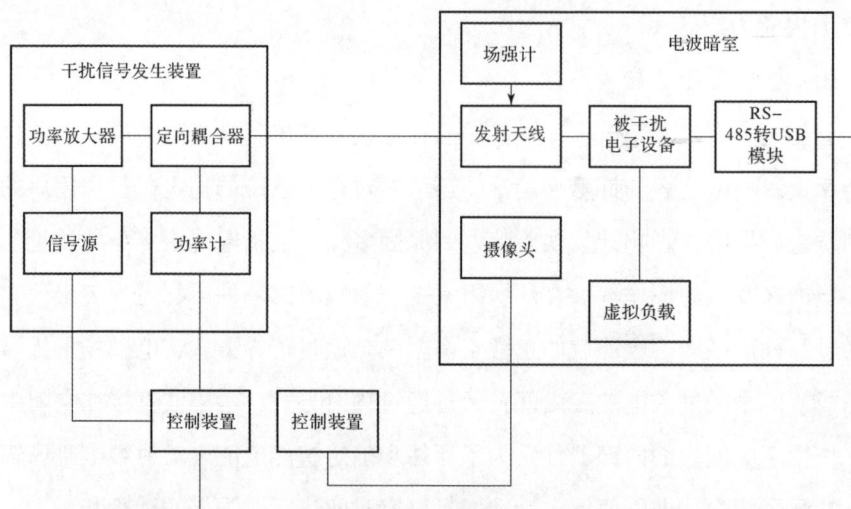

图 2 - 25　试验设备系统图

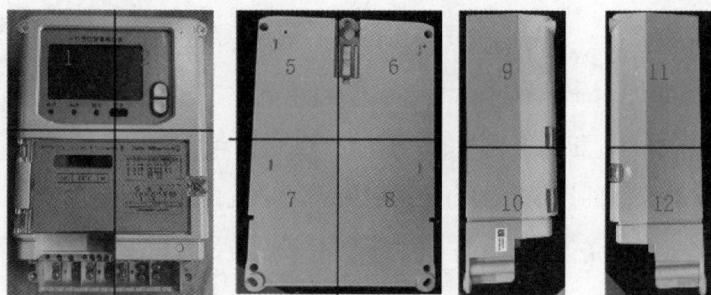

图 2 - 26　智能电能表射频辐射测试位置

（3）试验方法。

1）选取三款不同厂家的电能表，为电能表施加额定的虚拟负载，依次对其 12 个测试点开展测试。

2）试验过程中低频段 400M ～ 1G 使用调谐偶极子天线进行干扰，干扰频点依次为 400M、450M、500M、600M、700M、800M、900M、1G，干扰施加 60s 后，暂停 20s，随后改变条件继续按此规律施加干扰。高频段 1 ～ 3G 使用喇叭天线干扰频点依次为 1、1.5、2、2.5、3GHz，干扰施加规律同上。

3）每一轮干扰后记录电能表的电能误差，直到每分钟增加的有功功率值和轮值差超 30%（理论值 $220 \times 220 \times 3/1000/60 = 0.22\text{kWh/min}$）停止干扰，记录此时的功率值、电场值、频率等参数。

（4）试验结果。试验数据见表2－18，可以看到三个厂家的阈值功率差异较大，随着频率的增高，阈值降低。即在频率较高的情况下，智能电能表更容易出现异常。

表2－18　　　　　　　　　　　　　　射频辐射阈值测试表

厂家	频率（Hz）	阈值功率（dBm）	参考场强（V/m）
厂家1	400M	44.242	209.215
	450M	45.699	362.96
	500M	46.785	378.82
	600M	43.092	125.382
	700M	42.67	195.03
	800M	43.838	149.772
	900M	40.103	82.472
	1G	37.233	97.622
	1G	47.586	128.84
	1.5G	43.655	223.155
	2G	42.267	183.474
	2.5G	40.455	207.262
	3G	39.191	71.134
厂家2	400M	45.664	216.592
	450M	45.687	127.615
	500M	46.117	173.149
	600M	45.023	153.737
	700M	44.979	98.763
	800M	46.424	152.164
	900M	42.474	90.828
	1G	41.071	138.201
	1G	42.554	228.34
	1.5G	40.304	141.041
	2G	41.305	202.627
	2.5G	40.106	130.595
	3G	39.539	176.382

续表

厂家	频率(Hz)	阈值功率(dBm)	参考场强(V/m)
	400M	47.028	277.656
	450M	44.108	151.346
	500M	45.211	256.143
	550M	44.962	188.828
	600M	48.542	293.117
	650M	48.401	269.812
	700M	46.464	224.247
	750M	47.173	212.728
厂家3	800M	48.611	424.041
	850M	49.001	488.398
	900M	47.428	230.892
	1G	43.624	155.814
	1G	51.277	271.985
	1.5G	50.689	585.191
	2G	48.965	364.590
	2.5G	49.265	586.599
	3G	51.863	733.478

11. 电能表死机

电能表死机指电能表通电后没有任何反应，或者是显示屏上出现乱码等异常现象。这种故障可能是由多种原因造成的。以下是可能导致电能表死机的一些常见原因：

（1）电源故障：电源回路元件质量不佳或工艺问题，以及异常工况如电压波动、雷击或故障接地等，都可能导致电能表死机。

（2）软件故障：电能表内置的软件出现问题，比如程序错误、内存溢出等，也可能导致电能表死机。

（3）电磁干扰：电磁干扰源如高频脉冲、静电放电、雷电、射频辐射等可能影响电能表的正常工作，导致死机或数据错误。

电磁干扰作为导致电能表死机的常见原因之一，研究其导致电能表死机的根因，对于提高电能表的可靠性、保障电力系统的稳定运行具有重要意义。本部分将结合实际案例探讨静电放电导致电能表死机的原因。

1）失效现象。对智能电能表的上壳与底壳之间的缝隙进行空气放电时，出现电能表死机现象。

2）失效分析。静电导致电能表死机后，进行掉上电处理后电能表恢复正常。初步排查考虑是静电放电通过电能表表壳缝隙耦合进入电能表内部电源接口，由于放电回路电阻几乎为零，可能会产生较高的瞬间放电尖峰电流，严重损伤 IC，导致电源异常进而导致电能表死机。

为进一步验证是否为静电放电导致电源异常，对智能电能表做出改制优化，在电源接口串联磁珠来提高其防护能力。对改制后的样机重新开展 15kV 空气放电试验，多次重复试验电能表均无出现重启现象。因此确定是静电放电电流导致电源芯片异常，进而导致电能表死机。串联磁珠后限制了 ESD 放电电流，提高了智能电能表的静电防护能力。

2.2 智能电能表抗扰度试验方法改进分析

2.2.1 现有智能电能表抗扰度试验标准

本部分基于现有电磁兼容标准，简述现有智能电能表恒定磁场、工频磁场、射频电磁场抗扰度试验的试验方法及验收标准。

（1）射频电磁场辐射试验。

1）电流电路中有电流。

a. 仪表在工作状态。

（a）电压电路和辅助电源电路（若有）施加标称电压。

（b）电流电路应施加 GB/T 17215.321—2021《电测量设备（交流）特殊要求　第21部分：静止式有功电能表（A级、B级、C级、D级和E级)》对各准确度等级仪表给出的电流值。

（c）功率因数应按 GB/T 17215.321—2021《电测量设备（交流）特殊要求　第21部分：静止式有功电能表（A级、B级、C级、D级和E级)》对各准确度等级仪表的给出值。

（d）在 GB/T 17215.211—2021《电测量设备（交流）通用要求、试验和试验条件　第11部分：测量设备》规定的参比条件下，被测试验信号应保持恒定。

b. 暴露于电磁场中的电缆长度为1m；该要求适用于电流电缆、电压电缆、输入/输出电缆和通信电缆；如有分离指示显示器，分离指示显示器和仪表之间的电缆长度应按制造商的规定，但不应小于1m。

c. 试验应施加在仪表的每个表面。

（a）频带：80MHz～6GHz；以1kHz正弦波对信号进行80%调幅载波调制。

（b）未调制的试验场强：10V/m。

（c）频率增加的步长：1%。

d. 载波频率的每个增量间隔的误差都应被监测，并应符合 GB/T 17215.321—2021《电测量设备（交流）特殊要求　第21部分：静止式有功电能表（A级、B级、C级、D级和E级)》对各准确度等级仪表规定的误差偏移极限。

e. 驻留时间应符合 GB/T 17215.211—2021《电测量设备（交流）通用要求、试验和试验条件　第11部分：测量设备》的规定。

验收准则：A。

2）电流电路中无电流。

a. 仪表在工作状态。

（a）电压电路和辅助电源电路（若有）施加标称电压。

（b）电流电路无电流，且电流端子应开路。

b. 暴露于电磁场中的电缆长度：1m；该要求适用于电压电缆、输入/输出电缆和通信电缆；如有分离指示显示器，分离指示显示器和仪表之间的电缆长度应按制造商的规定，但不应小于 lm。

c. 试验应施加在仪表的每个表面。

（a）频带：80MHz ~ 6GHz；以 1kHz 正弦波对信号进行 80% 调幅载波调制。

（b）未调制的试验场强：30V/m。

（c）频率增加的步长：1%。

d. 驻留时间应符合 GB/T 17215. 211—2021《电测量设备（交流）通用要求、试验和试验条件 第 11 部分：测量设备》的规定。

验收准则：B。

（2）射频场感应的传导干扰试验。

试验应按 GB/T 17626. 6—2017《电磁兼容 试验和测量技术 射频场感应的传导骚扰抗扰度》中规定的条件以及下列的条件下进行：

1）仪表应在工作状态：

a. 电压电路和辅助电源（若有）电路施加标称电压。

b. 电流电路施加 GB/T 17215. 321—2021《电测量设备（交流）特殊要求 第 21 部分：静止式有功电能表（A 级、B 级、C 级、D 级和 E 级)》对各准确度等级仪表给出的电流值。

c. 功率因数（或 $\sin\theta$）应按 GB/T 17215. 321—2021《电测量设备（交流）特殊要求 第 21 部分：静止式有功电能表（A 级、B 级、C 级、D 级和 E 级)》对各准确度等级仪表的给出值。

d. 在 GB/T 17215. 211—2021《电测量设备（交流）通用要求、试验和试验条件 第 11 部分：测量设备》规定的参比条件下被测试验信号应保持恒定。

e. 多相仪表接入带单相负载的平衡电压系统。如果仪表的计量设计对所有三相是相同的，单相试验是足够的；否则，应逐相试验。

2）试验应施加在电网电源端口、电流互感器端口、辅助电源端口、强电

(high level voltage，HLV 信号端口和超低电压（extra low voltage，ELV）信号端口的所有端子（作为信号组一起试验）。

a. 频率：150kHz ~ 80MHz。

b. 电压水平：10V。

c. 频率增加的步长：1%。

3）载波频率的每个增量间隔的误差都应被监测，并应符合 GB/T 17215.321—2021《电测量设备（交流）特殊要求　第 21 部分：静止式有功电能表（A 级、B 级、C 级、D 级和 E 级)》对各准确度等级仪表规定的误差偏移极限。

4）驻留时间应符合 GB/T 17215.211—2021《电测量设备（交流）通用要求、试验和试验条件　第 11 部分：测量设备》的规定。

验收准则：A。

（3）工频磁场试验。

1）外部工频磁场试验。

a. 仪表应在工作状态。

（a）电压电路和辅助电源（若有）电路施加标称电压。

（b）电流电路施加 GB/T 17215.321—2021《电测量设备（交流）特殊要求　第 21 部分：静止式有功电能表（A 级、B 级、C 级、D 级和 E 级)》对各准确度等级仪表给出的电流值。

（c）功率因数（或 $\sin\theta$）应按 GB/T 17215.321—2021《电测量设备（交流）特殊要求　第 21 部分：静止式有功电能表（A 级、B 级、C 级、D 级和 E 级)》对各准确度等级仪表的给出值。

（d）在 GB/T 17215.211—2021《电测量设备（交流）通用要求、试验和试验条件　第 11 部分：测量设备》规定的参比条件下被测试验信号应保持恒定。

b. 试验应施加在仪表的三个垂直平面上。

（a）由与施加在仪表上的电压相同频率的电流产生外部磁感应，被试仪表置于感应线圈的中心。

改变外部磁感应对仪表的方向和相位，以仪表误差的最大偏移量确定了仪表处于外部工频磁场最不利的方向和相位影响的条件。

（b）感应线圈按 IEC 61000 - 4 - 8—2009《电磁兼容性（EMC）　第4 - 8部分：测试和测量技术　功率频率磁场抗扰度测试》中的规定。

（c）浸入试验方式：磁感应强度为 0.5T（400A/m）。

c. 试验持续时间应为 1min。

验收准则：A。

2）外部工频磁场（无负载条件）试验。

a. 仪表应在工作状态。

（a）电压电路施加 1.15 倍的标称电压。

（b）辅助电源电路（若有）施加标称电压。

（c）电流电路无电流，且电流端子应开路。

b. 试验应施加在仪表的三个垂直平面上。

（a）由与施加在仪表上的电压相同频率的电流产生外部磁感应，被试仪表置于感应线圈的中心。改变外部磁感应对仪表的方向和相位，以仪表误差的最大偏移量确定了仪表处于外部工频磁场最不利的方向和相位影响的条件。

（b）感应线圈按 IEC 61000 - 4 - 8—2009《电磁兼容性（EMC）　第4 - 8部分：测试和测量技术　功率频率磁场抗扰度测试》中的规定。

（c）浸入试验方式：磁感应强度为 0.5mT（400A/m）。

c. 试验时间：20τ，τ 的计算见 GB/T 17215.211—2021《电测量设备（交流）通用要求、试验和试验条件　第 11 部分：测量设备》中公式（5）。

验收准则：仪表的测试输出不应产生多于一个的脉冲。

3）外部工频磁场干扰试验。

a. 仪表应在工作状态。

（a）电压电路和辅助电源电路（若有）施加标称电压。

（b）电流电路无电流，且电流端子应开路。

b. 试验应施加在仪表的每个表面。

（a）由与施加在仪表上的电压相同频率的电流产生外部磁感应，被试仪表置于感应线圈的中心。

改变外部磁感应对仪表的方向和相位，以仪表误差的最大偏移量确定了仪表处于外部工频磁场最不利的方向和相位影响的条件。

感应线圈按 IEC 61000 - 4 - 8—2009《电磁兼容性（EMC） 第 4 - 8 部分：测试和测量技术 功率频率磁场抗扰度测试》中的规定。

（b）浸入试验方式：短时磁场（3s）施加在仪表三个垂直平面上。

（c）短时（3s）磁感应强度：1000A/m。

验收准则：B。

（4）外部恒定磁场试验。

1）仪表应在工作状态。

a. 电压电路和辅助电源电路（若有）施加标称电压。

b. 电流电路施加 GB/T 17215.321—2021《电测量设备（交流）特殊要求 第 21 部分：静止式有功电能表（A 级、B 级、C 级、D 级和 E 级)》准确度等级仪表给出的电流值。

c. 功率因数（或 $\sin\theta$）应按 GB/T 17215.321—2021《电测量设备（交流）特殊要求 第 21 部分：静止式有功电能表（A 级、B 级、C 级、D 级和 E 级)》对各准确度等级仪表的给出值。

d. 在 GB/T 17215.211—2021《电测量设备（交流）通用要求、试验和试验条件 第 11 部分：测量设备》规定的参比条件下，被测试验信号应保持恒定。

2）将 50mm × 50mm × 50mm 表面中心磁感应强度为 300mT 的磁铁分别放在仪表按正常使用安装时所有可触及的表面。

3）每个表面的试验时间不应小于 20min。

验收准则：A。

验收标准分析见表 2 - 19。

表 2 – 19 验收标准

验收准则	描述	备注
验收准则 A	基本功能的暂时降低或失去是不允许的；显示器显示的电能寄存器内容应读取无歧义，但显示质量的退化（如颜色、亮度、对比度清晰度、几何形状等）是可接受的。试验期间的任意时间，由影响量或干扰引起的误差偏移不应超过 GB/T 17215.321—2021《电测量设备（交流）特殊要求　第 21 部分：静止式有功电能表（A 级、B 级、C 级、D 级和 E 级)》对各准确度等级仪表规定的极限	影响量或干扰移除且恢复到参比试验条件时，仪表不应损坏，并应按 GB/T 17215.321—2021《电测量设备（交流）特殊要求　第 21 部分：静止式有功电能表（A 级、B 级、C 级、D 级和 E 级)》的相关规定正确工作，其自身计量性能不允许降低。所有仪表功能应恢复
验收准则 B	功能或性能的暂时降低或失去是允许的，包括通信的暂时降低或失去显示器功能的暂时降低或失去以及嵌入式软件（固件）的自复位，但电源控制开关和负荷控制开关不应意外动作，显示器显示的电能寄存器内容应读取无歧义。 试验期间的任意时间及试验结束后立即测试的情况下仪表电能寄存器的值的改变不应产生大于临界改变值	

2.2.2　试验标准与损伤限值差异比对

本部分结合电磁损伤实例和现有电磁兼容试验标准，从恒定磁场、工频磁场、射频电磁场等三个试验着手分析试验标准与信号限值的差异。

（1）恒定磁场。

1）试验标准：按照 GB/T 17215.211—2021《电测量设备（交流）通用要求、试验和试验条件　第 11 部分：测量设备》中 9.3.12 的试验描述可知，三相智能电能表的恒定磁场试验标准为 300mT。

2）损伤限值。

a. 电流互感器在恒定磁场施加到 500mT 时，角差出现明显的超差。

b. 磁保持继电器在磁场施加到 500mT 时，无法正常动作。

c. 三相智能电能表在外部恒定磁场施加到 500mT 时，概率出现计量超差现象。

（2）工频磁场。

试验标准：按照 GB/T 17215.211—2021《电测量设备（交流）通用要求、试验和试验条件 第 11 部分：测量设备》中 9.3.13 的试验描述可知，三相智能电能表的恒定磁场试验标准为 0.5mT。

损伤限值：三相智能电能表在工频磁场施加到 1.27mT，出现计量误差超差现象。

（3）射频电磁场。

试验标准：按照 GB/T 17215.211—2021《电测量设备（交流）通用要求、试验和试验条件 第 11 部分：测量设备》中 9.3.12 的试验描述可知，三相智能电能表的恒定磁场试验标准为频段 80MHz ~6GHz，场强 10V/m。

损伤限值：三相智能电能表在功率 40dbm 左右出现计量超差现象，全频段平均异常场强阈值超过 100V/m，远超现有标准的 10V/m。

电磁损伤阈值与多方面的因素有关，不同器件、不同智能电能表的阈值都有所差异。依据所分析的电磁损伤实例，可以得出现有电磁兼容试验标准大都低于电磁损伤阈值的结论，所以亟须优化现有电磁兼容试验方法，进一步提高智能电能表的抗干扰能力。

2.2.3　电磁兼容试验改进思路分析

智能电能表电磁环境日益复杂，现有电磁兼容试验标准已不满足现场实际应用需求，需结合电磁损伤实例限值从试验设备、试验方法等方面分析现有试验的不足之处，并针对现有试验方法的不足之处提出试验方法改进思路。

1. 恒定磁场试验方法改进

（1）局限性。

试验设备：现有恒定磁场试验多采取 50mm×50mm×50mm 永磁铁产生磁

场，该磁铁磁场分布不均匀，磁场强度不可调节。

试验等级：目前智能电能表恒定磁场试验标准为300mT，低于现场运行环境的磁场强度指标，不能准确评估智能电能表的抗干扰能力。

（2）改进思路。

试验设备：研制新的恒定磁场试验装置，实现0~600mT范围的恒定磁场的发生。

试验等级：提高现有智能电能表电磁兼容试验等级，恒定磁场强度从300mT提高到600mT。

2. 工频磁场试验方法改进

（1）局限性。

试验设备：①工频磁场检测装置磁场发生单元的供电电源相位与智能电能表供电电源的相位不同步，容易导致试验现象不稳定。②工频磁场检测装置为了适应多种电气设备，采用的线圈体积较大，在产生高强度工频磁场时，对电源的功率要求较为严格。

试验等级：目前智能电能表工频磁场试验标准为0.5mT，低于现场运行环境的磁场强度指标，不能准确评估智能电能表的抗干扰能力。

（2）改进思路。

试验设备：①改进试验装置，采取与智能电能表供电电源同相位的发生源。②结合智能电能表尺寸，定制仅适用于智能电能表的线圈，实现在相同电源功率条件下，提供更高强度恒定磁场的目的，满足产生0~4mT范围的工频磁场的要求。

试验等级：提高现有智能电能表电磁兼容试验等级，工频磁场强度从0.5mT提高到4mT。

3. 射频电磁场试验方法改进

（1）局限性。

试验设备：射频电磁场检测装置的GTEM小室为了适应多种电气设备，其空间体积较大，对电源的功率要求较高。

试验等级：目前智能电能表射频电磁场试验标准10V/m，150kHz~

6G，低于现场运行环境的电磁场指标，不能准确评估智能电能表的抗干扰能力。

（2）改进思路。

试验设备：结合智能电能表尺寸，定制适用于智能电能表的 GTEM 小室，实现在相同电源功率条件下，提供更高电场强度的目的，满足产生 0 ~ 60V/m 范围的射频电磁场的要求。

试验等级：提高现有智能电能表电磁兼容试验等级，电场强度从 10V/m 提高到 60V/m，频率从最高 6G 提升到 8G。

2.3 复杂电磁环境专用智能电能表抗扰度试验方法

在智能电能表的设计和开发过程中，需要通过抗扰度试验来验证产品的稳定性和可靠性，确保其在各种复杂电磁环境下能够正常工作。智能电能表抗扰度试验可通过模拟各种电磁干扰环境，评估智能电能表在实际应用过程中面对外部干扰时的工作表现，进而为智能电能表的抗扰度能力的设计提升提供思路。开展智能电能表抗扰度试验的研究不仅有助于提升整个电网的安全性与可靠性，确保电能表的准确计量，还能够推动智能电能表的抗扰度技术提升，促进技术革新。本部分主要围绕改进后的电磁兼容试验、简述开展相关试验所需的试验设备、试验流程、评判标准等。

2.3.1 试验装置简述

1. 基本工作原理

试验装置简易原理如图 2 - 27 所示。

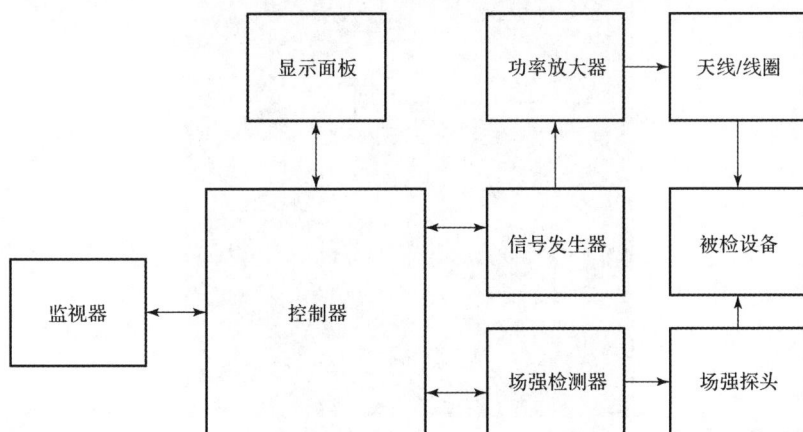

图 2 – 27 试验装置简易原理图

如图 2 – 27 所示，三种试验装置的基本工作原理基本相同，控制器控制信号发生器产生电信号，通过功率放大器进行放大调节后送入线圈/天线，线圈/天线在信号作用下产生辐射被测设备的电磁场信号；场强检测器的作用为实时监测输出磁场强度与设置磁场强度的差异，进行反馈调节。监视器用于观测被测设备的状态；显示面板可通过与控制器交互来显示和设置参数。

2. 关键模块参数及功能介绍

（1）恒定磁场发生器。恒定磁场发生器的外观如图 2 – 28 所示，设备外形尺寸为 800mm×600mm×1300mm，设备的主要参数指标如下：

1）采用直流电磁铁产生磁场，电磁铁为双轭单调型直立座放，极柱单向调协可变气隙，磁场方向垂直于地面。

2）电磁铁极柱直径为 130mm，配备直径为 60mm 的极头。

3）气隙 10 ~ 120mm 可调，当气隙调节到 80mm 时，中心磁场优于 0.6T@8kW，在此场强下发生器可持续工作 0.5h。

4）发生器线圈冷态直流电阻 2.9Ω，线圈绝缘电阻优于 100MΩ。

5）冷却方式为自然冷却，过温装置会自动断电。

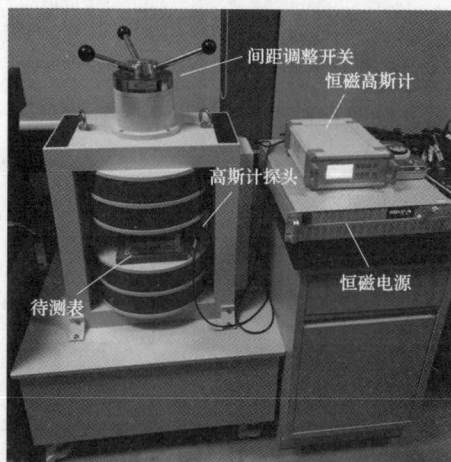

图 2 - 28　恒定磁场发生器

（2）工频磁场发生器。

工频磁场发生器的外观如图 2 - 29 所示，设备外形尺寸为 400mm × 725mm × 1050mm，设备的主要参数指标如下：

采用定制型线圈，其内径 500mm、外径 630mm、厚度 60mm，线圈在垂直和水平两个方向均可旋转，旋转角度范围为 90° ~ 180°。

磁场通过 50Hz 的交流电通过线圈产生，磁场强度最大可达 4.2mT（@ 30A/85V/50Hz）。

线圈冷态直流电阻 0.2Ω，线圈绝缘电阻优于 100MΩ。

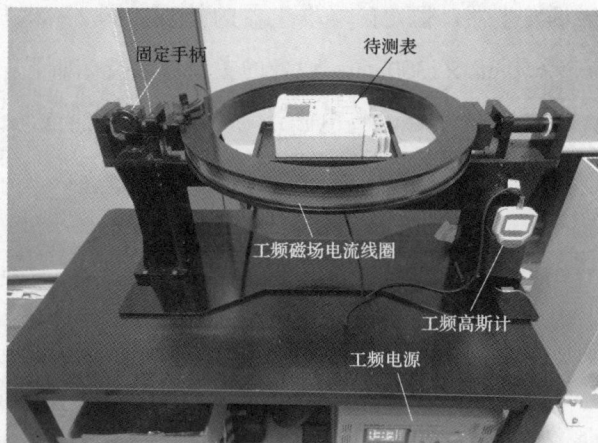

图 2 - 29　工频磁场发生器

（3）程控高精度励磁电源。程控高精度励磁电源的外观如图2-30所示，设备的主要参数指标见表2-20。

图2-30　程控高精度励磁电源

表2-20　　　　　　　　　　程控高精度励磁电源参数表

名称	性能参数
工作环境	实验室环境使用，温度0~40℃，相对湿度10%~85%
输入电压	三相：AC380V±10%，50/60Hz
输出电压	0~120V（稳压稳流状态自动转换）
输出电流	0~35A（稳压稳流状态自动转换）
源效应	<0.3%额定值（10%~90%负载计算）
负载效应	<0.5%额定值（10%~90%负载计算）
时漂	（1）电压小于2%额定值（因连续工作时间大于8h时引起的输出电压变化率）。 （2）电流小于1%额定值（因连续工作时间大于8h时引起的输出电流变化率）
温漂	（1）电压小于50×10^{-6}/℃（电源使用温度范围内，由环境温度引起的输出电压变化率）。 （2）电流小于100×10^{-6}/℃（电使用温度范围内，由环境温度引起的输出电流变化率）
纹波	（1）<0.3%+10mV稳压状态（有效值）。 （2）<0.5%+10mA稳流状态（有效值）
电压精度	<0.3%+10mV
电流精度	<0.5%+10mA
显示	显示采用LCD屏显示，电压显示分辨率0.01V，电流显示分辨率0.01A

名称	性能参数
保护	（1）过压保护：保护值可设定，保护后机器自锁，重启机器自动解锁。 （2）过流保护：额定电流输出过载保护，短路保护。 （3）过温保护：保护值为70℃（1±5%），保护后关闭输出
输出极性	输出正（＋）输出负极（－）可以任意接地800V输出以上电压默认负极接地（特殊请说明）
存储条件	温度－20~70℃；相对湿度10%~90%

（4）磁场采集高斯计。磁场采集高斯计的主要参数指标见表2-21。

表2-21　　　　　　　　　　磁场采集高斯计参数表

名称	性能参数
工作电压	200V/240V
工作频率	50Hz/60Hz
量程	0.1Gs~30kGs(0.01mT~3T)
分辨率	0.1Gs/1Gs
显示精度	直流读数的±1% ±0.5%量程
自动控制	（1）模拟连接器标准BNC，输出电压误差±3V。 （2）通信接口RS-232标准9针"D"形连接器
温度系数	±(0.02% ±0.1Gs)/℃

（5）闭环控制模块。试验装置搭载专用的闭环控制模块，并可通过配备的PC软件实时控制，试验装置配备专用的PC控制软件，如图2-31所示，该软件具备以下几个基础功能：

1）显示并记录实时磁场、电流。

2）实时调整磁场与电流。

3）设置磁场的扫描波形及速率，自动优化扫描逻辑。

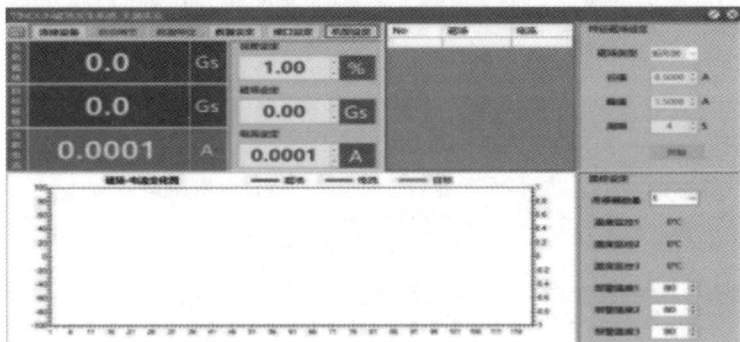

图 2 - 31　PC 上位机界面图

（6）射频电磁场试验装置。射频电磁场试验设备的主要参数指标如下：

1）装置供电方式为 220/380V 交流电。

2）装置可配备 RS -485/RS -232 等通信接口，与外部进行数据交互。

3）可实时显示电磁场特性数据（电场强度、频率），显示位数支持到小数点后一位。

4）射频电磁场试验装置可产生频率发射范围 0 ~ 8GHz，电场强度 0 ~ 60V/m 的电磁场。

2.3.2　试验实施步骤

1. 恒定磁场试验

（1）外部恒定磁场对误差的影响试验。

1）将电能表放置在恒定磁场试验装置上，电能表施加额定电压、额定电流、功率因数设为 1，设定磁场强度为 300mT，分别将干扰施加于电能表的四个表面（顶面、左侧面、右侧面、底面），选择位置时尽可能地靠近计量电路，每面持续 20min，记录试验前的初始误差和试验后各面的误差数据和异常试验现象。

2）调整装置的磁场强度为 350、400、450、500、550、600mT，重复上述步骤。

3）当电能表出现异常时，应缩小磁场跨度区间，在可调节精度范围内定位较为准确的异常阈值。

4）将试验数据整理在试验记录表中，试验记录表见表2-22。

表 2-22　　　　　　　　　　外部恒定磁场对误差的影响试验数据记录表

磁场强度(mT)	电能表误差(%)			
干扰方向	顶面	左侧面	右侧面	底面
300				
350				
400				
450				
500				
550				
600				
试验异常阈值记录				
试验异常现象记录				

（2）外部恒定磁场对供电电源的影响试验。

1）将电能表放置在恒定磁场试验装置上，电能表施加额定电压、额定电流、功率因数设为1，设定磁场强度为300mT，分别将干扰施加于电能表的四个表面（顶面、左侧面、右侧面、底面），选择位置时尽可能地靠近电源电路，每面持续20min，记录试验前的初始误差和试验后各面的误差数据和异常试验现象。

2）调整装置的磁场强度为350、400、450、500、550、600mT，重复上述步骤。

3）当电能表出现异常时，应缩小磁场跨度区间，在可调节精度范围内定位较为准确的异常阈值。

4）将试验数据整理在试验记录表中，试验记录表见表 2-23。

表 2-23　　　　　　　　外部恒定磁场对供电电源的影响试验数据记录表

磁场强度（mT）	电能表误差（%）			
干扰方向	顶面	左侧面	右侧面	底面
300				
350				
400				
450				
500				
550				
600				
试验异常阈值记录				
试验异常现象记录				

（3）外部恒定磁场对负荷开关的影响试验。

1）将电能表放置在恒定磁场试验装置上，电能表施加 80% 额定电压，设定磁场强度为 300mT，分别将干扰施加于电能表的四个表面（顶面、左侧面、右侧面、底面），选择位置时尽可能靠近继电器，每面拉合闸 5 次，记录继电器状态和其他异常试验现象。

2）调整装置的磁场强度为 350、400、450、500、550、600mT，重复上述步骤。

3）当电能表出现异常时，应缩小磁场跨度区间，在可调节精度范围内定位较为准确的异常阈值。

4）将试验数据整理在试验记录表中，试验记录表见表 2-24。

表 2 – 24   外部恒定磁场对负荷开关的影响试验数据记录表

磁场强度（mT）	电能表拉合闸状态（是否正常拉合闸）			
干扰方向	顶面	左侧面	右侧面	底面
300				
350				
400				
450				
500				
550				
600				
试验异常阈值记录				
试验异常现象记录				

2. 工频磁场试验

（1）外部工频磁场试验。

1）将电能表放置在工频磁场试验装置上，电能表施加额定电压、电流、功率因数为 1.0，设定工频磁场线圈与电能表的夹角为 60°，调整工频磁场的强度为 0.5、0.75、1、1.25、1.5、1.75、2、3、4mT，记录试验前后的电能表的误差数据和试验后的异常现象。

2）调整工频磁场线圈与电能表的夹角为 90°、120°、180°、240°、300°、360°，重复上述步骤。

3）当电能表出现异常时，应缩小磁场跨度区间，在可调节精度范围内定位较为准确的异常阈值。

4）将试验数据整理在试验记录表中，试验记录表见表 2 – 25。

表 2 - 25　　　　　　　　　　　外部工频试验数据记录表

磁场强度(mT)	电能表误差(%)						
磁场相位(°)	60	90	120	180	240	300	360
0.5							
0.75							
1							
1.25							
1.5							
1.75							
2							
3							
4							
试验异常阈值记录							
试验异常现象记录							

（2）外部工频磁场（无负载条件）试验。

1）将电能表放置在工频磁场试验装置上，电能表施加 $1.15U_{nom}$ 额定电压，设定工频磁场线圈与电能表的夹角为 60°，调整工频磁场的强度为 0.5、0.75、1、1.25、1.5、1.75、2、3、4mT，观察电能表的测试输出是否产生多于一个的脉冲。

2）调整工频磁场线圈与电能表的夹角为 90°、120°、180°、240°、300°、360°，重复上述步骤。

3）当电能表出现异常时，应缩小磁场跨度区间，在可调节精度范围内定位较为准确的异常阈值。

4）将试验数据整理在试验记录表中，试验记录表见表 2 - 26。

表 2 – 26　　　　　　　　　外部工频试验（无负载）数据记录表

磁场强度（mT）	电能表脉冲状态（是否产生误脉冲）						
磁场相位（°）	60	90	120	180	240	300	360
0.5							
0.75							
1							
1.25							
1.5							
1.75							
2							
3							
4							
试验异常阈值记录							
试验异常事件记录							

3. 射频电磁场试验

（1）射频电磁场辐射试验。

1）将电能表放置在射频电磁场试验装置上，电能表施加额定电压、$10I_{tr}$（I_{tr} 为转折电流）、功率因数为 1.0，设定电场强度为 10V/m，调整频率为 400M、450M、500M、600M、700M、800M、900M、1GHz、2GHz、3GHz、4GHz、5GHz、6GHz、7GHz、8GHz，记录试验前后的电能表的误差数据和试验后的异常现象。

2）调整电场强度为 30、50、80、100V/m，重复上述步骤。

3）当电能表出现异常时，应缩小电场强度跨度区间，在可调节精度范围内定位较为准确的异常阈值。

4）将试验数据整理在试验记录表中，试验记录表见表 2 - 27。

表 2 - 27　　　　　　　　　射频电磁场辐射试验数据记录表

频率（GHz）	电能表误差（%）				
电场强度（V/m）	10	30	50	80	100
0.4					
0.45					
0.5					
0.6					
0.7					
0.8					
0.9					
1					
2					
3					
4					
5					
6					
7					
8					
试验异常 阈值记录					
试验异常 现象记录					

（2）射频电磁场传导试验。

1）将电能表放置在射频电磁场试验装置上，电能表施加额定电压、$10I_{tr}$、功率因数为 1.0，设定电压水平为 10V，调整频率为 30kHz、150kHz、500kHz、

1MHz、50MHz、80MHz，记录试验前后的电能表的误差数据和试验后的异常现象。

2）调整电压水平为 30、50V，重复上述步骤。

3）当电能表出现异常时，应缩小电压跨度区间，在可调节精度范围内定位较为准确的异常阈值。

4）将试验数据整理在试验记录表中，试验记录表见表 2 – 28。

表 2 – 28　　　　　　　　　射频电磁场辐射传导试验数据记录表

频率（Hz）	电能表误差（%）		
电压水平（V）	10	30	50
30k			
150k			
500k			
1M			
50M			
80M			
试验异常阈值记录			
试验异常现象记录			

3

智能电能表电磁抗扰度设计及应用

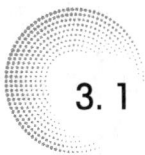

3.1　智能电能表电磁屏蔽外壳设计及应用

3.1.1　高分子防电磁干扰材料

高分子防电磁干扰复合材料不仅具备防静电等综合防护功能，还具有耐化学腐蚀、多样化封装方式的特点。主要特性是：密度小；比强度高；化学稳定性好电绝缘性优良；耐磨，具自润滑性，可减低摩擦系数；耐热性和尺寸稳定性高；抗冲击、抗疲劳性能优良。最常见的种类主要有：聚碳酸酯（poly carbonate，PC）、聚甲醛（poly formaldehyde，POM）、聚酰胺（poly amide，PA，尼龙）、热塑料性聚酯（poly ethylene terephthalate，PET、poly butylene terephthalate，PBT）改性聚苯醚（poly phenylene oxide，PPO）等。高性能工程塑料有：聚酰亚胺（polyimide，PI）、聚醚砜（polyethersulfone，PES）、聚砜（polysulfone，PSU）、聚氨酯（polyurethane，PU），综合性能更高的特种工程塑料长期使用温度在150℃以上。根据所添加的功能颗粒，防电磁干扰高分子材料可分为以下几类：碳基、金属基、多元磁性功能粒子复合材料。

1. 碳基高分子防电磁干扰复合材料

近年来，将碳基吸波粒子（如石墨、石墨烯等）与碳纤维材料复合制备碳纤维复合材料逐渐成为研究热点。石墨是碳质元素结晶矿物，六边形层状结晶格架结构，具有完整的层状解理，属于六方晶系[19]。石墨作为一种常见的碳质材料，广泛应用于导电材料、润滑材料等传统领域。但受科技与社会发展的影响，石墨材料逐渐突破传统，研究开发出新的用途。将石墨用作吸收和屏蔽电磁波的材料便是其新型用途之一。彭强[20]研究和制备了以吸波粒子石墨与碳纤维为填料的电磁屏蔽水泥砂浆，虽然使用单一石墨或碳纤维都能提高砂浆吸收和屏蔽电磁波的能力，但当石墨和碳纤维复合在一起时，砂浆的电磁屏蔽性能较两者单独使用时更好，且当石墨与碳纤维质量分数分别为 15.0% 和 0.2% 、电磁波频率为 600MHz ~ 1.5GHz 时，所得的石墨基碳纤维复合电磁屏蔽砂浆的屏蔽效能大于 10dB。聂流秀[21]研究了石墨质量分数对石墨基碳纤维复合材料电磁屏蔽效能的影响，在研究过程中保持碳纤维质量分数 2% 不变，然后与不同质量分数的石墨粉复合，分别测试其屏蔽效能。结果表明：石墨基碳纤维复合材料的屏蔽效能比单一碳纤维材料明显提高，并且随着电磁波频率的增大，石墨基碳纤维复合材料在屏蔽电磁波上具有更加显著的优势。在电磁波频率为 100MHz ~ 1.5GHz 时，单一碳纤维材料的屏蔽效能为 3 ~ 20dB，而石墨基碳纤维复合材料的屏蔽效能为 8 ~ 29dB，在电磁波频率为 100kHz ~ 400MHz 时，石墨基碳纤维复合材料与单一碳纤维材料的屏蔽效能之差最小为 5dB，最大可达 15dB。陈光华[22]研究发现石墨基碳纤维复合材料的屏蔽效能比单一碳纤维材料高 2 ~ 3dB，这是由于单独利用碳纤维时，碳纤维通过内部纤维搭接形成导电网络；单独利用石墨粉时，通过导电粒子直接接触才导电；而当两者复合时可以相辅相成，碳纤维网络为石墨导电粒子增加接触机会，石墨为碳纤维间的电子跃迁降低势垒[23]，材料的反射损耗与屏蔽效能值均增大，吸波能力与屏蔽性能均提高。

石墨烯是一种二维原子晶体平面结构新材料，组成其结构的碳原子通过 sp^2 杂化轨道组成周期性的六角形蜂窝状晶格。另外，石墨烯是单层碳原子构成的薄片，因此厚度为单层碳原子的大小（约 0.335nm），可以视作单层石墨。运用原子键电负性均衡方法和密度泛函理论对本征及掺杂石墨烯的构型[24]进行研究后发现，其残留的含氧官能团和内部结构缺陷使石墨烯的阻抗匹配得到改善，促使能量转化为费米能级[25]，同时也能使石墨烯产生官能团电子偶极极化弛豫现象[26]和结构缺陷极化弛豫现象[27]，使其拥有独特的吸波性能。从石墨烯结构分析，其独特的单层碳原子结构及孔壁使暴露在磁场下的化学键外层电子更易极化弛豫，从而外界辐射的电磁波衰减[28]。因此主要有 4 个理论来支撑石墨烯的潜在吸波性能：①二维晶体的表面效应[29]；②能级分裂效应[30,31]；③小尺寸与体积效应[32]；④边界效应[33]。但石墨烯本身生产成本高且生产效率低，因此与碳纤维材料结合可以打破其应用限制，拓宽应用范围。吴佳明[34]尝试将不同质量分数（0.25%、0.50%、0.75%、1.00%）的聚酯树脂与碳纤维材料进行复合，然后测试碳纤维复合材料在 X 波段的电磁屏蔽性能。结果表明：纯聚酯树脂几乎无屏蔽效果，8.2GHz 时屏蔽效能值仅为3.3dB；而当碳纤维与聚酯树脂复合后，屏蔽效能明显升高且屏蔽频率段明显增宽，复合材料中碳纤维质量分数为 0.25%、0.50%、0.75%、1.00% 时，在 12.4GHz 时的屏蔽效能分别可达 27.7、28.3、32.5、30.1dB；进一步使用石墨烯对碳纤维进行改性后再次与聚酯纤维复合，所得复合材料的屏蔽效能比石墨烯改性前有所提高，在相同频率下的屏蔽效能达到 28.4、29.7、34.7、32.1dB。此结果表明：添加石墨烯可以使碳纤维/聚酯树脂复合材料的电磁屏蔽性能提高。JIANG X[35]等采用电泳沉积法将石墨烯沉积到碳纤维上，再通过电致聚合将苯胺附着于石墨烯/碳纤维片层上，最后制备出聚苯胺/石墨烯/碳纤维复合材料，对所得复合材料的各种性能进行测量、研究，结果显示：石墨烯与碳纤维复合可以提高材料的电学性能、屏蔽效能及力学性能。石墨烯与碳纤维复合制备的材料除了具有优异的屏蔽效能外，还可提高材料其他方面的性能。HUANG J J[36]等采用电泳沉积法将石墨烯沉积附着于碳纤维表面，增强了碳纤维的界面性能与界面剪切强度。QIN W Z[37]等研究了石墨烯改性碳纤维的力学性能、电学性能。夏雪[38]等采用熔融共混法，利用聚丙烯（poly propylene，PP）、石墨烯纳米片（graphene nanosheets，GNSs）与碳纤维（carbon fiber，CF）制备出 PP/GNSs/CF 三元复合材料，并测试其热学性能及力学性能，结果表明：石墨烯和碳纤维复合使导热性能与力学性能均有一定的提升。

2. 金属基高分子防电磁干扰复合材料

将金属基磁性材料［如镍（Ni）粉、铁粉等］与碳纤维材料复合制备碳纤维复合材料也备受关注。镍粉呈灰色不规则粉末状，可用于制取磁性与吸波材料。研究表明，镍粒子优良的各向异性、良好磁性和吸收性有利于吸收电磁波，但是其优异的导电性会引起涡流损耗而阻碍电磁波的吸收。因此，将镍粉作为吸波功能粒子与碳纤维材料结合来改善镍粉由于涡流损耗造成的吸波缺陷已经引起研究者的重视。安玉良[39]等采用电镀法制备镍催化膜，然后采用气相沉积工艺成功合成镀镍螺旋碳纤维材料，测试其吸波性能后发现，镀镍螺旋碳纤维材料在频率为 8.2 ~ 12.4 GHz 时的吸波性能较好，并具有较好的电磁吸收性能和屏蔽性能。张建东[40]等用热压罐工艺将反射层增强体（镍粉和碳纤维复合材料）、吸波层增强纤维（芳纶纤维）和吸收剂（将碳纳米管分散到树脂中）复合，制备出复合材料板材，然后测试其密度、吸波性能、屏蔽效能、拉伸强度等，结果表明：复合材料的密度为 $1.51 g/cm^3$，在频率为 8.1 ~ 12.4GHz 时的反射损耗值小于 −10dB，最小值可达 15.59dB，在频率为 10GHz 时的屏蔽效能值为 98dB，拉伸强度为 573MPa。由此可看出，制备的材料具有良好的吸波和屏蔽效果，可用作隐身和防电磁泄漏材料。周勇[41]采用化学镀的方法制备出 Ni 镀层碳纤维复合材料，EDX 分析结果表明：Ni 镀层碳纤维复合材料的镀层是 Ni − P 合金，且原子个数比约为 9：1，此时复合材料拥有最佳的吸波性能。王富强[42]等采用化学镀法将一层金属镍沉积附着在碳纤维上，单向编织制备出 Ni 镀层碳纤维复合材料，然后以该 Ni 镀层碳纤维复合材料作为铺层，进一步制备出能良好屏蔽低频电磁波的复合材料，并测量 150kHz ~ 18GHz 的电磁屏蔽效能，结果表明：当频率为 150kHz ~ 30MHz 时，材料的屏蔽效能大于 35dB，当频率为 30MHz ~ 18GHz 时，材料的屏蔽效能大于 60dB。

铁粉呈银灰色粉末状，晶体结构为体心立方结构，也是制备磁性与吸波材料的常用原料，其中，一氧化碳与铁在高温高压下反应形成的羰基铁粉在高频和超高频下具有高磁通率，常被制成吸波材料应用于微波吸收与屏蔽领域。但是羰基铁粉的粒度较小、活性太大，常会发生团聚现象，影响其电磁性能。近年来，大量研究集中在将羰基铁粉作为吸波功能粒子与碳纤维材料结合来改善其电磁性能。周远良[43]等以环氧树脂（epoxy resin，ER）作为基体、碳纤维（carbon fiber，CF）作为增强纤维、铁纳米粒子（ferrum nanoparticles，Fe NPs）作为吸波剂，研究制备了多种吸波平板。吸波平板的吸波性能随着 CF 和 Fe NPs 质量分数的增大而提高，对电磁损耗表现为各向异性，入射电磁波方向与 CF 垂直时的性能明显优于平行时，当入射电磁波频率为 4.9 GHz、CF

质量分数为 5.52%、Fe NPs 质量分数为 30%、板厚为 4.56mm 时，反射损耗达到最小值（ – 26.8 dB）。陶睿[44]等以石蜡为基体，以羰基铁粉、碳纤维及二者复合物为吸收剂，采用同轴法制备了复合材料，测试了材料的电磁参数，并对吸收剂质量分数的影响进行了分析，然后将水性聚氨酯与各吸收剂复合制备出吸波涂层，并利用弓形法进行性能测试，研究其吸波性能及涂层厚度的影响。结果表明，羰基铁粉的损耗角正切值较小，但同时属于电损耗和磁损耗，磁损耗存在于频率为 2.0～4.0GHz 的 S 波段和频率为 4.0～8.0GHz 的 C 波段；碳纤维属于电损耗型材料，在 12.0～18.0GHz 的 Ku 波段具有较大的损耗角正切值；将羰基铁粉与碳纤维复合 [羰基铁粉与碳纤维的质量分数分别为 60% 和 25%（对吸收剂与树脂总质量）] 得到的复合吸波涂层材料吸波频带更宽、吸波性能更优。王振军[45]等研究了频率为 2～18GHz 的单一碳纤维水泥基复合材料和羰基铁粉/碳纤维水泥基复合材料的吸波性能，并对其组成成分和微观结构进行了分析。结果表明：单一碳纤维水泥基复合材料在 2～8GHz 的低频段区，反射率随着碳纤维质量分数的提高逐渐变大，在 8～18 GHz 的高频段区，吸波性能随着碳纤维质量分数的提高而波动较大；与单一碳纤维水泥基复合材料（碳纤维质量分数为 0.6%）相比，羰基铁粉/碳纤维水泥基复合材料在频率为 2～4GHz 时的吸波性能差异不大，在 4～12GHz 时反射率变小，在 12～18GHz 时反射率最小可达 – 11.9dB，吸波频带最宽可达 7.3GHz；羰基铁粉有效地拓宽了材料的高频段吸波频宽，但随着羰基铁粉质量分数的增加，吸波能力变化不大。

3. 多元磁性功能粒子防电磁干扰复合材料

将多种磁性功能粒子与碳纤维材料复合制备碳纤维复合材料可以有效地改善材料的电磁吸收和屏蔽性能。孟辉[46]等采用化学镀法在碳纤维表面沉积附着一层镍粉，再与羰基铁粉复合制备羰基铁粉、镍粉和碳纤维复合吸波涂层材料，然后测试其吸波性能。结果表明：在频率为 2～18GHz 时，羰基铁粉/碳纤维吸波涂层在 5.92GHz 处达到反射率最小值 – 8.89dB，其中反射率值低于 – 5.00dB 的吸波频带宽达 9.50GHz；相同厚度的单层羰基铁粉在频率为 7.94GHz 处达到反射率最小值 – 10.36dB，反射率值低于 – 5.00dB 的吸波频带宽达 6.90GHz；羰基铁粉与碳纤维复合后，反射率值低于 −5.00dB 的吸波频带宽增大，有利于吸收电磁波。李善霖[47]等研究并制备了一种同时具备电性能和磁性能且电磁性能可调控的新型复合导电材料。此种材料采用乙烯基酯树脂（vinyl ester resins，VER）作为基体，短切玻璃纤维（glass fibre，GF）作为填料，导电性和磁性良好的短切镀镍碳纤维（nickel plated carbon fibre，Ni − CF）与导电性良好的短切 CF 作为功能体。对其体积电阻率等参数进行测试，并重点探究 Ni − CF 质量分数对磁导率、体积电阻率及电磁屏蔽性能的影响。结果表明：（Ni − CF）− CF − GF/VER 复合导电材料体积电阻率的可调范围为 0.35 ~ 36.48Ω·cm，磁导率为 0.2 ~ 0.7GHz，电磁屏蔽性能优异，屏蔽效能随着频率的增加呈现增大趋势。刘志芳[48]分别研究了石墨烯（Graphene，GO）/Fe_3O_4/聚乙烯醇（Polyvinyl Alcohol，PVA）复合材料、GO/CF/PVA 复合材料和 GO/Fe_3O_4/CF/PVA 复合材料的电磁屏蔽性能。结果表明：纳米 Fe_3O_4 可以增强复合材料的电磁屏蔽性能，但单一纳米 Fe_3O_4 的增强效果并不明显，屏蔽效能约为 4dB，GO/Fe_3O_4/CF/PVA 复合材料与 GO/CF/PVA 复合材料的电磁屏蔽性能明显增大，屏蔽效能分别为 20、14dB。左联[49]等采用正交实验法制备出铁氧体、石墨和碳纤维水泥基复合材料，并研究了复合材料的电磁屏蔽性能。结果表明：在频率为 30 ~ 1500MHz 时，影响电磁屏蔽性能的因素由主到次为碳纤维、铁氧体、石墨，碳纤维、铁氧体和石墨的最佳质量分数分别为 1.9%、34.4% 和 25.0%，平均屏蔽效能可达 33.51 dB。在频率为 200 ~ 1500MHz 时，铁氧体、碳纤维复合材料的平均电磁屏蔽效能约为 37dB，而石墨、碳纤维复合材料的平均电磁屏蔽效能约为 31dB，铁氧体、碳纤维复合材料的屏蔽效能比石墨、碳纤维复合材料高。郭巍[50]采用化学镀法在碳纤维表面沉积附着一层钴（cobalt，Co）或 FeCo 合金镀层，制备出钴/碳纤维（cobalt/carbon fiber，Co/CF）、铁钴/碳纤维（ferrum cobalt/carbon fiber，FeCo/CF）介电铁磁复合材料。引入 FeCo 铁磁镀层不仅使碳纤维具备了较大的介电常数，而且使制备的 FeCo/CF 介电铁磁复合材料拥有优异的静态磁性能和动态电磁性能，但引入铁磁性金属却使碳纤维本身的介电性能减弱，引入铁磁性金属使 FeCo/CF 介电铁磁复合材料低于 −10dB 的吸波频带宽大于碳纤维本身。

尽管各类磁性材料与碳纤维复合会使电磁性能增强，但同时也会使碳纤维暴露出质地硬、密度高、工艺复杂等缺陷。叶伟[51]等尝试采用碳纤维与 Fe_3O_4、$Fe-Co$、$Fe-Ni$、$Fe-Co-Ni$ 等磁损耗性颗粒复合，经聚丙烯腈（polyacrylonitrile，PAN）基预氧丝毡浸渍金属盐溶液及高温处理后制备出电磁损耗和柔软质轻兼具的新型磁性颗粒/碳纤维柔软复合吸波材料，复合材料表现出良好的吸波性能，原因在于：①电损耗与磁损耗间形成协同作用；②沿纤维轴向均匀分布着磁性粒子。

3.1.2 整机注塑技术

智能电能表电磁屏蔽外壳的整机一体成型技术包括纤维增强骨架的热压成型和塑料注塑包覆成型两大核心工艺。两者结合充分利用了纤维增强材料的高强度与塑料的成型灵活性，实现复杂承载功能件的高效制造，并确保良好的界面黏接性能。热压成型是一种快速制造纤维增强复合材料骨架的方法，通过将加热后的复合板转移至模具中施压成型并冷却，制备出高强度、低密度的耐腐蚀骨架结构。此工艺广泛应用于航空航天、汽车和工业设备领域。为实现复杂零件的一体化制造，注塑包覆成型技术在纤维增强骨架基础上，通过在模腔内对聚合物或短纤增强聚合物附件进行注塑成型，构建多层复合结构。该工艺适用于集成高强筋、定位凸台和装配卡槽等功能结构，不仅提升了零件的功能性和强度，还显著优化了材料性能。

1. 注塑机工作原理

注塑机是高度集成的机电液一体化设备。较为常用的有螺杆式注塑机和柱塞式注塑机，其结构主要包括锁模系统、电气控制系统、加热及注射系统、液压系统及其他辅助系统。锁模系统包括调模装置、锁模装置及顶出机构，通过动模板的运动使模具开启或闭合。锁模结构应保证模具运转灵活、精确而安全，并能够减少注塑件和模具的损坏，避免强烈振动，以延长注塑机和模具的使用寿命。电气控制系统是各个液压缸完成闭合、注射、开启、顶出等动作的控制系统，由料筒温度控制系统、动作程序控制系统、安全保护系统、报警与显示系统等组成。其作用是控制注塑机的各种程序和动作，并对包括压力、时间、位置、转速和速度等工艺参数进行控制和调节。加热及注射系统主要包括料斗、料筒、喷嘴、加料装置和计量装置、加热装置、螺杆及驱动装置等，主要作用是使固态的塑料颗粒均匀地塑化，并将塑料溶体以足够的速度和压力注入到闭合的模具型腔中。

2. 整机注塑成型工艺过程

整机注塑成型工艺过程是一个循环的周期过程，包括注射前的准备、注射过程和制品的后处理三个主要阶段。注射过程包括预塑计量、注射充模、保压补缩和冷却定型4个主要阶段，起主要作用的工艺参数随注塑件所选的材料、注塑件的结构特征、注塑机的型号而不同。注塑成型的原理是利用塑料的热物理性质，通过一系列的物料溶化、注射、保压、冷却和固化定型等过程形成塑料制品。具体的生产工艺流程如图 3 - 1 所示。

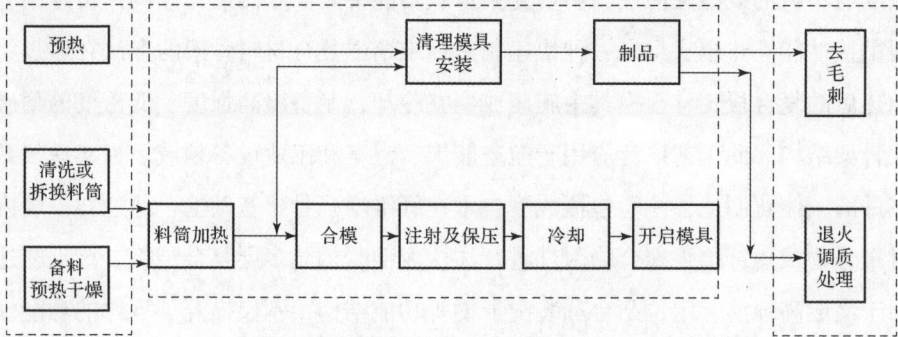

图 3 - 1　整机注塑成型工艺流程图

3.1.3　非金属智能电能表的制备

1. 制备流程

（1）主要原料。PC 树脂，沙伯基础创新塑料；CIP 羰基铁粉，江苏天一金属粉末；碳纤维，巨石集团；溴代三嗪阻燃剂 FR - 245，市售；有机硅系阻燃剂 FR5100，市售；增韧剂 FC - 35B，市售；润滑剂 748E，市售；抗氧剂

1076、168，金海雅宝。

（2）主要试验仪器、设备。TE65 型双螺杆挤出机，南京诺达公司；PL860 /270 型注塑机，海天有限公司；WGT－S 透光率/雾度测定仪，上海精科有限公司；XLD－10 液晶电子拉力试验机，承德市金建检测仪器公司；XJU－5.5 悬臂梁冲击试验机，承德市金建检测仪器公司；XNR－400B 熔体流动速率仪，承德市金建检测仪器公司；色差仪，爱丽色有限公司。

（3）样品的制备。首先按照 PC 树脂＋羰基铁粉＋碳纤维＋0.3%润滑剂 748E＋0.1%抗氧剂 1010＋0.05%抗氧剂 168 的剂量设计基础配方，经过低速搅拌机进行预分散，混匀后在双螺杆中挤出熔融造粒。在基础配方的基础上按照 5%、10%、15%、20%的不同添加量经过双螺杆挤出做成 4 个增强配方粒料。将基础配方粒料与增强配方粒料分别用注塑机制成国标样条，放置 24h 后测试力学性能，筛选出最佳的玻纤增强配方。

然后按照上述方法与步骤，在增强配方的基础将增韧剂按照 2%的间隔递增直到 10%添加量制作 5 个增强增韧配方，分析力学性能后筛选出最优增强增韧配方。

最后在最优增强增韧的配方基础上，将 FR245 阻燃剂按照 1%、2%、3%、4%、5%、6%的剂量制作 6 个增强增韧阻燃配方，将 FR5100 阻燃剂按照 0.5%、1%、1.5%、2%剂量制作 4 组增强增韧阻燃配方，测试分析出最优增强增韧阻燃配方。

2. 防电磁干扰测试

EMI SE 是评价屏蔽材料对电磁波的削弱能力的有效参数。图 3－2 为 CIP/CF 复合材料对 X 波段的总屏蔽效能（shielding effectiveness total，SET），吸收效能（shielding effectiveness absorption，SEA）和反射效能（shielding effectiveness reflection，SER）。从图中可以看出 CIP/CFF 复合材料的屏蔽效能随 CFF 含量的增加而增强。CIP/CFF10 复合材料在 X 段的平均 SET 值为 28.2dB，超过了商用 EMI 屏蔽材料的 EMI SE 基准值（20dB）。随着 CFF 含量的增加，复合材料的平均 SET 从 28.2dB 增加到 41.1dB，复合材料的 SEA 远大于 SEB，表明，吸收损耗是复合材料重要的 EMI 屏蔽机制。此外，CIP/CFF

复合材料在 X 波段的屏蔽效能表现出很强的共振峰。如图 3-2（a）所示，CIP/CFF10 复合材料在 8.97GHz 时的最大 SET 值为 38.3dB，CIP/CFF20 复合材料在 9.05GHz 时的最 SET 值为 45.6dB，CIP/CFF30 复合材料在 9.23GHz 时的最大 SET 值为 54.0dB，均比其对应的平均 SET 高出 10dB 以上，这可能是由于电磁波在 EMI 屏蔽材料内部发生散射和相消干涉所导致的。

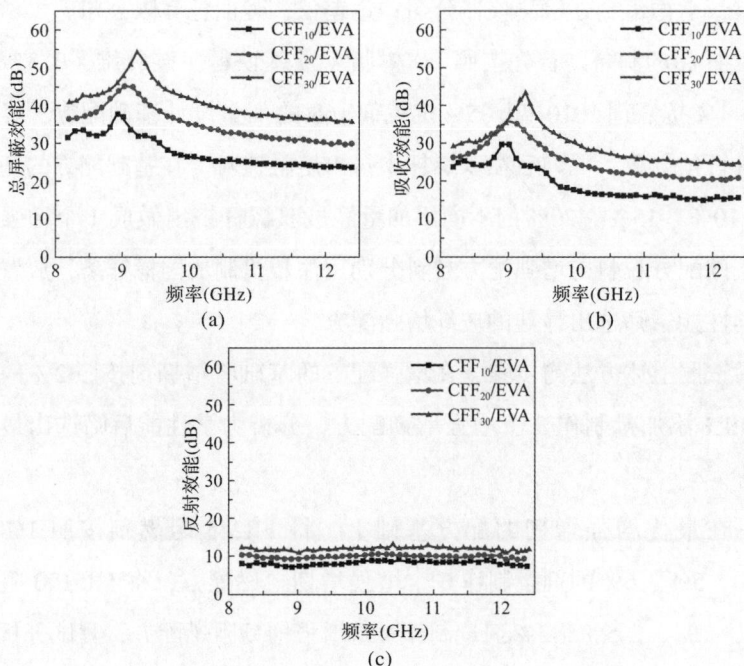

图 3-2　CIP/CF 复合材料在 X 波段的 SET、SEA 和 SER 的比较

（a）SET；（b）SEA；（c）SER

此外，当电磁波在材料内部传播时，随着深度的增加其强度呈指数级下降，强度下降到入射值的 1/e（1/e≈0.37）时的距离称为趋肤深度 δ，可以表示为

$$\delta = \sqrt{\frac{1}{\pi f \mu \sigma}} \tag{3-1}$$

式中　f——频率，Hz；

　　　μ——磁导率，H/m；

　　　σ——电导率，S/m。

　　图 3 – 3 为 CIP/CFF 复合材料在 X 波段的理论趋肤深度（假设 σ 在不同频率下不会改变），从图中可以观察到 CIP/CFF 复合材料的理论趋肤深度随着频率的增加而逐渐降低。此外，CIP/CFF10 复合材料趋肤深度在 8.2GHz 时的最大理论值为 0.19mm，大于导电层的实际厚度。但是，CIP/CFF20 和 CIP/CFF30 复合材料趋肤深度在 8.2GHz 时的最大理论值分别为 0.16mm 和 0.14mm，均小于其导电层的实际厚度。因此，上述结果进一步证实了 CIP/CFF 复合材料对电磁波具有良好的屏蔽性能。

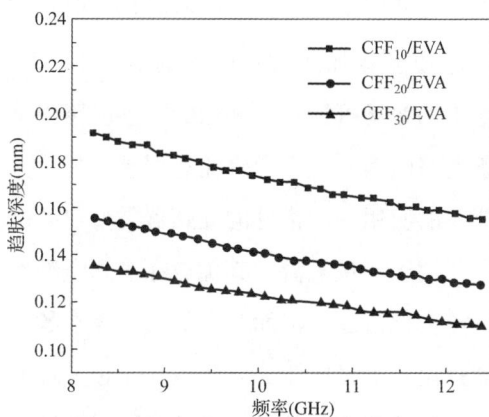

图 3 – 3　CIP/CFF 复合材料在 X 波段趋肤深度与频率间的关系

3.2　智能电能表电磁防御结构设计及应用

　　在电力系统中，智能电能表作为关键设备，其性能的优化对于提升整个系统的运行效率和准确性至关重要。而在智能电能表的设计过程中，整机结构的优化显得尤为重要。特别是独立于电路板之外的器件布局，如互感器、继电器等，它们的合理布局能够提高电能表的抗干扰能力。因此，本文将深入研究智能电能表整机结构优化设计方法，重点探讨互感器、继电器、PCB 板的空间布局设计及壳体模块化设计，为电能表性能的提升和电力系统的稳定运行提供有益参考。

3.2.1　互感器结构设计

互感器的基本工作原理是电磁感应。电流互感器通过一次侧的电流在其铁芯上产生磁通，这些磁通在二次侧感应出电流。这一过程需要在铁芯中建立强磁场以进行能量转换。互感器工作时产生的漏磁场可以在邻近的敏感电路中感应出电压。这些感应电压会叠加在敏感电路的信号上，导致测量误差。同样地，互感器工作时产生的磁场可能会在邻近的敏感电路中感应出电压。这些感应电压会叠加在敏感电路的信号上，导致测量误差。

在三相智能电能表的应用中，常见的互感器类型包括电流互感器和电压互感器。电流互感器主要用于测量电流，其优点在于测量准确度高、损耗小，并且能够适应较大的电流变化范围。然而，它们可能存在的缺点是体积较大、成本较高。电压互感器则用于测量电压，其优点在于稳定性好、可靠性高，并且适用于各种电压等级。互感器在转换过程中会产生高频噪声和瞬态脉冲干扰，这些高频噪声和瞬态脉冲干扰耦合到敏感电路中，会造成瞬时信号畸变造成误差。在抗电磁干扰能力方面，这些互感器在复杂电磁环境下均面临挑战，电磁干扰可能导致测量数据失真，影响电能计量的准确性。

为了提高互感器的抗电磁干扰能力，确保其在复杂电磁环境下稳定可靠地运行，目前已有多种方法被采用，这些方法包括但不限于使用滤波技术。在模拟量输入通道中设置滤波器，能够有效地消除差模干扰，从而保护互感器免受外部电磁场的影响。此外，结构设计对于互感器的抗干扰性能至关重要，它是确保互感器能够在多变的工作条件下保持高精度和高可靠性的基础。深入研究互感器的结构设计，探索更有效的抗电磁干扰措施，对于提高三相智能电能表的准确性和可靠性具有重要意义。互感器的结构设计主要考虑以下几个方面：

1. 安装位置

在智能电能表的设计和安装过程中，互感器的正确安装位置至关重要，它直接关系到电流测量的准确性和整个电力系统的稳定运行。电流互感器的一次侧，也就是原边，是直接与高压电力系统连接的部分，它负责将高电流转换为适合测量和仪表显示的低电流。而二次侧，也就是副边，是与电能表或保护装置相连的部分，它提供了测量和控制所需的电流信号。因此，确保这两侧的连接正确无误是避免电流测量错误、设备损坏或误动作的关键，确保电力系统的稳定和可靠运行。

互感器的安装位置是智能电能表的设计和安装过程中所应关注的，它直接影响到电能表的测量精度和整个电力系统的稳定运行。互感器的安装位置应尽可能远离电磁干扰源，比如变压器、开关设备等，这些设备在运行时会产生强烈的磁场，如果互感器距离这些干扰源过近，就可能受到这些磁场的影响，导致测量精度下降，甚至可能引起电能表的误动作或损坏。为了有效减少电磁干扰对互感器测量精度的不利影响，设计者和安装人员需要在电能表的布局设计中充分考虑到电磁兼容性问题。在实际安装过程中，应选择适当的安装位置，确保互感器与电磁干扰源之间有足够的距离，同时还需要考虑互感器的屏蔽和接地措施，以进一步提高其抗干扰能力。

互感器应尽可能远离敏感电路。互感器内部磁通的方向和路径会影响其外部磁场的分布。如果互感器的磁通路径与邻近敏感电路直接对齐，产生的漏磁通更容易耦合到这些电路，导致电磁干扰增加。通过调整互感器的摆放方向，可以将其漏磁通的主方向与敏感电路的方向错开，减少耦合效应。例如，如果互感器的磁场方向垂直于敏感电路的走线方向，耦合效应会相对减小。此外，互感器与敏感电路共享电源或接地系统时，可能会引入共模干扰电压，这些干扰电压会影响信号的参考电平，导致测量误差。因此，应该增加互感器与敏感电路之间的距离，减少磁场耦合和传导干扰。

智能电能表通常配备有三个电流互感器，分别对应三相电力系统中的三个相位。这些互感器不仅需要精确测量电流，而且它们的布局和相互之间的距离也需要保持适当，以避免磁场干扰。磁场干扰可能会影响电流互感器的测量精度，导致电能表读数不准确，进而影响整个电力系统的运行效率和稳定性。为了减少这种干扰，电流互感器之间的距离应保持适当，避免过于靠近。此外，同一组电流互感器的安装方向也应保持一致，确保它们一次和二次回路中的电流方向相同。这样做可以保证电流互感器在测量时能够提供准确的相位关系，从而确保三相电能表的测量结果准确无误。

在设计电路板布局时，考虑互感器的散热需求至关重要，因为互感器在工作过程中会产生热量，如果这些热量不能有效散发，将直接影响到设备的性能和寿命。因此，设计时应避免将互感器安装在可能被其他热源影响的地方，例如靠近变压器、开关电源或其他高功耗设备，这些设备在运行时会释放大量热量，如果互感器与它们距离过近，将导致互感器的散热负担加重，从而影响其正常工作。为了提高散热效率，设计中应采用导热性能良好的材料作为电路板基材，同时在互感器周围设计适当的散热结构，如散热片、散热通道或散热孔，以增加互感器与空气接触的表面积，提高对流散热效率。

在智能电能表的安装和使用过程中，确保电流互感器的稳定性和可靠性是至关重要的。电流互感器不应安装在易受机械压力或应力影响的位置，因为这些因素可能会对互感器的物理结构和电气连接造成损害。例如，如果互感器安装在经常振动的设备附近，或者安装在可能受到机械冲击的地方，那么这些振动或冲击可能会导致互感器的连接点松动，甚至可能导致互感器内部的敏感部件损坏。

电流互感器的安装位置对于确保整个系统的效率和可靠性至关重要。互感器的安装位置应便于布线，这是确保互感器一次侧和二次侧接线方便的关键因素。一次侧连接到高压电力系统，而二次侧则连接到电能表或其他测量和保护设备。为了提高系统的测量精度和减少能量损耗，二次侧的电缆应尽可能短，这样可以降低线路电阻和电压降，提高信号传输的效率。在设计互感器的安装位置时，需要考虑到布线的便捷性和经济性。布线的路径应尽可能直且短，避免不必要的弯曲或绕道，降低线路电阻和电压降，并且便于安装和维护。

2. 屏蔽措施

在智能电能表中，为了提高互感器的抗干扰能力，可以在其表面增加金属屏蔽罩。这种金属屏蔽罩不仅能够有效地吸收和反射来自外部的电磁干扰，保护互感器免受这些干扰的影响，确保电流测量的准确性，而且还能减少互感器自身在工作时产生的电磁辐射，避免对周围设备造成干扰。通过这种方式，金属屏蔽罩不仅提升了互感器自身的稳定性，还增强了整个电力系统的电磁兼容性，从而提高了系统的可靠性和安全性。

电流互感器与电能表之间的连接至关重要，而使用双芯屏蔽线进行连接是一种提高系统电磁兼容性的有效方法。这种屏蔽线不仅能够显著减少电缆对外部电磁干扰的耦合，降低电磁干扰对信号传输质量的影响，而且其屏蔽层还能够有效防止电缆内部信号的泄漏，从而保护信号不受外界电磁环境的干扰。这种设计不仅提高了信号传输的安全性和可靠性，还有助于确保电能表的测量精度，避免因信号干扰导致的误读或数据丢失，进而提升了整个电力系统的稳定性和效率。

在电路板设计中，接地策略的重要性不容忽视，因为不良的接地设计是电磁干扰通过接地回路传导的主要途径，这会严重影响敏感电路的信号质量。为了提高电路的抗干扰能力，必须优化接地设计，确保整个接地系统的阻抗尽可能低。通过降低地回路的阻抗，可以显著减少共模干扰的耦合及由地回路引起的噪声干扰，从而提升电路的信号完整性和稳定性。此外，良好的接地设计还能增强屏蔽效果，为电路板提供更强的电磁兼容性。多点接地是一种有效的接地策略，它不仅可以提高电路板的稳定性和安全性，而且还能防止因接地不良引发的电气故障，如地回路环流所可能导致的设备损坏或性能降低。在电路板设计中，接地点的选择、接地线的宽度及接地层的连续性都是需要细致考虑的因素，以确保整个系统在各种工作条件下都能维持最佳的接地性能。通过这些综合措施，可以为电路板提供一个坚实的基础，抵御外部干扰，确保电路的可靠性和电磁兼容性。

互感器的一次绕组和二次绕组之间存在的磁场耦合可能成为外部电磁干扰影响测量精度的途径。电磁干扰通过磁场耦合可能引入误差，影响互感器的性能和电能表的准确性。为了降低这种风险，可以在互感器的一次和二次绕组之间设置屏蔽层，并确保屏蔽层正确接地。这样的屏蔽层可以有效地阻断磁场耦合，形成一道屏障，减少电磁干扰的传播。通过这种方式，可以显著提高互感器的抗干扰能力，确保其在复杂的电磁环境下仍能保持高精度的测量。

互感器外壳的金属外露部分在电磁干扰面前显得尤为脆弱，它们可能成为干扰信号入侵的潜在通道，对互感器的正常运行和测量精度构成威胁。为了有效减轻这种影响，对这些外露部分进行可靠的接地处理显得至关重要。通过接地，可以为电磁干扰提供一个低阻抗的路径，将其安全地引导至地面，从而有效地消散干扰能量，保护互感器免受外界电磁干扰的侵害。这种接地措施不仅有助于提高互感器的电磁兼容性，还是提升设备安全性的关键环节。它可以预防由于电气故障引发的设备损坏，减少可能的人身伤害风险。此外，良好的接地还能在发生雷击或电源浪涌时提供必要的保护，避免电流回溯造成的损害。

3.2.2 继电器结构设计

智能电能表中的继电器是一种基于电磁驱动原理设计的自动控制元件，其基本原理是通过电流的磁效应驱动机械触点的闭合或断开，实现电路的控制。其优点在于响应速度快、控制能力强，且具有隔离作用，但同时也存在电磁干扰敏感、机械磨损等问题。继电器在工作时会产生电磁场，这不仅可能受到外部电磁干扰的影响，也可能对电能表的其他部分造成干扰，因此，下文将详细探讨如何提升继电器的抗电磁干扰能力，确保电能表的稳定和准确运行。

1. 安装位置

继电器作为关键的控制元件，其动作的可靠性至关重要，却也容易受到周围环境因素的不利影响。为了保证继电器的稳定运行，应精心选择其安装位置，确保该位置远离强烈振动源，以减少振动对继电器内部机械结构的潜在损害。同时，继电器所处的环境温度应保持在适宜的范围内，避免极端温度条件，如过热或过冷，这些温度波动可能会影响其性能和寿命。此外，还应采取措施保护继电器免受机械冲击或热冲击，这些冲击可能导致继电器过早失效或产生误动作。

继电器在执行切换操作时不可避免地会产生电磁辐射，这种辐射有可能对周围的电子设备，尤其是那些对电磁干扰极为敏感的高精度测量器件造成不良影响。为了降低这种潜在的干扰风险，继电器应尽可能放置在远离敏感设备的位置，如远离电路板上的高精度测量器件。在电路板设计和系统布局中，应考虑到继电器与其他组件之间的相对位置，确保关键的测量和控制元件不直接暴露于继电器工作时产生的电磁场中。

2. 屏蔽措施

辐射干扰作为一种通过空间传播的电磁干扰，对电子设备的正常运行构成威胁。为了有效抑制继电器产生的辐射干扰，通常在结构设计上采取一些措施，比如使用导电性能良好的材料来封闭干扰源，即通过增加屏蔽外壳来隔绝电磁干扰的外泄。这种屏蔽机制的效果得益于电磁波与屏蔽材料相互作用时产生的两种损耗：反射损耗和吸收损耗。反射损耗发生在电磁波撞击屏蔽层表面时，由于阻抗不匹配导致部分能量被反射回去；而吸收损耗则是电磁波穿透屏蔽材料时，部分能量被材料吸收并转化为热能。这两种损耗共同作用，大幅度降低了电磁波的强度，从而有效减少了辐射干扰对其他电子设备的潜在影响。为了提高屏蔽效果，可以选择具有更高导电率和磁性能的材料，或者采用多层屏蔽结构来增强对不同频率电磁波的屏蔽能力。通过这些方法，可以显著提升电子设备抵抗辐射干扰的能力，保障系统稳定运行。

3. 电路布局

继电器在动作过程中不可避免地会产生一定的热量，这是由于其内部线圈和接触点在切换时电流的热效应所致。因此，在电路板的器件布局设计时，必须特别注意散热问题，确保继电器周围有足够的空间进行热量散发，避免热量的过度积累。如果继电器持续处于高温环境中，其性能将受到影响，包括但不限于接触点的氧化、线圈绝缘性能的下降，甚至可能加速器件老化，缩短使用寿命。为了维持继电器的可靠性和稳定性，可以采取一系列散热措施，如使用适当的散热材料、设计合理的散热路径、增加散热孔或散热片等。

3.2.3　变压器结构设计

在智能电能表中，主要包括线性电源和开关电源。其中，线性电源主要包括工频变压器、输出整流滤波电路和保护电路。其工作原理是先将交流电经过变压器变压，再经过整流电路整流滤波得到直流电压。要得到高精度的电压，可以再通过线性稳压电路得到确定的电压值。而高频变压器则能适应更宽的频率范围，包括高频信号的测量、捕捉和处理电力系统中产生的谐波和瞬态信号，高频小型化的开关电源具有效率高、电压调整率高、体积小、重量轻等诸多优势。这两种变压器在设计时都必须考虑到电磁兼容性，以确保在复杂的电磁环境下仍能提供准确的测量结果。接下来，将详细探讨这两种变压器在抗电磁干扰方面的结构设计。

在变压器设计中，为了有效降低电磁干扰并保护电能表电源免受电磁场的影响，常采用在变压器周围设置封闭的屏蔽罩或使用铁质金属壳体的策略。这种全封闭的接地金属外壳，由于其高磁导率特性，能够有效地屏蔽内部磁场，防止漏磁场对外部敏感元器件的干扰。同时，金属外壳也能阻挡外部磁场的侵入，保护变压器内部免受外界电磁场的不利影响。通过这种方式，变压器的电磁兼容性得到显著提升，达到保护电能表电源的作用，从而提升产品的电磁干扰能力，确保了电能表电源在复杂电磁环境下的稳定性和可靠性。

通过精心设计的接地系统和选用高效的屏蔽材料，变压器的电磁辐射问题可以得到有效控制。合理设置的接地系统为电磁干扰提供了一个低阻抗的回路，使其能够安全地被引导至地面，减少电磁辐射对周围环境的影响。同时，选用适当的屏蔽材料，如高导电性的金属材料，可以显著提高变压器的屏蔽效能，反射和吸收大部分的电磁波，从而降低电磁辐射的强度。这种屏蔽不仅局限于减少外部电磁场对变压器的干扰，也防止变压器自身产生的电磁场对邻近电子设备造成影响。综合这些措施，可以显著提升变压器的电磁兼容性，确保电力系统的稳定运行和电能表电源的准确性。

对变压器及其相关电路的合理布局是降低电磁干扰的关键措施。通过精心规划，可以使干扰源与敏感的干扰对象如控制单元、通信设备等保持尽可能远的距离，从而减少它们之间的相互干扰。物理隔离是一种有效手段，它不仅包括将变压器与敏感器件分开放置，还涉及提供金属屏蔽罩等物理屏障，以阻断电磁波的传播路径。此外，采用星形布线或树形布线的方式，可以减少回路面积，有效降低电磁干扰的耦合效应。这种布线方式有助于减少环路的闭合面积，从而降低由于电磁感应产生的干扰电压。同时，通过调整变压器的安装位置，改变磁力线的分布方向，可以减小设备的辐射敏感性，降低对外部电磁场的响应。

采用光电隔离、变压器隔离和继电器隔离等技术手段，是提高电子系统抗干扰能力的有效策略。光电隔离利用光信号在发光元件和光敏元件之间传递信息，彻底消除了电气连接，从而有效阻断了地回路干扰和共模干扰。变压器隔离通过磁耦合原理实现信号传输，提供电气隔离，减少直接电气连接带来的干扰。继电器隔离则利用机械开关切断或连接电路，实现信号的安全传输，防止电路间的相互干扰。这些隔离方法能够在不同程度上隔离潜在的干扰源和敏感的接收系统，保障系统的稳定性和数据的准确性。通过这些技术的综合应用，可以显著提升电子设备在复杂电磁环境下的电磁兼容性和可靠性。

3.2.4 壳体模块化结构设计

壳体结构设计属于工业化设计中的一种，模块化设计是指在设计时将其划分为不同的结构和模块，在设计过程中对每个模块的设计进行划分，然后再统一组合成一个整体，这种设计方法更加集约化，同时能够减少企业成本，降低设计成本，实现一体化设计[52]。模块化设计在设计过程中也更加符合现代设计的规律，通过各部分之间的独立设计最终实现整体化设计，各个模块在组合成一个整体设计时，需要考虑各个模块之间的功能性联系，以确保结构的合理性。壳体模块化在一定程度上可以实现对产品的升级和优化，以更好地针对用户需求进行设计，如水表壳体的设计，为了实现不同功能的计量，对壳体进行了改造和升级，从最开始的机械式水表到普通智能水表，到现在的全密封智能水表，都反映了社会发展趋势，在满足精确的计量功能的同时，其壳体也更好地弱化了环境对电子部分的影响。

模块化设计除了能够改进产品外观，还丰富了产品的性能。如通过采用模块化设计，产品实现了可折叠性能，从而大大提升了便携性，缩小了占地面积和运输面积，降低了企业的运输成本。此外，这种设计也更加系统化，通过产品壳体的折叠和设计使产品拥有良好的性能，便于拆卸，节省空间，因此性能更加良好。

模块化的设计也使产品等更加简洁，外形更加符合用户需求，如插排的简约化设计，其外形壳体的设计符合了当前社会发展趋势，同时也能满足当前用户需求，如插排上除了常规的接地设计外，还加入了手机充电器的接头设计，使其功能更加强大，增强了用户体验，提高了用户满意度，所以模块化设计有利于为用户设计出更好的产品，促使用户提升产品满意度，同时也满足了广大用户的需求。

1. 常用模块化设计的方法

鉴于模块化产品通常由基型模块（不变部分）加变型模块（变动部分）组成，在设计过程中二者都要兼顾，使其通过连接形成一个完整的整体。因此，在设计中要将其拆分为各个部分，各个部分都要使其相搭配和适宜，以使其各个部分更加完整，功能也更加强大。在原设计基础上进行迭代优化，使设计更加符合现在设计发展形势。常用的模块化设计方法有功能分解法、平台化设计法、标准化接口法、参数化设计法四种。因此需要更好地运用这些设计方法，使其设计出的产品功能更加完整。

2. 壳体模块的划分

在壳体的设计中，要使其功能更加系统化，在设计中除了考虑产品特点外，还要考虑用户需求，除了设计中的基本功能外，还需要增设一些辅助功能的设计，使壳体设计更加能满足用户的需求。在设计中，将壳体中的各个组成部分等连接起来，以形成一个系统化完整化的功能整体。

3. 壳体模块的接口设计

在运用模块化方法时，要考虑整个设计中的协调性，特别是其部分设计是否合理，是否能将各个部分连接起来形成一个完整的整体。根据设计要求，也要考虑设计中的接口设计，使设计的各个部分通过接口实现顺利衔接，通过接口设计可以组合或拆卸产品，以能更好地满足用户的需求，可以通过拆卸更换或升级产品，也可以缩小产品占地面积，从而提高产品的实用性。在设计中，使用不同的连接结构也会造成不同的影响，特别是产品性能的改变，具体分析见表 3 – 1。

表 3 – 1　　　　　　　　　　　常用静连接结构绿色性比较

连接方式	使用方式	拆卸性	装配性	回收性	更换性
螺纹	2 个以上或连续动作	可拆卸	2 个以上或连续动作	可回收	可更换
手拧螺纹		方便拆卸		方便回收	方便更换
环形卡扣	1 个动作	易拆卸		易回收	易更换
悬臂卡扣	两个动作	方便拆卸			
扭转卡扣		易拆卸	1 个动作		
膨胀螺柱		方便拆卸		方便回收	方便更换
插接	1 个动作	易拆卸		易回收	易更换
过盈配合		方便拆卸		方便回收	方便更换
搭接		易拆卸		易回收	易更换

4. 壳体结构的模块化设计

壳体对于产品来说不仅起到了一定的保护作用，还起到一定的装饰作用，如保温杯、笔记本的设计等，这些壳体设计都比较简单化，在此不再一一概述，下面分析结构和组成稍微复杂的壳体设计，如电子产品的壳体。电子产品现在在人们的生活中发挥着重要作用，其设计是否精简、实用、美观等，关系到产品的用户体验。此外，电子产品的壳体设计相对来说更加复杂，它与电子产品内部的各个线路的联系也存在一定的关系，因此在设计过程中，也要考虑壳体与电子产品内部之间各个结构等的联系，使其形成一个完整的整体。如手机外壳的设计，除了考虑其美观性外，还要考虑到是否方便携带、方便使用，为了达到这一设计标准，其设计上总体是以扁平化设计为主。豆浆机等一些小型机器则是在结合机器的设计上对外形壳体做出的改进，在设计上更加立体化，而电冰箱、空调等这些电子产品内部结构则更加复杂，其外壳设计也更加庞大，这与其体积有关，也与其内部各个装置有关。所以在设计过程中要结合不同的产品特点进行设计，壳体的设计要结合产品特点以及用户需求，同时要结合其使用情况等进行模块化、系统化设计。

3.3　智能电能表电磁抗扰度电子电路设计及应用

随着智能电网的飞速发展，智能电能表的运行环境日益复杂。在复杂多变的电磁环境中，如何确保智能电能表能够抵抗各种外部电磁干扰，准确无误地进行电能计量和信息传输，成了电力行业面临的一项关键技术挑战。因此，深入研究智能电能表的电磁抗扰度电子电路设计及应用显得尤为重要。通过精心设计的抗干扰电子电路，能够有效地抵御外部电磁干扰的影响，从而确保智能电能表数据的可靠性和系统的长期稳定性。本部分将围绕智能电能表的关键电路模块的电磁抗扰度问题，探讨电子电路设计的优化提升方法和应用。

3.3.1　器件可靠性选型

高品质的电子元器件是智能电能表整机产品质量可靠的基础。实践证明，智能电能表70%左右的故障源自电子元器件失效，因此抓住元器件的质量和可靠性就抓住了智能电能表的根本和重点。分立元件，尤其是在智能电能表的应用中使用更加广泛，主要包括半导体器件、阻性元件、容性元件，其中具有代表性的有瞬变抑制二极管（transient voltage suppressor，TVS）、光耦、采样电阻、压敏电阻、铝电解电容、片式电容。

1. 半导体器件可靠性设计

（1）瞬变电压抑制二极管的可靠性选型。瞬变电压抑制二极管简称 TVS 管，TVS 管的特点是它具有低串联电阻和响应速度快，可以有效地保护对浪涌电压敏感的线路和器件。

TVS 参数选择：

1）额定峰值脉冲功率。TVS 的额定峰值脉冲功率要大于被保护电路的最大瞬态浪涌功率。最大允许峰值脉冲功率随环境温度增高而逐渐降低。一般情况下，当环境温度超过 25℃时，最大允许脉冲功率呈线性下降，因此选用时应考虑温度的影响。

2）钳位电压。当 TVS 承受瞬态高能量冲击时，PN 结中流过大电流，端电压由截止电压提高至钳位电压后不再上升，从而实现了后级电路的保护作用。若钳位电压大于电路运行时的最大安全工作电压，则无法起到保护电路的作用，电路面临被损坏的危险。因此钳位电压应小于被保护 RS – 485 通信回路的可承受极限电压，否则 RS – 485 芯片将面临被损伤的危险。

3）结电容。TVS 的结电容要满足电路设计的要求，结电容越小越能提供宽阔的频率选择范围，高频电路一般选择的结电容应尽量小，而对电容量要求不高的电路电容量选择范围可略宽。结电容的大小会影响 TVS 的响应时间。因此，在电能表的电路中，尽量选用电容量较小的 TVS，则不会对信号产生大的衰减，也可使得 TVS 快速导通，从而保护后级电路。

4）截止电压。截止电压不应低于被保护器件或电路的正常工作电压。一般 $U_{op} < U_w < 85\% U_c$（其中，U_{op} 为电路正常工作电压，U_w 为 TVS 的工作电压，U_c 为 TVS 的钳位电压），在电能表的电路中，由于电路正常工作电压为 5V，TVS 的截止电压则选用略大于工作电压，在不影响电路正常工作的条件下，尽可能保护 RS – 485 线路。

三相智能电能表的总线接入数量较少，功率 MOS 管在关断期间，漏感能量无法传递，会在变压器的一次侧绕组上产生尖峰电压。若不能尽量吸收磁漏感能量，将产生很大的尖峰电压，导致 MOS 管损坏。为此，最好的解决方式则是重新利用，使其返回输入电容。采用钳位电路设计可解决该问题，因此，在电路设计时，应重点关注钳位电压、峰值脉冲电流与平均功率等。为了防止维修安装过程中市电误接到 RS-485，还需串联 PTC 热敏电阻器进行防护。

（2）光耦的可靠性选型。在电能表的不同电路使用情况下，对于光耦选用的侧重点也不相同，如在通信中，若需要光传输数字信号，应重点选择能够满足通信速率要求的光源，以确保通信的可靠性和高效性；在脉冲输出隔离电路中，要使用电流传输比（current transfer ratio，CTR）值较大的光耦，以适应不同的电能表检测设备；在交流电源隔离电路中，为了降低电能表的整机功耗，也会选用 CTR 值较大的光耦。在电能表的电路中，光耦主要用于 RS-485 通信电路。因此，重点介绍智能电能表 RS-485 通信接口中光耦的选用原则，包括绝缘耐压、CTR 值、时间特性等关键参数。

1）绝缘耐压选择。电能表为 Ⅱ 类防护绝缘包封仪表（其防电击措施不仅依靠基本绝缘，还依靠附加的安全措施，如双重绝缘或加强防护绝缘），在进行脉冲电压试验和交流电压试验过程中会有高电压作用于光耦输入侧和输出侧两端。所以，选择的光耦输入-输出绝缘电压应能满足电能表整机的试验耐压要求，通常电能表的交流电压试验等级为 4kV 的交流耐压试验，为保留一定裕度，应选择 $U_o \geqslant 5000\text{V}$ 的光耦。

2）电流传输比（CTR）选择。选择光耦 CTR 应考虑温度、寿命等影响因素，保证在最恶劣情况下后级电路能够饱和输出。根据光耦的 CTR 温度曲线，通过其工作最高温度值，确定该温度下的 CTR 值，再根据光耦 CTR 衰减-时间曲线，确定 CTR 衰减值，两者相互作用后的 CTR 值应能满足设计要求，并留出设计裕度。

在通信接口应用的电路中，由于 CTR 的值会影响 t_{on}、t_{off} 的值，从而影响通信质量，因此应优先选择 CTR 值比较小的光耦来减少上升沿时间 t_{on}、下降沿时间 t_{off} 的值。为了保证批量电能表的通信可靠性，还应限定 CTR 值的范围，选择 CTR 值一致性较好的光耦，如选择 CTR 值在 300%～500% 的光耦。

由于电能表的工作温度范围很宽，而光耦受高温影响比较敏感，在产品选型测试时应充分考虑。光耦的 CTR 值会随时间降低，在设计时应留有裕度。

3）时间特性选择。在智能电能表的 RS－485 接口电路中，光耦作为关键器件，主要传输数字量，应重点考虑光耦的响应速度，尤其是接收端和发送端的两个光耦，应选择上升沿时间 t_{on}、下降沿时间 t_{off} 值较小的光耦。

用光耦来隔离模拟信号时，要特别充分考虑光耦的非线性问题，在隔离数字信号时要考虑光耦的响应时间问题。

由于光耦实现的是信号隔离作用，在 PCB 布线时，光耦底部尽量不要走线，并且两侧需要隔离的印制线要保证绝缘距离，不能有印制线毛刺或尖端放电。在适当的情况下，可以在光耦底部印制板开槽，增加放电气隙及减少底部污染物的堆积。

在电能表设计中，脉冲输出的光电隔离模块需通过光耦输出侧直接连接至外部端子，而该端子在实际运行中可能面临人体静电触碰或外部异常电压侵入等风险场景。因此，光耦器件的选型需综合静电和耐压防护能力。

在交流电源检测电路中，光耦的输入侧仅通过几个串接的电阻器直接连接到交流 220V 电压，为了增强电路的反向保护功能，一般需在光耦输入侧并接一个电阻或反向二极管。

在进行光耦选型时，CTR 建议选择 300%～600%，输入/输出隔离电压建议大于 5kV，光耦应能支持至少 9600bit/s 的通信传输速率。本设计选用的是 LTV－816STAI－D。

2. 阻性元件可靠性设计

（1）采样电阻器的可靠性选型。在电能表设计中，电阻类型和电阻参数的选择至关重要。它们直接决定了电能表在长时间及异常运行条件下的可靠性。电阻的选取是确保电能表性能稳定与准确的核心要素。

有三种电阻可供选择，第一种薄膜片式电阻：电流噪声低，在不同温湿度环境下稳定性好，但静电放电和短时过负荷能力稍差；第二种厚膜片式电阻，抗静电放电和短时过负荷好于薄膜片式电阻，但电流噪声高，电阻值在不同温、湿度环境下发生改变；第三种金属薄膜电阻器，主要适用于功率型、高压冲击型或安全性能要求高的高阶电路中，抗静电放电和短时过负荷能力比厚膜和薄膜片式电阻好。所以选用金属薄膜电阻作为三相智能电能表的采样电阻。

HT7032 是多功能高精度三相电能专用计量芯片。配合电压、电流采样电路实现电力参数高精度测量和计算，电压采样网络一般用电阻分压的原理进行降压到毫伏级模拟电压，电阻采样抗电磁干扰小，精度可达 1%，可降低成本。计量芯片 HT7032 建议将电压通道对应 ADC 的输入有效值 +220mV。通常按照智能电能表 $1.15U_{nom}$，冗余设计工作电压为 $1.3U_n$，所以在额定电压输入 U_n 时的电压采样电压值可以按 $220mV/1.3 = 169.2mV$ 设计，本设计按照 220V 额定电压计算，采用 5 颗 $1206-150k\Omega(1\pm1\%)$ 电阻和 1 颗 $1206-820\Omega(1\pm1\%)$ 的电阻分压实现。

同样，电流通道 $10I_{tr}$ 时的 ADC 输入选在有效值 500mV 左右。电流信号采样系统是一个双端差分电压输入，互感器变比为 2500∶1，若输入 $10I_{tr}$ 即 5A 时经过互感器输出 2mA，若输入 I_{max} 为 60A 时经过互感器输出 24mA，$24mA \times 10\Omega = 240mV < 500mV$，满足要求。

因为电压采样信号是由电阻分压得到的，依据 GB/T 5729—2003《电子设备用固定电阻器 第 1 部分：总规范》中的方法选用：

1）精度最少在 +1%。

2）温度系数越小越好，阻值随温度的变化较小，稳定性和可靠性好。

3）高温高湿环境下，温度 85℃ +2℃、相对湿度 80%~85%，一般运行 96h，试验后恢复 1h，测量前后的电阻值，算出该变量是否符合要求。

（2）压敏电阻的可靠性选型。压敏电阻是一种电阻值随外加电压而变化的电压敏感元件，压敏电阻电压和电流呈非线性关系，当外接电压增大到一定数值后，其电阻值瞬间下降。因此，压敏电阻器通常被作为防护器件，浪涌即是超出了正常电压的瞬间发生过电压或较大电流。这种浪涌式电压的形成和产生主要由于两个方面，一个是来自自然界的雷电，另一个则是来自电网中的大型负荷的接通或者关断。

按压敏材料不同，分为磁性碳化硅介质压敏电阻、氧化锌介质压敏电阻、其他磁性金属及氧化物介质压敏电阻。其中氧化锌压敏电阻应用最为广泛，压敏电阻器的实际使用工作方式主要可以分为四种：

1）并联接在电源输入端，作为 EMC 的浪涌抑制元件。一方面吸收由电网中传入的雷电和操作过电压；另一方面又抑制内部产生的操作过电压浪，防止其造成污染。

2）并联接在感性负载两端，吸收电路通断时产生的感应电动势。

3）并联接在电子开关两端，吸收开关通断时产生的操作过电压，压敏电阻可抑制过电压浪涌，保护半导体器件。

4）并联接在继电器的触点两端，保护继电器的触点，特别是在感性负载的情况下，通断时会出现飞弧振荡现象，接入压敏电阻器可吸收大部分浪涌能量。必要时，可考虑再并联一组阻容（resistor capacitor，RC）吸收回路。

（3）压敏电压及限制电压的选择。在电能表的电路设计中，压敏电阻器并联在电源电路中，接在相线与中性线或相线与相线之间。正常情况下，压敏电阻器处于高阻区，相当于一个开路状态，几乎不影响电路的电流通过；只有当过电压出现时，压敏电阻器的阻抗才会迅速降低，形成一个低阻通道，将多余的电压引导至大地，从而起到限制电压、保护设备的作用。压敏电压及限制电压的选择，遵循以下两个原则：

1）保证在电网电压正常波动时，压敏电阻器一直工作在高阻区，即使当电网电压偏差达到最大时，也不会超过所选压敏电阻器的最大连续交流工作电压。否则，压敏电阻器将会因暂态过电压而击穿短路。

2）在相线与中性线或相线与地线之间使用压敏电阻器时，存在因外界地线接触不良，进而导致相线与地线之间的电压上升的问题，所以选用压敏电阻器的最大连续交流工作电压应比线电压更高，如下式。

$$U_{mA} = a \times \frac{U}{b \times c} \qquad (3-2)$$

式中　U_{mA}——压敏电压，V；

　　　　a——电路电压波动系数，一般取 1.2；

　　　　U——电路直流工作电压（交流时为峰值电压），V；

　　　　b——压敏电压偏差，考虑负偏差，一般取 0.85；

　　　　c——元件的老化系数，一般取 0.9。

　　经计算得到，在直流电路中，U_{mA} 约为电源参比电压的 1.6 倍，实际设计时一般选择 1.6~2 倍的电源参比电压，在交流电路中，U_{mA} 约为电源参比电压的 2 倍，一般选择 2.2~2.5 倍电源参比电压的有效值。但是有些地区电网电压波动大，用电负荷小或者深夜没人用电的情况下，电压可高达 270V。按照上述原则，推荐三相四线电能表选用压敏电阻型号为 20K510，标称压敏电压为 820V，最大连续交流电压为 510V 的压敏电阻。

　　（4）漏电流选择。漏电流会引起额外的损耗，对产品设计不利。对电能表而言，从产品性能和节能的角度考虑，压敏电阻器的漏电流越小越好。

　　（5）静态电容量选择。压敏电阻器接入电路中，在起到一定的保护功能的同时，也可以对后端电路造成一些附加效果，也就是二次效应。电容量越小，对电路产生的其他附加影响也越小，因此，选择压敏电阻器的静态电容量应越小越好。

　　（6）可靠性原则。由于电能表实际挂网运行工况差异很大，在压敏电阻器的选型初期，需综合考虑各种机械、环境的影响因素，模拟现场实际情况，选择高可靠性的压敏电阻器。

　　3. 容性元器件可靠性设计

　　容性元件是一种容纳电荷的元件，在智能电能表乃至电子设备中广泛使用，一般应用于隔直电路、滤波电路、旁路电路、耦合电路、能量转换和控制电路，在 EMC 设计中，恰当选择与使用电容，不仅可解决许多 EMI 问题，而且能充分体现效果良好、价格低廉、使用方便的优点。若电容的选择或使用不当，则可能根本达不到预期的目的，甚至会加剧 EMI 程度。

　　从理论上讲，电容的容量越大，容抗就越小，滤波效果就越好。但是，容量大的电容一般寄生电感也大，自谐振频率 f_0 低（如典型的陶瓷电容，0.1μF 的 $f_0 = 5\text{MHz}$，0.01μF 的 $f_0 = 15\text{MHz}$，0.001μF 的 $f_0 = 50\text{MHz}$），对高频噪声的去耦效果差，甚至根本起不到去耦作用。分立元件的滤波器在频率超过10MHz时性能降低。元件的物理尺寸越大，转折点频率越低。这些问题可以通过选择特殊结构的电容来解决。

贴片电容的寄生电感几乎为零，总的电感也可以减小到元件本身的电感，通常只是传统电容寄生电感的 1/3～1/5，自谐振频率可达同样容量的带引线电容的 2 倍。

三端电容能将小瓷片电容频率范围从50MHz以下拓展到200MHz以上，这对抑制 VHF 频段的噪声是很有用的。要在 VHF 或更高的频段获得更好的滤波效果，特别是保护屏蔽体不被穿透，必须使用馈通电容。智能电能表中最常见的是铝电解电容和片式电容。

（1）铝电解电容的可靠性选型。在电能表电源电路的设计中，铝电解电容器的主要作用为输入高压滤波与储能、滤波去耦、低压滤波与储能。不同电源电路的应用位置对铝电解电容器的要求不同。

1）铝电解电容器参数选择。输入高压滤波电容器的作用是平滑整流后的输入电压；储存能量并为负载提供电能。根据变压器匝数比，二次侧交流电压有效值的极限值为15V，桥堆整流后负载直流电压1.3倍为 $15 \times 1.3 \times 1.414 = 27.573V$，电容耐压值不应小于 27.573V，所以可选取 35V 或 50V 电解电容，本设计选用两个50V并联的电解电容提高电路可靠性。

优先选用：高低温下电容量变化小，长寿命，耐浪涌冲击，漏电流小。

2）低压滤波电容器作用。

a. 整流后的滤波；

b. 为负载提供电能。

优先选用：长寿命、漏电流低、等效串联电阻（equivalent series resistance，ESR）小、高低温下电容量变化小。

3）铝电解电容常用的检测设备见表 3-2。

4）其他注意事项。电解电容器有额定电压和耐受额定纹波电流的能力，但在设计时，建议将与直流电压重叠的纹波电压的峰值设定在额定电压以下，即以最大的重叠的额定纹波电流来选择电解电容器的额定电压。

表3-2 铝电解电容常用检测设备

序号	检测项目	设备名称、型号	主要参数
1	电容量	数字电桥 TH2826	20HHz～5MHz
2	容量比	数字电桥 TH2826	20HHz～5MHz
		斯派克高低交变湿热试验箱 STH0570A	-70～150℃
3	漏电流	漏电流测试仪 TH2689	0～500V
4	浪涌电压	浪涌仪 sp502	—

电能表内部温度最高可达到 85℃，因此电能表优先选用可长期在高温 105℃工作的电容器。在实际应用电路中，特别是含有脉冲交流成分电路中，如整流滤波电路电源输入/输出滤波电路等，施加过大的纹波电流，导致内部发热变大，将严重影响电解电容器的使用寿命。因为电解电容器内部温度上升，导致电解液蒸发量增加，电容器电容量减小，损耗角增大。电解电容器内部长期发热会导致压力阀动作。因此，选用的电解电容器耐受的纹波电流值不超过数据手册给出的规定值。

（2）片式多层陶瓷电容器（multi-layer ceramic capacitor，MLCC）的可靠性选型。多层片式陶瓷电容，具有电容量范围宽、体积小等诸多优点，电能计量表上可以使用的陶瓷电容器种类繁多，电容器具有隔直流通交流的特性，以及储能、滤波等作用。

去耦旁路电容主要用来滤除交流成分，能够把干扰信号滤除，常连接到电源和地之间，用于滤除电路内部频繁关断而对外部产生的传导干扰；针对于多频率混合的信号，可以选择合适的鉴频滤波电容将其不同的频段的频率分开。

由于新标准规定电能表的使用寿命要求至少 16 年，其整机的可靠性要求较高，因此选用片式电容器时应保证工作温度和额定电压都留有一定的降额裕度。结合电能表的工作温度范围和片式电容器的工作特性，建议电能表选用 NP0、X5R、X7R 材质的片式电容器。

4. 电感元器件可靠性设计

电感作为一种电子元件，其独特的物理特性使其在电路设计中扮演着至关重要的角色。它通过与磁场的互动，不仅能够存储能量，还能在电路中产生感应电动势，对电流的变化做出响应。电感的这一能力，使其在处理电磁兼容性问题时显得尤为关键。合理地利用电感可以有效地滤除噪声和抑制电磁干扰，从而提高整个电子系统的稳定性和可靠性。

电感器按照其磁场环路的闭合方式，主要分为开环和闭环两种类型。开环电感的磁场不通过任何磁芯，而是直接通过空气闭合，这种设计简单且成本较低，但可能会带来较大的电磁辐射，影响 EMC 性能。相对地，闭环电感的磁场通过磁芯闭合，利用磁芯的高磁导率特性，可以更有效地控制磁场分布，减少磁场对外界的干扰，同时能够提高电感的储能能力。然而，闭环电感的成本相对较高，且设计更为复杂。

在选择电能表中使用的电感器时，需要考虑一系列复杂的因素，这些因素共同决定电感器的性能和适用性。电感器的选择不仅需要满足电路的基本功能需求，还要考虑到其对整个电能表性能的影响，包括精确度、稳定性和可靠性。

电感量是电感器的核心参数之一，它直接影响电流变化的响应速度和能量存储能力。在计算所需的最小电感量时，必须根据 DC – DC 电源的输入/输出特性进行精确计算，并留有足够的设计裕量以适应不同的工作条件和潜在的负载变化。此外，精度是另一个关键因素，电感器的精度直接关系到电能表的计量准确性。高精确度的电感器可以减少测量误差，提高电能表的可靠性。同时，电感器的自谐振频率是一个不容忽视的参数，它应远高于电路的开关频率，以避免可能的谐振现象，这种谐振现象可能会引起电路的不稳定甚至损坏。

电感器的通流能力是确保其在高电流条件下正常工作的关键。在设计时，必须确保电感器的饱和电流或有效电流至少是额定电流的 1.3 倍，这样可以避免在高负载条件下发生磁芯饱和，影响电能表的正常工作。直流电阻（DC resistance，DCR）是影响电感器效率的重要因素。较低的 DCR 可以减少电感器在电流通过时产生的焦耳热损耗，提高电能表的能效和长期稳定性。此外，电感器的类型选择也至关重要。非屏蔽型、树脂屏蔽型、屏蔽型或一体成型电感各有其特点和应用场景。带屏蔽的电感可以有效减少电磁干扰，提高电能表的抗干扰能力。电能表的规格和准确度等级对电感器的选择有着决定性的影响。设计者必须确保所选电感器的性能与电能表的整体性能和精度要求相匹配，以满足不同市场和应用场景的需求。通过综合考虑这些因素，可以确保电感器在电能表中的应用达到最优，从而提高电能表的整体性能和可靠性。

电感器的一个显著优点是它没有寄生感抗，这一点与某些类型的电容器不同，从而简化了电感器的表面贴装和引线设计。这种特性减少了因寄生效应导致的性能变化，使得电感器在各种安装方式下都能保持较高的一致性和可靠性。开环电感虽然成本较低，但其磁场通过空气闭合，可能引起辐射，从而带来电磁干扰问题。为了减少这种影响，选择绕轴式设计的开环电感更为合适，因为它能够将磁场限制在磁芯内部，降低对外界的干扰。相比之下，闭环电感通过磁芯闭合磁场，提供了更好的 EMI 控制，尽管这通常意味着更高的成本。闭环电感的这种特性使其在需要严格控制电磁干扰的精密电路设计中更为理想。电感器的类型选择对电路的性能有着显著影响。空芯电感器由于没有磁芯，其电感量较低，适用于低频应用。铁芯电感器提供了更高的电感量和较宽的频率范围，但可能会引入额外的损耗。铁氧体磁芯电感器则因其高磁导率和高电感值，在高频应用中表现出色，尤其是在需要高效率和低损耗的场合。

空芯和铁芯型电感器仅具有最低频率操作、更高损耗和低电感，而铁氧体磁芯电感器具有高磁导率、高电感和固定值。而铁氧体磁芯电感器在设计时需要考虑高饱和度、高阻抗、更少的损耗、温度稳定性和材料特性等因素。这些特性使得铁氧体磁芯电感器在电源管理和电源供应器应用中尤为受欢迎。螺旋环状的闭环电感的一个显著优点是，它不仅将磁环控制在磁芯，还可以自行消除所有外来的附带场辐射，从而提高电磁兼容性。

铁氧体磁芯电感器以其低涡流损耗、高电阻率和高磁导率的特性，在高频应用中表现出色。它们通过电流产生磁场，磁场的变化引起反向电流的流动，实现能量从电能到磁能的转换并储存。铁氧体磁芯电感器允许直流电通过，但对交流电的通过有最大频率的限制。它们还具有高质量因数、最小杂散场、高电感和优异的超温性能。

　　然而，铁氧体磁芯电感器也存在损耗问题，主要是涡流和磁滞损耗，这些损耗随着频率的增加而变化。为了克服这些挑战，设计时需要仔细考虑电感器的类型、材料和结构。铁氧体磁芯电感器的优点包括其在高频和中频下的工作能力，较小的涡流损耗，以及通过调整气隙来控制损耗和温度系数的能力。它们具有最大的电感值，即使对于更高的值也能提供适当的电感值，并且具有最大的渗透率和较少的损失，能够在必要的频带中设置品质因数。

　　铁氧体磁芯电感器的应用非常广泛，它们适用于从20Hz至100MHz频率范围内激活的线圈，以及工作在1~200kHz低频范围内的电源变压器。此外，它们还被用于高频和中频的开关电路、无源滤波器，以及主要为中波接收器设计的铁氧体棒天线，还有电源或电源调节组件。

　　在智能电能表的设计中，电感器的选择和应用对提高整体性能和精度至关重要。铁氧体磁芯电感器因其在高频应用中的优越性能和电磁兼容性，成为智能电能表设计中不可或缺的元件。通过精心设计和选择合适的电感器，可以确保智能电能表在各种工作条件下都能提供稳定可靠的性能。

　　5. 电源EMI滤波器的技术特性及选用

　　(1) 电源EMI电磁干扰。在电子设备供电电源上，存在有各种各样的外来干扰信号。很多电子设备本身，在完成其功能同时，会产生EMI信号。此外，还有来源于人为和大自然的EMI信号。这些EMI信号，通过传导和辐射的方式，影响着该环境里运行的电子设备。而滤波器的设计，一方面可以抑制电网中的谐波干扰，有效改善系统内部电磁环境。另一方面，滤波器可以看作一个阻断器，防止开关电源内部的电磁干扰进入电网中，阻断电磁干扰在开关电源和电网中的流通。

　　电源EMI滤波器是一种低通滤波器，能够把直流、50Hz或400Hz的电源功率毫无衰减地传输到设备上，大大衰减经电源传入的EMI信号，保护设备免受其害。同时，又能有效地控制设备本身产生地EMI信号，防止它进入电网，污染电磁环境，危害其他设备。电源EMI滤波器是帮助电磁设备和系统满足有关电磁兼容性标准不可少的器件，如IEC、FCC、VDE、MIL-STD-

461、GB/T 9254（所有部分）《信息技术设备、多媒体设备和接收机 电磁兼容》等。典型电源 EMI 滤波器的滤波曲线如图 3 – 3 所示。

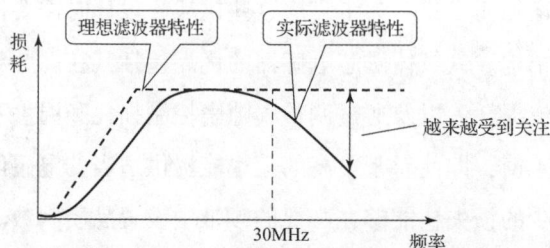

图 3 – 3 典型电源 EMI 滤波器的滤波曲线

（2）共模和差模干扰信号。关于上述各式各样的 EMI 信号对电子设备的影响，可用图 3 – 4 所示的单相供电系统模型来说明。

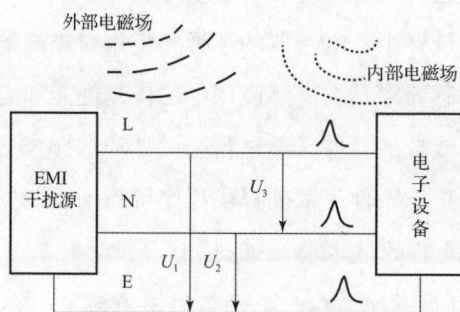

图 3 – 4 单相供电系统模型

其中把相线（L）与地（E）和中线（N）与地（E）之间存在的 EMI 信号称之为共模干扰信号，即图的电压 U_1 和 U_2。对于 L、N 线而言，共模干扰信号可视为在 L 和 N 线上传输的电位相等相位相同的信号。把 L 和 N 之间存在的干扰信号 U_3 称为差模干扰信号，也可把它视为在 L 和 N 线上有180°相位差的干扰信号。对于供电系统的传导干扰信号，都可以用共模和差模干扰信号来表示。并且也可把 L－E 和 N－E 上的共模干扰和 L－N 上的差模干扰看作独立的 EMI 源，把 L－E、N－E 和 L－N 看作独立的网络端口，来分析 EMI 信号的特性和设计抑制 EMI 信号的滤波网络。

图 3 – 5 所示为单相电源 EMI 滤波器的基本结构。它是由集中参数元件组成的无网络，最大的网虚线表示滤波器的金属屏蔽外壳。

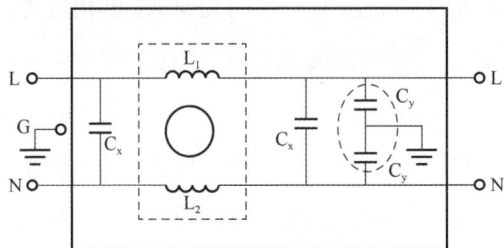

图 3 - 5 单相电源 EMI 滤波器的基本结构

图 3 - 6 的电路中，有两只电感 L_1 和 L_2，四只电容器 Cx 和 Cy。如果把这个 EMI 滤波器插入到被干扰设备的供电电源入口处，即把滤波器的（电源）端接到被干扰设备的电源进线，滤波器的（负载）端接被干扰的设备。这样 L_1 和 Cy、L_2 和 Cy 分别构成 L - E 和 N - E 两对独立端口间的 L 型低通滤波器，等效共模电路是用来抑制供电系统存在的共模 EMI 信号，使之无法进入设备。其中，L_1 和 L_2 可以构成共模扼流圈，由于实际应用中电感 L_1 和 L_2 的电感量是不一定相等的。于是，L_1 和 L_2 之差便是差模电感，它和 Cx 又构成 L - N 独立端口间的一个 π 型低通滤波器，如图 3 - 6 所示的等效差模电路，用来抑制电源上存在的差模 EMI 信号。从而实现供电系统 EMI 信号的抑制，保护供电系统内的设备不受其影响。

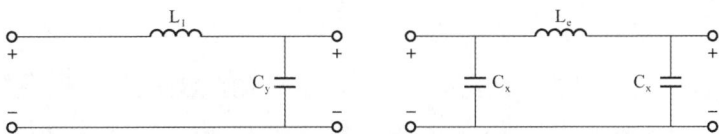

图 3 - 6 等效差模电路

实际应用中，在电源线中往往同时存在共模和差模干扰，一般在 EMI 干扰中，低于 1MHz 频率的干扰以差模为主，高于 1MHz 频率的干扰以共模为主。因此电源 EMI 滤波器是由共模滤波电路和差模滤波电路综合构成。

（3）电源 EMI 滤波器的选用。选择和使用电源 EMI 滤波器时，考虑最主要的特性参数有额定电压、额定电流、阻抗搭配、工作环境条件（温度等），下面分别介绍，另外还要考虑体积、质量和可靠性等。

1）额定电压。额定电压是电源 EMI 滤波器用在指定电源频率时的工作电压，也是滤波器最高允许的电压值。如用在 50Hz 单相电源的滤波器，额定电压为 250V；用在 50Hz 三相电源的滤波器，额定电压为 440V。若输入滤波器的电压过高，会使内部电容器损坏。

2）额定电流。额定电流（I_r）是在额定电压和指定环境温度条件下所允许的最大连续工作电流。随着环境温度的升高，或由于电感导线的铜损，磁芯损耗以及周围环境温度等原因导致工作温度高于室温，这时候就难以确保插入损耗的性能。应该根据实际可能的最大工作电流和工作环境温度来选择滤波器的额定电流。

除特殊说明外，EMI 滤波器说明书给出的额定电流均为室温 +25℃（标称温度）的值，同样给定的典型插入损耗或曲线也均指 +25℃ 的值。最大工作电流（I_{max}）、额定电流与温度间的存在如下关系：

$$I_{max} = I_r \times \sqrt{\frac{T_{max} - T_a}{T_{max} - T_r}} \qquad (3-3)$$

式中　I_{max}——最大工作电流，A；

　　　I_r——室温下额定工作电流，A；

　　T_{max}——最高的工作温度，℃；

　　　T_a——实际工作温度，℃；

　　　T_r——室温，℃。

3）阻抗搭配。选择滤波器时，应选择合适的滤波电路和插入损耗性能。选择滤波电路的原因是，EMI 电源滤波器与常规滤波器要在匹配条件下工作的传统概念不同。所谓匹配意味滤波器需在保持输入/输出信号幅度不变（或某一固定比例）的前提下，将其中部分频谱做预期的处理或变换，而 EMI 电源滤波器不同，它是个以工频为导通对象的低通滤波器，是在不匹配的条件下工作，因为在实际应用中无法实现匹配，如滤波器输入端阻抗 R_i——电网源阻抗是随着用电量的大小变化的，滤波器输出端的阻抗 R_l（负载阻抗）——电源阻抗是随着电源负载的大小变化的，要想获得理想的抑制效果，应遵循正确的阻抗搭配。

智能电能表对电源 EMI 滤波器的选型要求应确保滤波器能有效降低电源

线中的电磁干扰,满足电磁兼容性标准。选型时,应考虑滤波器的插入损耗特性,确保其在关键频率范围内提供足够的衰减,同时保持较低的直流电阻以减少功率损耗。滤波器的额定电流容量应大于或等于智能电能表的最大工作电流,以避免因过载而导致性能下降或损坏。此外,滤波器的设计应保证在宽频率范围内具有稳定的性能,且在长期运行中具有良好的热稳定性和机械可靠性。考虑到电能表的精确度要求,EMI 滤波器还应具备较小的寄生参数,以避免对测量精度产生不利影响。最后,滤波器的尺寸和安装方式也应与电能表的设计相匹配,便于集成和维护。

3.3.2　电路抗干扰设计

1. 电源模块抗扰度设计

智能电能表的电源模块是整个系统中至关重要的部分,它为电能表的各个组件提供稳定和可靠的电力供应。智能电能表上用到的电源模块主要分为三大类:AC – DC、DC – DC、LDO。下面将结合实际的电路阐述不同种类电源模块的抗扰度设计原则。

(1) AC – DC 电源模块。

AC – DC 其主要作用是将来自电网的交流电(alternating current, AC)转换为电能表内部电子电路所需的直流电(direct current, DC)。AC – DC 模块电路相对复杂,主要分为输入保护电路、输入整流滤波电路、电源控制电路、变压器电路、输出整流滤波和反馈电路。本部分将围绕其电路原理,给出一些电磁抗扰度优化提升举措。

1) 电路设计优化。电源滤波是 AC – DC 开关电源电磁抗扰度设计的重要环节,通过有效的电源滤波,可以降低开关电源产生的高频噪声和电磁干扰,确保系统的稳定性和可靠性。为了尽可能地降低共模干扰的影响,推荐在前端输入电路中串接共模电感。电源滤波的工作原理如图 3 – 7 所示,在同一磁环上绕上两组方向相反的线圈,据右手螺旋管定则可知,当在输入端 A、B 两端加上极性相反,信号幅值相同的差模电压时,有实线所示的电流 i_2,在磁芯中产生实线所示的磁通 Φ_2，只要保证两绕组完全对称，则磁芯中两不同方向之磁通相互抵消。总磁通为零，线圈电感几乎为零，对差模信号无阻抗作用。若在输入端 A、B 两端加上极性相同，幅值相等的共模信号时，有虚线所示的电流 i_1，在磁芯中产生虚线所示的磁通 Φ_1，则磁芯中磁通有相同的方向而互相加强，使每一线圈的电感值为单独存在时的两倍，而 $XL = \omega L$，因此，此一绕法的线圈对共模干扰有很强的抑制作用。

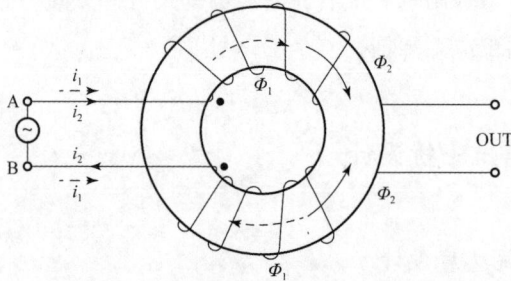

图 3 – 7　电源滤波的工作原理

2）PCB 设计优化。为保证 AC – DC 开关电源的稳定性和可靠性，提高其电路 EMI 抑制能力。在 PCB 板前期设计规划和后期布局布线时需要特别关注以下要点：

a. 输入/输出隔离。为防止输入和输出之间的互相干扰，应该采取有效的隔离措施将输入和输出区域分隔开来。通常情况下，可以通过 PCB 板地平面的分割或金属屏蔽罩来实现区域分隔。

b. 地线设计。良好的地线设计对于 EMI 抑制至关重要。地线应该尽可能低阻抗、低电感，并且在整个电路板上均匀分布。同时，要避免地线环路的形成，以减少回流电流引起的电磁辐射。

c. 信号走线。在 PCB 设计中应该避免电源线和信号线的平行走向，尽量交错布局或者采用相对角度较大的方式布置，以减少互相之间的干扰。此外，布线时，要注意信号线和功率线隔离、强信号线和弱信号线的隔离。注意接地，滤波器要良好接地，正确使用接地技术。

d. 覆铜设计。在覆铜设计过程中，应该充分考虑地平面和电源平面的规划。地平面和电源平面的充分覆盖可以有效减少电磁辐射，提高系统的电磁兼容性。

e. 滤波设计。在电源端口加匹配的滤波器，不但可以抑制外界的电磁干扰进入智能电能表内部，影响内部电路的工作，而且还可以抑制智能电能表向外传播干扰。板上的电源滤波，通常采用滤波元件电容的大小组合。在电源端加磁珠也可以滤除高频干扰。在板上还要注意减小地线阻抗值，因为在公共地线上容易产生电位差，该电位若高于电路的抗扰度电平，就会产生干扰。

将容易受干扰的电路或元件与潜在的干扰源隔离开。尽量采用小的工作频率宽度，来减小高频信号进入智能电能表的工作电路，造成高频干扰。

（2）DC – DC 电源模块。DC – DC 的作用是将电能表内部的直流电源转换为不同电压等级的直流电源，以满足电能表内部不同电路部分的需求。DC – DC 适用于需要大功率转换或需要从较高电压转换到较低电压的场景。DC – DC 电源模块主要分 Buck 电路、Boost 电路、Buck – Boost 电路三大类。本部分将以 Buck 电路为例，简述 DC – DC 电源模块抗干扰能力提升举措。

首先，可通过在输入端增设滤波电路来抑制电磁干扰。输入差模滤波器对高频分量有较好的抑制效果，故一般推荐采取 π 型滤波电路。实际使用过程中，可根据设计需求调整滤波器的参数。

有研究专门针对 π 型滤波的抑制效果做了测试。样品 1 为输入端仅放置 $10\mu F + 100nF$ 滤波电容的 DC – DC 电源模块，样品 2 为输入端增设 Π 型滤波的 DC – DC 电源。试验分别针对两个样品的电源输入端口开展射频传导试验（150kHz ~ 5MHz），试验结果表明样品 2 的噪声水平在整个频段都低于样品 1，在开关频率处样品 2 的噪声水平比样品 1 低将近 60dB。

此外 DC – DC 电源的 PCB 抗干扰设计对于确保电源的稳定性和系统的整体性能至关重要。以下是一些关键的抗干扰设计要点：

1）走线设计。输入电源和输出电源的布线路径应该分开，减少互相之间的干扰。开关电流环路可以看作是环路天线，产生辐射并引起 EMI 问题。应减小环路的数量和面积，减少环路的天线效应，降低电磁干扰。应特别关注信号线路与电源线路之间的分离，以避免干扰。同时，应确保强电流线路与敏感的弱电流线路之间有足够的隔离，以减少信号的干扰。此外，接地处理至关重要，必须确保滤波器的接地连接是稳固的，并且要正确应用接地技术以提高系统的稳定性和可靠性。

2）器件布局。输入滤波器尽量不放置在功率电感的同一层，如必须放置同一层，应尽量远离功率电感避免磁场和电场干扰耦合到滤波器上导致滤波器效果减弱；滤波电感要尽量远离 DC – DC 芯片的高频电流环路部分，以避免输入电容的高频交流噪声分量耦合到滤波电感上导致滤波器效果减弱；输入电容应尽可能靠近开关控制节点，保证高频电流环路面积尽可能得小。

滤波设计：在电源端口处，应采用适当的滤波器以实现匹配，这不仅能有效防止外部电磁干扰对电能表内部电路的潜在影响，确保其正常运行，同时也能减少电能表对外界的干扰传播。电源滤波通常通过选用不同容量的电容元件进行组合来实现。在某些情况下，还会在电源端添加磁珠以进一步滤除高频干扰。此外，还应重视减少电路板上地线的阻抗，因为公共地线上可能产生的电位差如果超过电路的抗扰度阈值，就可能引起干扰。

3）覆铜设计。尽可能保证高频电流环路底层有完整的铺铜，完整的平面可以感应出感应电流，并形成相反的磁场来抵消高频环路带来的磁场。

图 3 – 8 所示为一款 DC – DC 芯片的典型设计及其 PCB 版图设计推荐，可以看到其 PCB Layout 输入/输出电源走线分布在芯片两侧，减少了相互间的干扰；输入电容（C_1）、内部高侧晶体管和二极管（D_1）构成的高频电流环路面积相对较少，降低了外部电磁干扰；高频电流环路对应区域底层有完整的地平面，最大程度地削减了高频电流环路的感应磁场；输入引脚 V_{IN} 和 GND 引脚都有大面积覆铜，保证了芯片的散热性能。

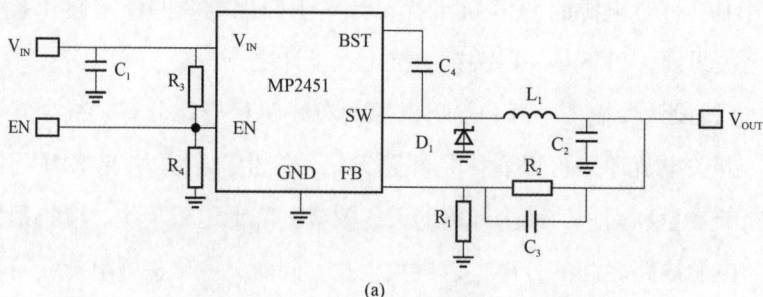

(a)

图 3 – 8   DC – DC 芯片的典型设计及其 PCB 版图设计（一）

(a) MP2451 典型应用电路

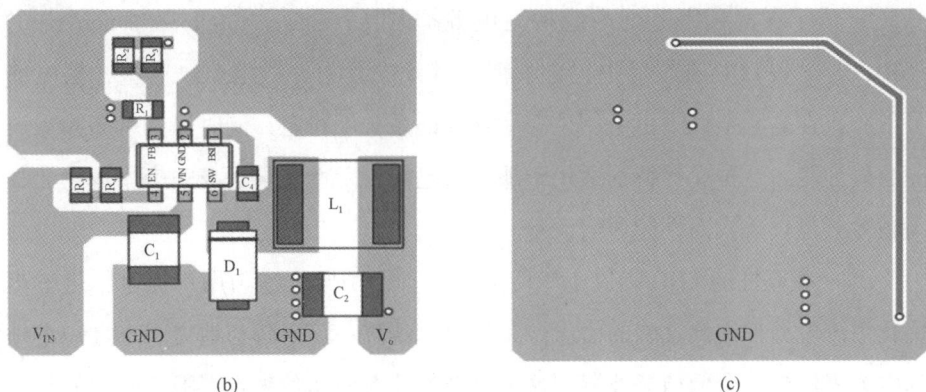

(b)

(c)

图 3 – 8 DC – DC 芯片的典型设计及其 PCB 版图设计（二）

（b）顶层；（c）底层

（3）LDO 电源模块。LDO 作为一种线性稳压器，因其高集成度和相对简单的外围电路，常应用于对输出电源噪声和纹波要求高的场合。为了提高 LDO 电源模块的电磁抗扰度能力，电路设计优化、器件选型和 PCB 设计优化为三个关键步骤。

1）在电源线路中增设 LC 滤波电路，这样的组合利用电感的低通特性和电容的短路高频特性，协同作用以提高电源的滤波效能，从而滤除更广泛的频率范围内的噪声。此外，在电源路径的关键节点，如电源输入端或敏感器件的电源引脚附近，添加瞬态电压抑制器、齐纳二极管或熔丝等保护元件，这些元件能够迅速响应并吸收异常高能量的瞬态电压，从而保护电路不受过电压和浪涌等破坏性事件的影响。通过这些设计策略，不仅能够提高电源模块的抗电磁干扰能力，还能够确保系统在面对意外电源波动时的鲁棒性。

2）器件的优化选型是提高电子系统性能和稳定性的关键环节，尤其是在关键电源节点上，选择高性能的器件可以显著改善系统的整体表现。以下是一些高性能 LDO 的特点和优势，它们在电磁兼容性和电源稳定性方面发挥着重要作用：

a. 一些 LDO 配备了高增益的误差放大器，这种设计赋予了 LDO 快速响应的能力，能够及时抵消输入电源上的微小变化，包括那些可能对系统造成干扰的高频噪声。高增益确保了误差放大器即使在高频率条件下也能精确地跟踪输出电压的微小偏差，并迅速进行纠正，从而维持电源输出的稳定性和准确性。

b. 为了在宽频率范围内维持高电源抑制比（power supply rejection ratio，PSRR），一些 LDO 在设计中包含了精心设计的频率补偿电路。这些补偿电路可以防止在高频条件下由于相位滞后导致的系统不稳定，同时保持对高频噪声的有效抑制。这种设计特别适用于那些对电源稳定性要求极高的应用场景，如高精度测量设备或高性能通信设备。

c. 一些高性能 LDO 提供了专门的噪声抑制引脚，这为用户提供了进一步优化系统电源抑制比性能的手段。用户可以通过在该引脚与地之间连接一个外部电容来形成一个低通滤波器。这个滤波器能有效滤除来自带隙基准源的高频噪声，提高整体的 PSRR 性能，确保电源输出的清洁度。

d. 现有 LDO 设计多采用主动噪声抑制技术，通过内部反馈机制检测并主动抵消高频噪声，与传统的被动校正方法相比，主动噪声抑制技术能够更迅速、更有效地减少噪声，因为它不是等待噪声通过后再进行校正，而是在噪声产生初期就进行干预。

e. 在设计中可能包含多级滤波机制，这种设计可以在不同的频段对噪声进行分段抑制。例如，在输入端、内部基准源和误差放大器之间可能分别设置了滤波器，以针对各自频段的噪声进行有效抑制。这种多级滤波的设计可以显著提高系统的抗干扰能力，确保电源输出的稳定性。

f. 高性能 LDO 还可能具备其他一些特性，如低压降特性，这使得它们在提供稳定电源的同时，还能保持较低的能耗。此外，一些 LDO 还具备过电压保护、过电流保护和热保护等安全特性，这些特性可以在电源或负载出现异常时保护系统不受损害。

g. 在选型时，还应考虑 LDO 的工作温度范围和长期稳定性。一些高性能 LDO 能够在极端温度条件下稳定工作，这对于需要在恶劣环境下运行的设备来说非常重要。长期稳定性则确保了 LDO 在长时间工作后仍能保持良好的性能。此外，选择高性能 LDO 时，还应考虑其与现有系统的兼容性，包括封装类型、输入/输出电压范围和引脚配置等。确保所选 LDO 能够无缝集成到现有系统中，以减少设计和调试的工作量。

（4）PCB 设计优化对于确保 LDO 及其外围电路的电磁兼容性至关重要。

以下是一些关键的 PCB 设计要点，用以提高电源模块的稳定性和抗干扰能力：

1）电源的输入/输出回路布局应尽可能紧凑，按照一字形或 L 形布局原则，即电源回路的面积应尽可能小，以减少电源路径上的电阻和电感，从而降低电压的波动和电磁辐射。

2）从电源入口到负载的方向，滤波电容的摆放应遵循"先大后小"的原则。大容量电容应优先放置，以滤除大幅度的电压波动和低频噪声，而小容量电容则用来处理高频噪声和尖峰，这种分层滤波设计可以更有效地净化电源线路。

3）LDO 的放置位置，应尽量靠近电源输出端，减少电源线路的长度，避免不必要的电压降和干扰耦合。

4）对于敏感信号线，如模拟信号或控制信号线，应避免与电源线和高速信号线平行布线，以减少串扰和交叉干扰。

5）输入和输出的覆铜地应保持连贯性和完整性，这不仅有助于提供良好的回路回流路径，降低地回路阻抗，还能有效屏蔽电源线路，减少电磁干扰。

6）在关键区域，如 LDO 周围和敏感信号线路下方，应考虑增加地铜以提供更宽的回流路径，减少地阻抗和提高屏蔽效能。

7）覆铜还应考虑到散热需求，特别是在高功率应用中，良好的覆铜设计可以帮助分散热量，降低热点温度，提高器件的热稳定性和寿命。

（5）电路设计优化提升案例。在射频电磁场辐射抗扰度试验中，电能表频繁自动重启的问题引起了研究者的注意。经试验研究和分析发现，射频电磁场对电源电路的影响导致了电压波动，这些波动错误地触发了电能表的掉电检测机制，导致不必要的自动复位。为了应对这一挑战，研究者经过试验验证和分析，最终提出了一种创新的解决方案，以保护电路不受外部电磁干扰的影响，显著提高了电能表的稳定性和抗干扰能力，有效地解决了因射频干扰引起的自动重启问题。这一方法不仅提高了电能表的可靠性，还为其他电子设备在类似电磁环境下的抗干扰设计提供了宝贵的参考[53]。

1）试验前提。研究严格按照 CB/T 17215.211—2021《电测量设备（交流）通用要求、试验和试验条件 第 11 部分：测量设备》中的规定对某款规格为 $3 \times 220/380V3 \times 5$（60）A 的三相电能表进行射频电磁场辐射抗扰度试验，试验安装图如图 3-9 所示。标准中要求对电能表在带负载和空载两种状态下分别进行试验。试验条件见表 3-3，表 3-3 中额定电压 $U=220V$，基本电流 $I=5A$，功率因数 $\cos\varphi=1$，且标准要求试验时暴露于电磁场中的电缆长度为 1m。

图 3-9　RS 试验安装图

表 3-3　　　　　　　　　　　　　试验条件

电能表状态	调制类型	场强	扫频~范围	极化方向
工作状态带负载 U_n、I_b、$\cos\varphi$	80%AM，1kHz 正弦	10V/m	80~1000MHz	水平、垂直
		10V/m	1~2GHz	水平、垂直
工作状态空载 U_n	80%AM，1kHz 正弦	30V/m	80~1000MHz	水平、垂直
		30V/m	1~2GHz	水平、垂直

在表 3-3 中电能表空载，场强 30V/m，频率范围 80~1000MHz 的试验条件下存在不符合项，该条件下的试验结果见表 3-4。

表 3-4　　　　　　　　　　　　　试验结果

确认项	技术要求	试验结果
试验中功能或性能	不应持续紊乱	扫频至 570~620MHz 时，电能表 LCD 屏幕背景灯被重复点亮又关闭，通信指示灯 RXD、TXD 及跳闸指示灯异常闪烁

确认项	技术要求	试验结果
试验中电能值改变量	≤0.04kWh	0.00kWh
试验中脉冲输出数	≤16 个	0 个
试验后测量误差 $(U_n、I_b、\cos\varphi=1)$	≤1.0%	±0.13%

2）试验过程及分析。电能表的背景灯被重复点亮又关闭，且跳闸灯闪烁异常，表明电能表出现了频繁的自动重启。电能脉冲指示灯未输出，试验中电能表显示的电量无变化，表明电能表所受干扰对信号变换和测量回路未产生明显影响。造成电能表频繁的自动重启很可能是干扰引起的电压波动触发了掉电检测信号。该款电能表的计量芯片带电源监控模块，会通过电阻分压采样，连续监控供电电压 12V（1±5%）。当分压后电压［正常为 2.5V（1±5%）］低于 1.25V 时，会触发掉电检测信号，电能表被复位。

外界电磁场可能通过两种方式对电能表电源产生干扰。一种为试验条件要求的"暴露于电磁场中的 1m 电缆"成为接收电磁场的天线，感应出的共模干扰沿着连接端口注入到电能表电源内部。另一种为电磁场通过电源内部电路产生感应电动势，引起干扰电压。对于外部连接电缆成为接收天线注入干扰的推断，可以通过采用全屏蔽电缆线重复进行试验，看现象是否得到改善。

外界电磁场对电能表电源的干扰主要通过两种途径实现，这些干扰可能严重影响电能表的准确性和稳定性。首先，试验条件中规定的"暴露于电磁场中的 1m 电缆"，在强电磁场的作用下，容易转变为一个非计划内的天线，接收并感应出共模干扰。这些干扰随后沿着电缆的连接端口注入电能表的电源内部，可能导致电源电路工作异常。其次，电磁场还可能直接作用于电源内部电路，通过电磁感应原理在电路中产生感应电动势，进而引起不希望的干扰电压，这种内部产生的干扰同样会威胁到电能表的正常运行。

针对电能表电源电路本身可能引入的干扰问题，可以通过深入分析电源电路的设计和结构来识别和定位干扰的来源。具体来说，从闭环回路和等效接收天线的角度出发，可以更准确地找到干扰信号的引入路径。以该电能表采用的基于 AC - DC 电流型脉宽调制控制芯片 LM5021 的电源设计方案为例，其电源电路可以通过图 3 - 10 得到简化表示。在简化后的电路图中，可以看到电源输出通过反馈电路与输入端相连，构成了一个完整的闭环回路。

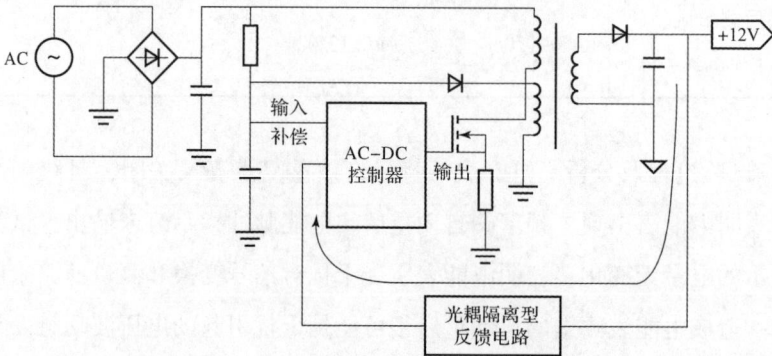

图 3 - 10　简化的电源电路原理图

在扫频范围 80 ~ 1000MHz 的 RS 试验中，场强 30V/m 时干扰天线与电能表的距离 r 为 1m。该距离在 600MHz 附近符合：$r > \lambda/2\pi$，其中 λ 为波长。因此干扰信号可视为是辐射场，它以平面电磁波形式辐射进入电能表电路。此时，电场（E 场）和磁场（H 场）互为正交同时传播。平面波在空间穿过环路产生的感应电压可近似为如下公式：

$$U = \frac{S \times E \times F}{48} \qquad (3-4)$$

式中　U——环路的感应电压，V；

　　　　S——环路有效面积，m^2；

　　　　E——电场强度，V/m；

　　　　F——电场频率，MHz。

根据式（3 - 4），假定式（3 - 4）中电场强度 $E = 30V/m$ 电场频率 $F = 600MHz$，感应电压 $U = 1.25V$，则有效环路面积 $S = 31.25cm^2$。在 PCB 的布线上可以看出并不存在如此大的环路面积。则由闭环回路直接产生的干扰不会导致试验中的异常。电磁场可能是通过天线效应引入后在电路中被放大或引起谐振。

光耦隔离型反馈电路的原理图如图 3 - 11 所示，其中整改前旁路电容 CC13 未焊接。

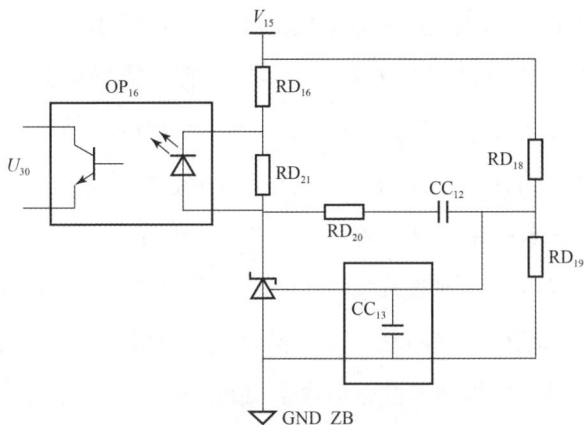

图 3 - 11　光耦隔离型反馈电路的原理图

图 3 - 11 中 U_{30} 为三端可调电压基准芯片 AZ431AN 其内部带 2.5V 基准电压。为便于分析，将 AZ431AN 内部电路展开成功能框图，图 3 - 11 转变为图 3 - 12。V_{ref}、V_{ca}、V_a 分别为 AZ431AN 的参考端、阴极、阳极引脚。

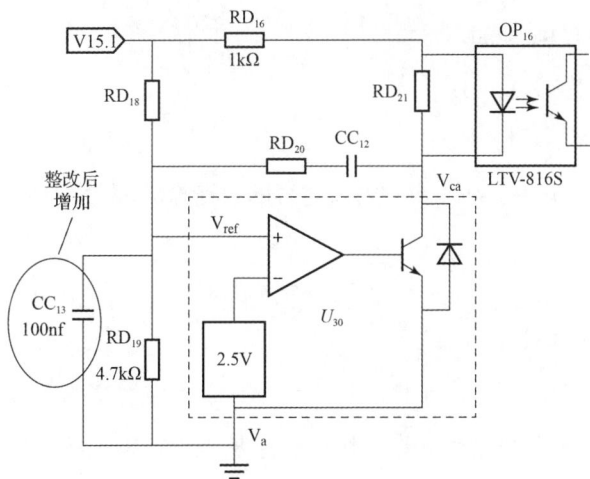

图 3 - 12　反馈电路的电路原理图

电源电压信号经电阻 RD_{18}、RD_{19} 分压采样反馈回 AZ431 的同相比较端 V_{ref}。AZ431 的同对 RD_{20} 与 CC_{12} 构成的 RC 串联电路的转折频率 $f_0 = 142Hz$，对于 $80 \sim 2000MHz$ 的射频干扰信号，CC_{12} 可视为短路。则 AZ431 对干扰信号进

行正反馈放大，放大系数 $k = \mathrm{RD}_{20}/\mathrm{RD}_{19} = 10.9$，$S/k = 2.87\mathrm{cm}^2$，其中 S 为实际环路面积。则电压基准源的正反馈放大产生 $2.87\mathrm{cm}^2$ 的等效环路面积，将产生 $1.25\mathrm{V}$ 的干扰电压。为消除电路对干扰的放大，可在 RD_{19} 上并联一个旁路电容，将干扰信号短路至地，以切断干扰传输路径。或者优化电源电路的 PCB 布局，减少存在等效天线的环路面积，防止干扰的引入。

按照以上的原因分析，首先通过采用全屏蔽电缆线重复进行了试验，试验结果显示不符合现象并未得到改善。

对于内部电源电路中等效天线接收效应，干扰信号通过此效应耦合进入电路，并在电路中引起放大的问题，需要优化 PCB 布局，因为重新设计 PCB 所需整改周期长，所以采用加入旁路电容来切断传输路径的方法有更高的实际可行性。旁路电容可等效为一个 RLC 串联电路。其阻抗为

$$Z = \sqrt{R^2 + \left(\omega L + \frac{1}{\omega C}\right)^2} \qquad (3-5)$$

式中　　Z——电路的总阻抗，Ω；

　　　　R——电阻，Ω；

　　　　ω——角频率，rad/s；

　　　　L——电感感量，H；

　　　　C——电容容量，F。

由于谐振时 $\omega L - 1/\omega C = 0$，则该电容的自谐振频率为

$$f = \frac{\omega}{2\pi} = \frac{1}{2\pi \times \sqrt{LC}} \qquad (3-6)$$

式中　　f——频率，Hz。

由于旁路的频率不应高于该自谐振频率，否则电容变为感性，会降低旁路效果。此处的 L 不容易精确获取，因此很难从理论上精确计算出所需旁路电容的容值。试验通过选取 $100\mathrm{pF}$、$22\mathrm{nF}$、$100\mathrm{nF}$、$1\mathrm{F}$ 共四种容值的贴片 0603 封装的陶瓷电容，逐一并联在电压基准源芯片（U_{30}）的电源端和地之间分别重复进行试验，其中 $100\mathrm{nF}$ 时的改善效果最明显，可完全消除原有的异常现象，具体结果见表 3-5。更改前后的电路实物图如图 3-13 所示。

表 3 – 5   **修改后的重测结果**

确认项	技术要求	试验结果
试验中功能或性能	不应该持续紊乱	正常
试验前后电能值改变量	≤0.04kWh	0.00kWh
试验中脉冲输出数	≤16 个	0 个
试验后测量误差（U_n、I_b、$\cos\varphi = 1$）	≤1.0%	±0.19%

图 3 – 13　整改前后的 PCB 实物图

（a）整改前；（b）整改后

　　该试验深入剖析了电能表在射频电磁场环境中频繁遭受自动重启困扰的典型案例，并提出了一种创新的解决方案，有效应对了电磁干扰对电能表电源电路稳定性的挑战。具体而言，研究团队针对电压基准源芯片这一关键元件，巧妙地在其参考引脚与接地端之间并联接入了精心设计的旁路电容。此举不仅充分利用了电容的滤波与去耦作用，构建了一条低阻抗通道，高效滤除了空间射频电磁场在电路环路中诱导产生的复杂干扰电压，还显著削弱了这些高频噪声对电能表内部电路的影响。通过这一创新措施，有效地消除射频电磁场在电能表电源电路中引起的干扰，避免电压波动触发掉电检测信号，从而解决了电能表在射频电磁场中频繁自动重启的问题。这一方法不仅提高了电能表的稳定性和可靠性，还为类似电子设备的电磁兼容性设计提供了一种简单、经济、有效的解决方案。随着电子技术的不断发展和应用环境的日益复杂，这种解决方案有望在更广泛的领域得到应用和推广。

（6）电源模块可靠性设计方案选择。

1）方案一：采用开关电源方案，优点：体积小，转化效率高；缺点：抗电磁干扰的能力差，骚扰大，纹波大。

2）方案二：采用线性电源方案，优点：抗电磁干扰能力强，骚扰小，由于电路相对简单维修方便；缺点：效率较低，体积笨重。

由于开关电源相比线性电源辐射骚扰和传导骚扰大、纹波大，设计复杂，容易出现各种各样的问题，后期维护成本高，所以权衡利弊，选择方案二线性电源作为电源方案，根据变压器的匝数比与电压成正比的关系，将交流电压变为需要的交流电压，经桥堆整流，电解电容滤波，再用 DC – DC 或者高精度稳压芯片稳压，最后输出稳定可靠的直流。

2. MCU 模块抗扰度设计

微控制器单元（microcontroller unit，MCU）作为通用的控制器件，其在智能电能表上的应用十分广泛。MCU 在使用过程中根据其引脚定义不同可匹配不同的外围电路，比如通过 SPI 接口外接的 Flash 电路、通过 I2C 接口外接的 EEPROM 电路。产品实际设计过程中，需结合不同外围电路的电路特性搭配与之匹配的防护电路，进而提高系统的抗干扰能力。本节将重点围绕 MCU 的不同接口深入探讨一系列防护设计原则和抗扰度改进措施，提高 MCU 模块的抗扰能力，进而提升智能电能表整机的电磁兼容性和环境适应能力。

（1）GPIO 防护设计。在 MCU 的应用过程中，存在 GPIO 口连接至 PCB 板外的场景。此场景下的 GPIO 口可能会因为后端感性负载的变化而出现瞬态过压或静电的干扰，从而导致出现功能异常、损伤的问题。针对 GPIO 口所承受的瞬态过压或者静电干扰可使用 TVS 进行抑制。如图 3 – 14 所示，TVS 对于 GPIO 口的防护作用是将大部分的干扰泄放到 GND，使得进入到 GPIO 口的干扰降至最小。TVS 的选型需根据实际需求计算合适的参数。合理的 TVS 的选型是影响到防护效果的关键因素。

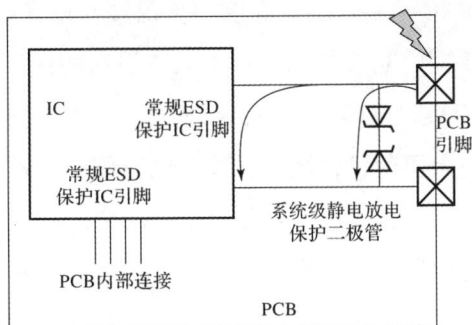

图 3 - 14   TVS 防护原理图

TVS 起到防护作用时工作在反向击穿状态，该状态下 TVS 的导通电阻比较小可以流过大电流，瞬间的大电流泄放可以拉低 GPIO 口受到的干扰电压的电平，实现了对过电压的钳位作用。对于 TVS 的使用比较关键的参数是钳位电压和电流泄放能力，同等钳位电压的 TVS 可以通过数据手册上提供的功率参数评判 TVS 的过流能力。TVS 在进行大电流泄放过程中的导通电阻小且处于动态变化之中，导通电阻的大小与泄放电流的大小相关。如图 3 - 15 曲线图所示，合理的 TVS 选择需要满足的条件是 TVS 的钳位电压低于 IC 的失效电压，且在 TVS 钳位电压小于 GPIO 失效电压的前提下，TVS 的泄放电流大于 GPIO 的失效电流，这样的 TVS 可以为 GPIO 提供足够的保护能力。需要注意的是针对 GPIO 口防护的 TVS，结电容一般不建议超过 30pF。

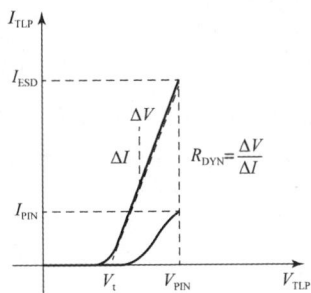

图 3 - 15   PIN & TVS TLP 曲线图

I_{TLP}—传输线脉冲测试的电流；V_{TLP}—传输线脉冲测试的电压；R_{DYN}—TVS 的动态电阻；

ΔV—TVS 电压的变化量；ΔI—TVS 电压的变化量；I_{ESD}—静电放电电流峰值；

V_t—TVS 的阈值电压；I_{PIN}—芯片引脚的电流；V_{PIN}—芯片引脚的电压

有研究专门针对 IC 卡接口进行静电防护设计，设计电路在 IC 卡接口增加了热敏电阻和 TVS 管，可有效防止静电放电引起的接口损坏，改进电路如图 3-16 所示。IC 卡接口电路改进后，当静电峰值电流通过 IC 卡槽进入电能表内部时，热敏电阻阻值迅速增大，静电电流减小，进而保护电能表内部电路不因静电电流而损坏；当静电峰值电压进入智能电能表内部时，稳压二极管导通，将峰值电压泄放掉，进而保护电能表不因过压而损坏；与稳压二极管并联的电容还能够起到滤波的作用，提高通信数据的可靠性。

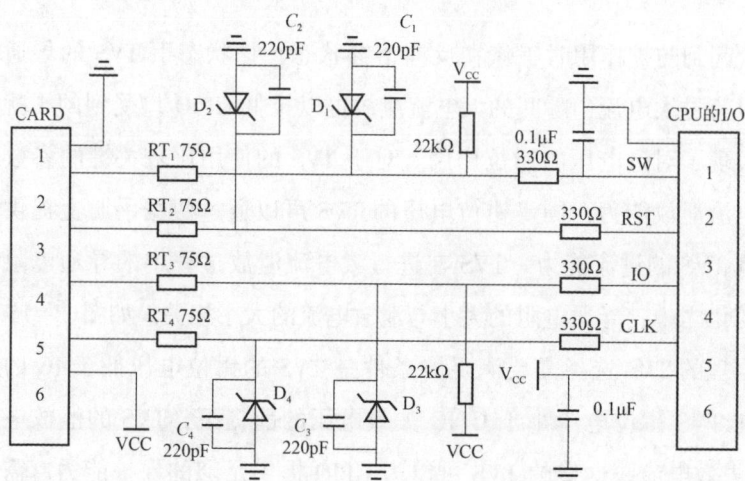

图 3-16 IC 卡接口防护电路

对于 TVS 防护效果起到关键影响的另一个方面是 TVS 在 PCB 上的 Layout。TVS 防护器件应尽可能靠近干扰源头放置；为保证泄放干扰的回流路径对其他器件影响最小，一般需要通过地过孔将干扰泄放到 GND。若干扰源中具有丰富的高频成分，可适当增大的过孔尺寸以扩大过孔表面积，从而降低趋肤效应的影响以降低阻抗。

（2）SPI 接口防护设计。SPI 总线是一种串形外设通信总线，该总线一般是在印刷电路板（PCB）板载芯片之间组成串行通信的通道。常见的应用是 MCU 通过 SPI 接口与外部的 Flash、ADC、DSP 等外设连接实现特定功能，MCU SPI 总线的通信速率可达几十兆赫兹。在使用 SPI 总线进行通信时，需要进行合理的滤波设计以抑制电磁干扰。

对于 MCU 的 SPI 总线防护可以从软件和硬件两个方向执行控制措施。硬件方面可以通过增加滤波器的方式减弱辐射量。通常使用的滤波方式有 RC 滤波、LC 滤波、磁珠滤波，靠近辐射的源头处放置滤波器的效果会较好。软件方面可通过调整端口的驱动能力来衰减高频干扰。例如：端口默认的驱动能力是 50MHz，50MHz 驱动条件下的波形变化如图 3 - 17 所示，50MHz 驱动条件下的波形上升沿陡峭且存在一定过冲，可以通过软件在初始化的过程中将其设置为 10MHz 或者 2MHz。2MHz 驱动条件下的波形变化如图 3 - 18 所示，GPIO 口驱动能力调整会在 GPIO 信号翻转的波形上有所体现，当把 GPIO 的驱动速度从 50MHz 调整为 2MHz 时，从波形上可以明显地观察到，调整后的波形的上升沿变缓，同时过冲减小，这种变化代表着波形中部分高频分量被衰减。采用这种方法的成本比较低，但是该方法存在一定的弊端。对于 SPI SCK 频率相对较高的应用中，时钟波形的上升沿变长会导致数字信号中采样保持时间的缩短，可能会影响到通信功能，所以使用该方法需要进行波形参数的确认，以确保不影响正常的功能。

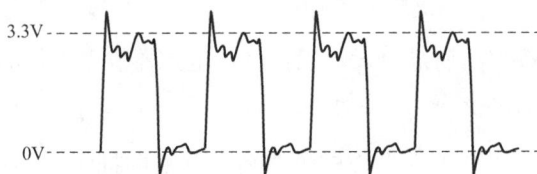

图 3 - 17 50MHz 驱动条件下的波形变化

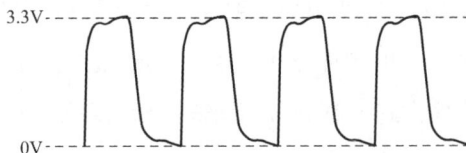

图 3 - 18 2MHz 驱动条件下的波形变化

SPI 接口的 PCB 设计也十分重要，可通过遵循以下布局布线原则提高整体电路的稳定性。

1）尽量满足 3W 布线规则，其中时钟线与信号线之间的距离需要是线宽的 3 倍以上，以减少时钟线对于信号的串扰影响。

2）SPI 的时钟线或者数据线尽量在同层布线，减少过孔的使用，走线尽量按照最短路径避免出现来回折叠的 U 形走线。对于走线的转角应避免 90°折线，采用 45°折线或弧形走线，SPI SCK 信号可以根据实际开发成本考虑进行特性阻抗控制，将走线设计为 50°以减小信号反射效应导致的过冲现象从而在一定程度上减小 EMI 辐射。SPI 总线的滤波器可以尽量靠近 MCU 引脚放置，在驱动端将超标频段进行提前滤除。

3）多层 PCB 板的设计过程中，SPI 总线的走线需要尽量保证有完整的地回流路径，两层以上的 PCB 板通常会具有完整的地平面，也可以将 SPI 总线放置在内层进行走线，通过顶底的覆铜形成屏蔽效果。

（3）USB 接口防护设计。USB 接口是一种在各类外部设备中广泛采用的接口，其具有传输速度快，支持热插拔及多设备连接的特点。USB 接口通常是用于外部设备与主机之间的数据传输接口，其位置往往位于 PCB 板的边缘，在整机外壳上也会为其留有接口。因为 USB 接口的应用特点，其遭受静电干扰的可能性较大，有很多情况下的静电问题都是通过 USB 接口引入到 PCB 内部造成产品出现复位、死机或者其他的功能异常。所以，在产品的电路设计阶段需要引入 USB 接口的防静电设计以提高压电抗器静电干扰的能力。

对于 USB 接口的防护设计可从两个方面入手，一方面是在信号线上增加合适的 TVS 器件，通过 TVS 器件的瞬态高压脉冲的抑制能力将 ESD 的干扰尽早地泄放至 GND 回路。另一方面是外壳的接地处理，一般推荐使用阻容网络接地的方式（即通过 $100\text{k}\Omega \sim 1\text{M}\Omega$ 的电阻和 $0.1\mu\text{F}$ 的电容接地）。该接地方式可以对 ESD 静电产生一定的缓冲作用，减小 GND 的电平波动。对于接大地的设备可以采用直接接地方式，在设计过程中 USB 接地后的 ESD 泄放通路需要离接地点尽量地近，应尽量避免 PCB 的电源接地与 USB 的接地处于 PCB 板的对边，那样会导致 ESD 泄放的能量贯穿整个 PCB 板，导致干扰范围扩大。理想的设计方式是 USB 外壳的 ESD 泄放 GND 与 PCB 的电源接地接口处于 PCB 的同一边。

USB 接口电路的 PCB 设计对整体电路的抗干扰能力也十分重要，以下是一些 PCB 设计时需要特别关注的点：

1）选择 TVS 型号的过程中，除了需要考虑 TVS 的钳位电压之外需要关注 TVS 结电容的大小，一般要求所选择的 TVS 结电容小于 4pF。

2）差分线对要保证等长设计保证 PCB 走线过程中的线长匹配，否则会影响到时序的偏移、降低信号的质量、增加 EMI。

3）差分对之间的间距尽量靠近，保持紧密的耦合，一般需要间距小于 10mm，并增大其他信号线与差分对之间的走线距离，电源线的布线也需要尽量地远离差分线对。

4）差分信号线之间耦合会影响信号线的外在阻抗，必须采用终端电阻实现对差分传输线的阻抗匹配。

5）差分线的走线应避免 90°的直角和圆弧走线，以及推荐使用 45°大角度折线或者圆弧走线以降低走线的阻抗突变减少信号的反射。

6）在高速模式下，对于差分线对的 PCB 走线建议进行特性阻抗设计以提高信号完整性，其次差分线对的走线尽量在同一层进行布线。

（4）LCD 接口防护设计。LCD 显示屏为用户提供了界面化的交互接口，MCU 作为嵌入式系统中常用的控制类 IC，经常会用来作为屏幕的控制器。LCD 屏幕类型多种多样，目前比较常用的 LCD 显示屏都会集成驱动电路，外部的 MCU 作为控制器控制屏幕的数据刷新实现画面的显示和切换，LCD 屏幕与 MCU 之间通过排针或者 FPC 排线连接。LCD 的接口通常包含数据线、地址线、控制信号线等，通过 I2C、SPI 等方式实现信号传输，也有部分 LCD 直接通过 I2C、SPI 串口实现控制信号和数据的分时复用达到屏幕的显示功能。由于 LCD 正常工作过程中需要按照一定的刷新率刷新数据，随着数据量的增加，刷新频率也在不断地提高，从而引发的电磁干扰问题成为 LCD 在产品应用中需要注意的问题。电磁干扰一般通过 LCD 的排线和 PCB 走线引入，针对此类干扰一般采取滤波和屏蔽措施提升抗扰度。

滤波电路通常采用 RC 滤波或者磁珠滤波，电路形式如图 3-19 所示。滤波器参数的设计一般需要结合实际的产品进行调节。推荐的做法是提前预留 RC 的位置，PCB 打板贴片的时候建议 RC 的截止频率不低于实际信号频率的 5 倍频，以免过低的截止频率导致构成信号的低倍频谐波出现过度衰减，影响到实际的通信功能。预先设置的截止频率可能并不适合最终测试效果，这种情况下需要结合实际的测试结果进行调整。当器件和走线较密无法保证完整的地时，使用 RC 滤波可能会造成所需要滤除的频率分量在地回路上产生较高的阻抗，从而达不到预期的滤波效果。这种情况下可以使用磁珠替换原有的电阻的位置进行滤波，磁珠滤波与电容滤波不同的是磁珠在特定的频点具有高阻抗，这一特点可起到能量转换的作用，将磁珠内部的场能转换成热量进行耗散。

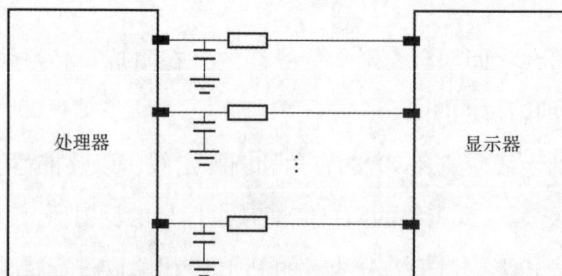

图 3-19　滤波电路示意图

　　一般情况下滤波能够起到降低辐射能量的效果，但是对于辐射能量较高的情况，只使用 RC 滤波的方法并不能起到较好的效果。这种情况下可以使用屏蔽的方法减弱辐射的干扰。常用的屏蔽辐射方式是在 LCD 屏幕的排线上贴导电胶布，将导电胶布与 PCB 的 GND 连接形成屏蔽，如图 3-20 所示。对于带金属背板的 LCD 屏可以将背板的金属板与 PCB 板的 GND 之间通过导电泡棉搭接，如图 3-21 所示，通过这样的结构设计可以借助 LCD 金属背板形成屏蔽罩效果，可以对 LCD 屏覆罩范围内的器件和走线进行屏蔽。

图 3-20　LCD 屏蔽

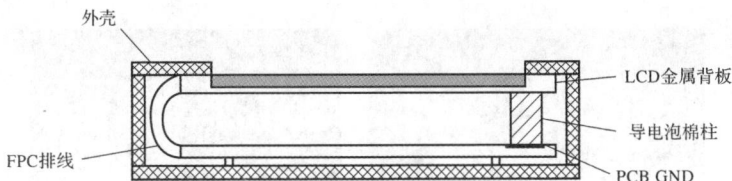

图 3 – 21　LCD 屏蔽设计

实际产品设计过程中，可能会对 LCD 进行 ESD 测试。在进行 ESD 测试的过程中发现静电电荷会累积在 LCD 的塑料外壳上，进而导致二次放电。此时 LCD 接口的排线以及 PCB 上的走线都有可能会受到静电的干扰。针对此现象，应在 LCD 接口上增设 ESD 防护电路，添加 TVS 进行瞬态高压抑制，提高其静电抗扰度能力。

（5）晶振接口防护设计。MCU 使用外部高速无源晶振作为时钟信号源时，对于时钟部分的抗干扰性能主要考虑晶振电路的 PCB Layout。

对于 HXTAL 的 PCB Layout 设计，通常的规则是晶振 OSCIN 和 OSCOUT 两条走线要尽量短且保持长度相等；对于 HXTAL 的包地处理，合适的包地处理可以为 HXTAL 提供干扰的屏蔽作用，在进行包地处理时需注意尽量不要将地环直接与 MCU 的 GND 相连且尽量不要形成闭环。如图 3 – 22（a）所示，提供了一种推荐的 HXTAL Layout 方式，这种布局设计中将 HXTAL 的包地环路通过孔之间连接底层，顶层做了割地处理，将 HXTAL 振荡过程中可能产生的干扰信号通过接地环路导入底层的 GND 中，从而尽量地减少了干扰对于顶层 GND 的影响。如图 3 – 22（b）所示为不推荐的晶振 Layout 方式，在错误的布局设计中，晶振的地环与 MCU 的模拟地 VSSA 之间连接且形成了闭环。这种处理在进行产品的 EMC 抗干扰试验过程中比较容易受干扰信号影响，比如在 RS 试验中会容易拾取射频干扰信号，造成 VSSA 的波动。因此，需要在设计中规避这样的现象。

（6）PCB 优化设计。除了上述的接口防护设计，MCU 的 PCB 设计在确保整个电子系统稳定性和可靠性方面发挥着至关重要的作用。一个合理的 PCB 布局不仅可以优化电路的性能，还能显著提高系统的抗干扰能力。在 PCB 布局设计阶段，可以采取以下措施来增强 MCU 的抗干扰性能。

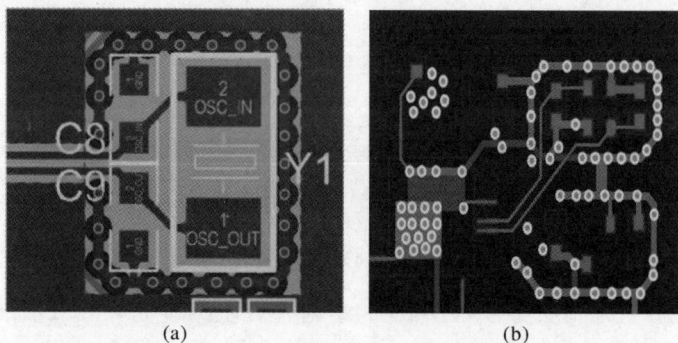

图 3 - 22　晶振 Layout 示意图

（a）推荐的 HXTAL Layout 方式；（b）不推荐的晶振 Layout 方式

1）电源滤波。在 MCU 的电源引脚处添加去耦电容是减少电源噪声的关键。通常推荐使用 $10\mu F$ 和 $100nF$ 的电容并联组合，其中 $100nF$ 电容专门用于吸收瞬态电流和滤除高频噪声，而 $10\mu F$ 电容则负责滤除低频噪声，两者协同工作，为 MCU 提供更加稳定和干净的电源。此外，在电源入口串接磁珠也是一种有效的措施，它能够进一步抑制通过电源线路进入的高频干扰。

2）器件布局。对于时钟和晶振等关键器件，应尽可能地靠近 MCU 的相应端口放置，以减少时钟信号的传输延迟和干扰。同时，MCU 的位置应设计在远离板边的地方，这有助于降低其受到外部电磁干扰的风险。此外，对于敏感的模拟信号处理部分，应尽量远离可能产生噪声的数字电路部分，以避免信号干扰。

3）走线方式。在设计高速信号传输路径时，推荐使用差分信号线来传输信号，这样可以显著减少共模噪声的影响。同时，应避免让高速信号线与低速信号线并行走线，以减少串扰效应，保证信号的完整性。对于敏感的信号线路，如模拟信号线或低电平信号线，应尽量远离高噪声源，例如大电流线路、开关电源等，以避免噪声干扰。此外，时钟线的布局应尽量远离其他信号线，并尽可能采用直线布局，以减少路径上的干扰。

3. 计量模块抗扰度设计

计量模块作为智能电能表的中枢神经，承载电压、电流信号高精度实时采集及精密电能量计算的重任，其性能直接关联到电能计量的公正与电网运营的经济效益。在智能电能表的总体架构中，计量模块的抗干扰设计不仅是确保测量数据无误与设备稳定运行的核心要素，也是抵御复杂多变电磁环境干扰的有效手段。因此研究有效的抗电磁干扰举措，以保障计量模块在复杂电磁环境下数据的稳定性和准确性显得十分重要。计量模块主要分为电压采样电路、电流采样电路、数模转换电路三部分，下面将结合电路的原理，简述计量模块的抗电磁干扰措施。

首先是电路设计方面，信号调理对于提高电子系统的整体抗干扰性能至关重要。对输入/输出信号进行适当的信号调理，可以通过放大、滤波和限幅等手段有效减少外部干扰的影响。例如，放大环节可以提升信号强度，降低噪声的相对影响；滤波环节则可以去除特定频率范围外的干扰；而限幅则能防止信号突变导致的不良影响。此外，确保所有信号线，尤其是高速信号线和控制线；有适当的终端电阻，这有助于减少信号反射和串扰，提高信号完整性。采用差分信号传输方式，由于其固有的抗干扰特性，可以显著提高信号的质量和系统的稳定性。在关键电路或敏感区域，采用铜箔屏蔽层或金属外壳，可以有效地隔离外部电磁干扰，为电路提供额外的保护。在必要时，对高频或敏感电路部分进行物理隔离或增设屏蔽罩，进一步增强电路的抗干扰能力。

其次是器件选型方面，选择合适的电子元件对于确保电子系统的可靠性和稳定性同样重要。应优先选取低噪声、高电源抑制比的电源管理芯片和运算放大器，这样可以显著减少电源噪声对系统计量精度的不利影响。此外，选择具有抗干扰能力强的元器件也至关重要，例如一些 IC 芯片内部集成了多种保护功能和抗干扰设计，这些设计能有效减少外部干扰对系统性能的影响。在器件选型时，还应考虑器件的工作温度范围、长期稳定性和可靠性，确保在各种环境条件下均能保持优良的性能。

最后是 PCB 设计方面，良好的 PCB 设计是提高电子系统抗干扰能力的关键环节。在计量模块电源的输入端增加滤波措施，如共模电感，可以有效地滤除电源端可能串入的噪声，保障电源的清洁和稳定。保证足够的地面平面，尤其是在敏感信号电路周围，是提升抗干扰能力的重要措施。良好的地面平面可以有效减少高频回流路径的阻抗，降低电磁干扰的影响。在 PCB 布局中，高频信号线路（如时钟线）和低频信号线路（如模拟输入/输出）应尽可能分隔布局，避免交叉干扰。这可以通过良好的布线规划和地面分割来实现。此外，适当的走线策略，如避免走线过长、减少直角走线，以及使用地线和电源线之间的布局来降低串扰，都是提高 PCB 抗干扰能力的有效手段。通过这些细致周到的 PCB 设计措施，可以显著提升电子系统的稳定性和可靠性。

4. 时钟模块抗扰度设计

时钟模块作为智能电能表的核心组件，不仅承载着提供高精度时间计量的重任，还赋能电能表实现分时计费、精准事件记录与上报等智能化管理功能，对提升电能计量的准确性和电网运营效率至关重要。然而，在现代生活中日益增多的电磁干扰背景下，如何强化时钟模块的电磁抗扰度，确保其在复杂电磁环境下的稳定性和计量精确度，已成为智能电能表研发领域的关键要点。

优化时钟模块的电磁抗扰度设计，需综合考虑以下几个方面：首先，采用高性能屏蔽材料和技术，为时钟电路构建有效的物理屏障，隔绝外界电磁辐射的直接侵入；其次，集成高级滤波电路，如低通滤波器，用以抑制高频干扰信号，保护时钟信号的纯净度；再者，优化电路板设计，合理安排地线与电源线布局，实施适当的信号线长度匹配和层叠策略，减少寄生耦合和串扰现象；同时，选用高品质、低噪声的晶体振荡器，并结合温度补偿技术，增强时钟源自身的稳定性和抗干扰能力。

5. 存储模块抗扰度设计

存储模块负责记录电能表测量到的电能量消耗、电压、电流、功率因数等关键电参数的历史数据。这些数据对于用户的用电行为分析、电费结算、用电效率评估及电网的运营管理都是必不可少的信息。因此设计并实现高效的存储模块抗干扰措施，以确保智能电能表在复杂电磁环境下稳定工作，准确记录与存储电能量数据，显得尤为重要。

（1）在电路设计方面，需要深入考虑电路的低噪声和抗干扰能力。选择一个合适的电路拓扑结构是至关重要的第一步。差分信号传输因其出色的共模干扰抑制能力和信号抗干扰性而成为首选方案。这种传输方式通过在两条导线上传输信号的正负版本，有效地抵消了外部噪声，从而提高了信号的完整性和可靠性。此外，滤波器的设计和应用也是提高电路性能的关键环节。在电源线和信号线上安装适当的滤波器，可以过滤掉高频噪声，确保信号在传输过程中保持稳定和准确，进而提高整个系统的稳定性和可靠性。滤波器的设计需要综合考虑其频率响应特性、插入损耗及物理尺寸，以实现最佳的噪声抑制效果。

（2）在器件选型方面，以选择具有卓越抗干扰特性的存储芯片和传感器为目标。存储芯片不仅要具备高速读写能力和低功耗特性，以适应现代电子系统的需求，还必须具备强大的电磁干扰抗性，确保在电磁环境复杂的情况下，数据的记录和存储依然可靠。此外，还需要考虑器件的长期稳定性和可靠性，选择那些经过严格测试和认证的产品，以减少系统运行中的潜在风险。

（3）在 PCB 优化方面，良好的布局和设计是提高系统性能的关键。首先，应该明确区分模拟和数字信号路径，避免它们之间的交叉，从而减少信号干扰。地线的设计同样至关重要，合理的地线布局和接地技术可以有效防止电磁波的辐射和干扰，提高系统的电磁兼容性。此外，采用地面屏蔽技术可以进一步减少外部噪声对信号的影响。在设计过程中，还应避免过长的传输路径和过小的信号线宽度，这不仅可以减少信号的损耗，还可以降低信号对干扰的敏感度，从而提高整个系统的抗干扰性能和整体性能。通过这些细致的优化措施，可以显著提升电子系统在复杂电磁环境下的稳定性和可靠性。

6. 通信模块抗扰度设计

当今社会，通信技术的快速发展已经深刻改变了我们的生活方式和工作方式。然而，随着无线通信设备的普及和电子设备的增加，电磁干扰问题也日益显著。电磁干扰不仅可能影响通信信号的质量和可靠性，还可能对设备的正常运行造成严重影响。为确保通信模块能在恶劣的电磁环境下稳定工作，掌握并应用高效的抗电磁干扰技术显得尤为重要。下面将介绍一些有效的通信模块抗干扰措施：

（1）减少接地线的阻截面。有效的接地方式来加强通信设备抗干扰能力是一种常见的手段。运用恰当的接地技术，减少接地线的阻抗，能有效提升电子设备性能。可从接地线的电感与电阻等数值分析，选用合适的材料来降低接地阻抗，也可通过增加其横截面积来降低阻抗。

（2）平衡抗干扰性能。常用的方式包括对接地的位置进行合理的选择，以确定接地点能够稳定可靠；合理设计通信模块电路，科学使用共模扼流圈和光耦，使通信模块能够实现有效的平衡功能，从而可以提高模块整体的可靠性。

（3）器件布局优化。通信模块的集成度较高，元器件相互之间会产生干扰，影响系统的正常工作，因此需要对元器件的布局布线进行优化设计。通过在电源引脚附近放置合适的去耦电容器，以平衡电压和滤除噪声，大容量电解电容可以滤除低频成分，小容量电容可用于滤除高频成分；成对的通信线在PCB上保持相同长度，并尽量平行布置，以减少共模干扰的影响；为通信信号线提供足够的走线间隔，避免与其他信号交叉，若必须交叉，则应垂直交叉，并尽量加大间隔；尽可能让信号线靠近地平面，以便提供良好的回流路径，减少辐射。

（4）屏蔽技术。常用的屏蔽手段是采用金属屏蔽材料来削弱外部的电磁干扰。基于涡流效应的产生原理，金属屏蔽层可在高频变化磁场中产生涡流，涡流感应出的磁场方向与干扰的磁场方向相反，从而大幅度衰减干扰信号。

4

智能电能表的典型复杂电磁环境现场
检测与预警技术

随着国内政策的出台，对智能电能表计量性能提出更高要求。其中不仅要提高智能电能表对复杂电磁环境的识别评价能力，还要提高其对复杂电磁环境的主动防御能力和适应性。然而目前国内外研究机构针对复杂电磁环境的研究还处于探索时期，传统典型应用场景及新型电力系统带来的新兴应用场景产生的电磁场耦合情况较为复杂，智能电能表面临恒定、低频、射频、暂态电磁场等复杂电磁环境，该环境非电离强度幅值远超 $30\mathrm{V/m}$、工频磁场可达 $1.2\mathrm{mT}$，电磁兼容特性复杂。现行智能电能表电磁兼容标准的采标过程主要从试验通用性和一致性的角度出发，未考虑复杂电磁场对计量性能的影响。新型电力系统建设接入电力电子设备增多，对电能计量装置提出了更高的要求，智能电能表内部元器件复杂电磁场积累效应原理不明确，电能计量精准可靠面临防御复杂电磁环境影响的难题。

4.1　复杂电磁环境现场检测技术

复杂电磁环境现场检测技术是电磁学、电子工程和信息技术领域的一项重要技术。随着无线通信、雷达探测、电力传输等技术的快速发展，电磁环境变得越来越复杂，对电子设备、通信系统和人类健康的影响也日益显著。因此，对复杂电磁环境进行现场检测，不仅有助于了解电磁场的分布特征，还能为电磁兼容性设计、电磁辐射防护和电磁环境监测提供科学依据。下面从恒定磁场、工频磁场、射频电磁场和复杂电磁场四个方面来介绍复杂电磁环境现场检测技术。

4.1.1　恒定磁场检测原理及相关技术

恒定磁场是指磁场强度不随时间变化的磁场。在空间中，磁通密度与磁场强度成比例关系，因此测量磁场强度实质上也是测量磁通密度。磁通密度是描述磁场强弱和方向的物理量，单位为特斯拉（T）。

常用的恒定磁场检测技术包括以下几种：

（1）磁通门技术。磁通门技术是一种基于磁化曲线非线性和铁芯工作在非对称区的原理，通过测量检测线圈中的偶次谐波电压来计算磁场强度的技术。磁通门磁强计具有极高的灵敏度和分辨力，广泛应用于工业测量和科研领域。

（2）电磁感应法。电磁感应法基于电磁感应定律，通过探测线圈的移动、转动或振动等方式，使探测线圈的磁通发生变化，从而测量磁场。该方法适用于测量恒定磁场和变化磁场，具有操作简便、测量范围广的优点。

（3）磁阻效应法。磁阻效应法利用薄膜磁阻元件在磁场中电阻值发生变化的特性来测量磁场。薄膜磁阻元件具有灵敏度高、体积小、能耗低等优点，在微磁场测量和集成化磁场传感器中具有广泛应用前景。

（4）超导效应法。超导效应法利用超导电流与外部磁场间的函数关系来测量恒定磁场。该方法具有极高的分辨力和灵敏度，不仅可以测量磁通量变化，还可以测量磁感应强度及磁场梯度等。随着超导材料的发展，超导效应法在磁场测量中的应用前景日益广阔。

外部恒定磁场影响试验是电能表的型式评价鉴定的一个重要影响性试验。由于各品牌电能表的差异，其受磁场的影响也不相同。目前，电能表外部恒定磁感应干扰试验项目可实现全自动试验。控制系统可自动化地、全面地检验不同的磁感应强度、位置、方向对电能表计量误差的影响程度。

控制系统的恒定磁场试验装置采用如图 1－20 所示的五轴运动平台机构，三坐标 X、Y、Z 恒定磁场电磁铁位置可控位移伺服控制结构；电磁铁伺服控制，采用三坐标式的线性模组结构形式，在电磁铁上再加上二维旋转 A、B 结构，这样实现对电能表任意空间位置的磁场检测。

恒定磁场驱动架构如图 4－1 所示，设计通过上位机软件，利用驱动电源的通信接口，采用软件控制的方式来输出电流驱动电磁铁。

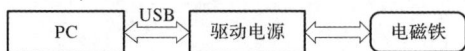

图 4 - 1　恒定磁场驱动架构

试验装置控制系统总体设计如图 4 - 2 所示。

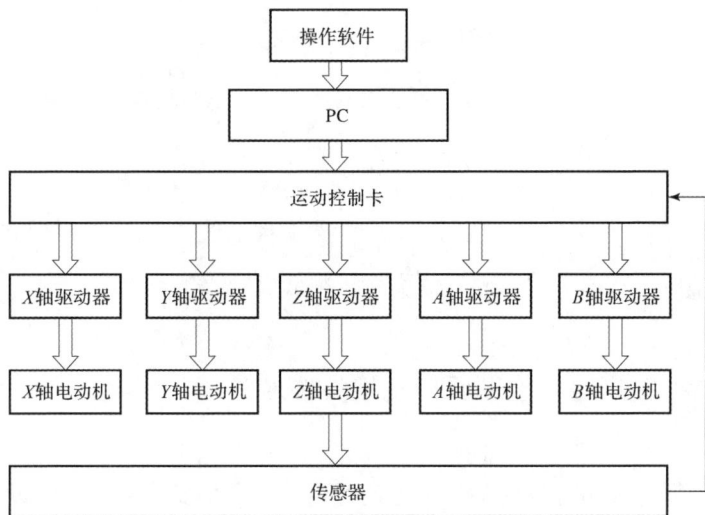

图 4 - 2　试验装置控制系统总体设计

　　根据恒定磁场影响试验装置控制系统的整体设计思路，以"个人计算机 + 运动控制卡"为核心构架。整个控制系统由软、硬件两部分组成。其中软件部分包括底层驱动软件和运动操作界面软件，硬件部分主要为电动机、个人计算机、运动控制卡、传感器及驱动器等。

　　最终实现控制精度能够控制在 ± 2mm 范围内，并且配套设计了具有1000At 可调节的电磁铁，可精确控制输出恒定磁场，实现了电能表的恒定磁场干扰试验的自动化控制。

　　恒定磁场对电能表的影响机理如下：现有电能表内的 TA、TV、计量芯片和 A/D 的前置运算放大器等元器件都会引入相位误差和幅值误差。假定由 TV、TA 或 A/D 采样引入的相位误差为 ε，则电能表误差 δ 的计算公式为

$$\delta = \frac{U \times I \times \cos(\varphi + \varepsilon)}{U \times I \times \cos(\varphi)} \tag{4 - 1}$$

式中　δ——电能表误差；

　　　φ——电流、电压相位角，°；

　　　ε——附加相位误差，°。

式 (4-1) 说明电能表误差 δ 不但与 φ 有关，还与附加相位误差有关，当 φ 接近 90°时，ε 虽然很小，但由 ε 引起的误差也很大。

当同时考虑幅值误差和相位误差时，电能表误差 δ 的计算公式为

$$\delta = \frac{r \times \cos(\varphi + \varepsilon)}{\cos\varphi} - 1 \qquad\qquad (4-2)$$

式中　r——幅值误差系数，即变化后和变化前的电压电流乘积比。

式 (4-2) 说明相位和幅值引起的误差对电能表的计量误差影响很大，而外部磁场对 TA、TV 的采样幅值和相位都会有很大的影响。

4.1.2　工频磁场检测原理及相关技术

工频磁场主要由导体中的工频电流产生，或者由变压器等电气设备产生的漏磁通引起。工频电流通常指电力系统中的 50Hz（中国）或 60Hz（美国等）的交流电。这些电流在导体周围产生磁场，磁场的强度与电流的大小、导体的形状及距离导体的远近有关。工频磁场的检测原理主要是基于法拉第电磁感应定律和霍尔效应。当导体在磁场中运动时，会在导体中产生感应电动势；而感应电动势的方向总是试图阻止产生它的原因的变化。在工频磁场检测中，通常使用感应线圈来产生和测量磁场。

（1）法拉第电磁感应定律检测原理。

1）原理概述。法拉第电磁感应定律指出，当导体在磁场中运动或者磁场通过导体变化时，会在导体中产生电动势（电压）。工频磁场检测通常利用这一原理，通过检测线圈在工频磁场中的感应电动势来评估磁场的强度。

2）检测设备。

a. 检测线圈：通常是一个闭合的线圈，可以是单个线圈，也可以是两个相互垂直的线圈，以便测量磁场在不同方向上的分量。

b. 积分器：用于将线圈感应的电动势积分，以得到磁通量。

c. 数据记录器：用于记录测量数据。

3）检测步骤。

a. 将检测线圈放置在待测工频磁场中。

b. 线圈中的磁通量随时间变化，根据法拉第定律，在线圈中产生感应电动势。

c. 通过积分器将感应电动势积分，得到磁通量。

d. 计算磁通量与线圈的面积之比，得到磁场强度。

4）公式。

$$\varepsilon = -\frac{\mathrm{d}\varPhi}{\mathrm{d}t} \tag{4-3}$$

式中　ε——感应电动势，V；

　　　$\varPhi$——磁通量，Wb；

　　　t——时间，s。

（2）霍尔效应检测原理。

1）原理概述。当电流通过一个位于磁场中的导体时，会在导体的两侧产生一个电势差，这个现象被称为霍尔效应。霍尔效应传感器可以利用这个原理来检测磁场强度。当传感器暴露在工频磁场中时，电流通过传感器中的导体，产生霍尔电势差，这个电势差与磁场强度成正比。

2）检测设备。

a. 霍尔传感器：一种基于霍尔效应的传感器，能够将磁场强度转换为电压信号。

b. 信号放大器：用于放大霍尔传感器输出的微弱电压信号。

c. 数据采集系统：用于采集和处理放大后的电压信号。

3）检测步骤。

a. 将霍尔传感器放置在待测工频磁场中。

b. 当传感器中的电流通过时，磁场会对电荷载流子施加力，产生霍尔电压。

c. 通过信号放大器放大霍尔电压信号。

d. 数据采集系统记录放大后的电压信号，并转换为磁场强度值。

4）公式。

$$V_H = \frac{I_B \times B \times d}{n \times q} \qquad (4-4)$$

式中　V_H——霍尔电压，V；

　　　I_B——霍尔传感器中的电流，A；

　　　B——磁场强度，T；

　　　d——霍尔传感器的厚度，m；

　　　n——电荷载流子浓度，m^{-3}；

　　　q——电子电荷量，C。

在工程实践中通常采用工频磁场监测仪测量内的工频磁场。工频磁场测量仪由测量探头和数据处理单元组成，工频磁场测量探头一般采用感应线圈，如图4-3所示，工频磁场中的线圈感应出电动势，线圈端接取样电路形成测量回路，通过计算或校准获得测量回路中电流与磁场之间的关系。

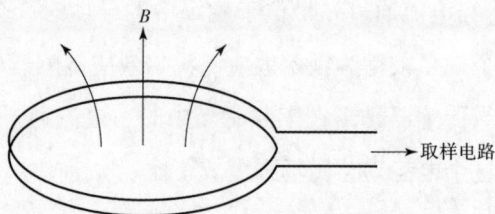

图4-3　工频磁场测量仪原理

4.1.3　射频电磁场检测原理及相关技术

射频电磁场的检测原理基于测量射频范围内的电场和磁场强度，通常在100kHz至300GHz的频率范围内。检测原理包括：

（1）电磁波传播：射频电磁波通过空间传播，可以被天线接收或由传感器检测。

（2）天线接收原理：天线能够将射频电磁波转换为电压或电流信号，这些信号与电磁波的强度和频率有关。

（3）传感器响应：特定的传感器可以响应射频电磁场，产生与场强成比例的输出信号。

射频电磁场检测是电磁兼容测试中的重要环节，旨在评估电子设备在射频电磁场环境下的电磁兼容性，确保设备在复杂电磁环境中能够稳定工作，避免对外部环境造成电磁干扰，同时抵御外部电磁辐射的干扰。

射频电磁场检测主要利用射频波穿透介质传播的特性，通过测量和分析射频电磁场的强度、频率、极化方向等参数，评估电子设备在射频电磁场环境下的电磁兼容性。检测过程中，通常使用专门的检测仪器模拟射频电磁场环境，将射频信号施加到 EUT 上，并监测设备的响应情况，以判断设备是否满足电磁兼容性要求。

射频电磁场检测需要使用专门的检测设备，包括信号发生器、功率放大器、天线、场强探头及场强仪等。信号发生器用于生成和模拟射频电磁场，功率放大器用于放大信号以达到所需的场强水平，天线用于辐射射频电磁场，场强探头及场强仪用于测量射频电磁场的强度。

射频电磁场的检测涉及多个关键参数，包括幅值、频率和极化方向等。

（1）幅值检测。幅值指射频电磁场中电场或磁场的强度大小。检测射频电磁场的幅值通常使用场强仪或频谱分析仪等设备。这些设备能够测量并显示射频电磁场的强度值，通常以伏特每米（V/m）或安培每米（A/m）为单位。

检测步骤包括：

将场强探头放置在待测区域，确保探头与电磁场方向垂直（对于电场强度测量）或平行（对于磁场强度测量）。

打开检测设备，设置合适的测量范围和频率范围。

读取并记录场强仪或频谱分析仪显示的幅值数据。

（2）频率检测。频率是射频电磁场的一个重要特征，表示单位时间内电磁场振动的次数。检测射频电磁场的频率同样可以使用频谱分析仪等设备。

检测步骤包括：

将频谱分析仪连接到射频信号源或待测设备。

设置频谱分析仪的参数，包括扫描范围、分辨率带宽（resolution bandwidth，RBW）和视频带宽（video bandwidth，VBW）等，以确保能够准确捕捉到射频信号的频率信息。

启动频谱分析，观察并分析频谱图，确定射频电磁场的频率成分。

（3）极化方向检测。极化方向是指射频电磁场中电场矢量的振动方向。射频电磁波的极化方式包括线极化（水平极化和垂直极化）、圆极化（左旋圆极化和右旋圆极化）等。检测极化方向通常需要使用能够识别不同极化方式的天线和检测设备。

检测步骤包括：

1）使用具有不同极化方式接收能力的天线（如水平极化天线、垂直极化天线、圆极化天线等）来接收射频信号。

2）通过旋转天线或改变天线的极化方式，观察并记录接收到的信号强度变化。一般来说，当接收天线的极化方式与射频电磁波的极化方式相匹配时，接收到的信号强度将达到最大。

根据信号强度的变化，确定射频电磁波的极化方向。

射频电磁场的检测是一项复杂而精确的工作，需要专业的检测设备和人员来进行。在实际检测过程中，还需要根据具体的检测要求和标准来选择合适的检测方法和设备，以确保检测结果的准确性和可靠性。

此外，随着技术的不断发展，新的检测方法和设备不断涌现，如基于近场扫描技术的射频电磁场检测系统、基于人工智能的射频电磁场识别与分析技术等，这些新技术将进一步提高射频电磁场检测的效率和准确性。

4.1.4　复杂电磁场检测原理及相关技术

复杂电磁场信号波动复杂且动态变化，对信号处理技术提出了较高的要求，为快速全面地提取复杂电磁场信号特征，拟采用多分辨率动态模态分解

（multi – resolution dynamic mode decomposition，mrDMD）方法对复杂电磁冲击场景信号进行特征提取。

（1）多分辨率动态模态分解。多分辨率动态模态分解法 mrDMD 方法将复杂电磁冲击场景信号以不同分辨率分离为不同时空尺度的模态分量，利用时频分布对各模态瞬时频率和能量特征进行采集，获得时域、频域、能量域特征。该方法无须先验数据训练，不受时频分辨率限制，可实时分析、降低数据维度并有效提取动态模式，采用 mrDMD 可多角度提取复杂电磁冲击场景信号特征。

通过 DMD 将数据分解为一组动态模式，设每个时间快照的空间测量的数量为 N，时间快照数量为 M，首先将时间序列数据排列为 $N \times M$ 的快照：

$$\boldsymbol{X} = \left[x(t_1), x(t_2), \cdots, x(t_M) \right] \tag{4-5}$$

式中　t_i——第 i 段的起始时间；

　　　x——N 维列向量。

然后截取 $\boldsymbol{X}$ 中的一个 $1 \times (M-1)$ 分矩阵，计为 X_1^{M-1}，对 X_1^{M-1} 进行奇异值分解：

$$X_1^{M-1} = \boldsymbol{U\Sigma V}^* \tag{4-6}$$

式中　$\boldsymbol{U}$——左奇异向量，POB 模态；

　　　$\boldsymbol{V}^*$——右奇异向量矩阵的共轭转置（时间演化系数）。

计算系统的状态转移矩阵 $\boldsymbol{A}$ 在 POD 模式下的 $K \times K$ 投影：

$$\boldsymbol{A} = X_2^M \boldsymbol{V\Sigma}^{-1} \boldsymbol{U}^*$$

$$\boldsymbol{A}_1 = \boldsymbol{U}^* \boldsymbol{A U} = \boldsymbol{U}^* X_2^M \boldsymbol{V\Sigma}^{-1} \tag{4-7}$$

对 $\boldsymbol{A}_1$ 特征分解：

$$\boldsymbol{A}_1 \boldsymbol{W} = \boldsymbol{W\Lambda} \tag{4-8}$$

式中　A——系统的状态转移矩阵；

　　　W——其列为特征向量；

　　　Λ——包含相应特征值 λ_k 的对角矩阵。

对所有未来时间的近似分解可表示为

$$x_{\text{DMD}}(t) = \sum_{k=1}^{K} b_k(0)\varphi_k(\xi)\exp(w_k t) \tag{4-9}$$

式中　ζ——为空间坐标；$w_k = \ln(\lambda_k)/\Delta t$ 初始系数值 $b_k(0)$ 通过伪逆（等价于最小二乘）的方法求出。

mrDMD 在第一轮 DMD 过程如下：

$$x_{\text{mrDMD}}(t) = \sum_{k=1}^{m_1} b_k(0)\psi_k^{(1)}(\xi)\exp(w_k t)(\text{slowmodes}) + \sum_{k=m_1+1}^{M} b_k(0)\psi_k^{(1)}(\xi)\exp(w_k t) \tag{4-10}$$

式中　$\psi_k^{(1)}$——表示从完整的 M 个快照里计算得到第一个 DMD 模态；

　　　$b_k(0)$——初始条件系数，表示第 k 个模态在 $t=0$ 时刻的权重；

　　　w_k——复特征值，$w_k = \sigma_k + \mathrm{i}\omega_k$，$\sigma_k$ 为衰减率，ω_k 为频率。

随后定义 $X_{M/2}$ 为

$$X_{M/2} = \sum_{k=m_1+1}^{M} b_k(0)\psi_k^{(1)}(\xi)\exp(w_k t) \tag{4-11}$$

通过对式（4-11）的后半部分进行第二轮 DMD 分解，将 $X_{M/2}$ 分解为 $X_{M/2} = X_{M/2}^{(1)} + X_{M/2}^{(2)}$，迭代直到完成多分辨率分解。

（2）波形相似法。电磁脉冲会影响电能表计量，因此通过对电能表中电流、电压、日冻结及电量等用电信息分析可辅助对复杂电磁场冲击场景识别，拟采用波形相似法对电能表各特征量相邻周期波形差异特性进行分析，有利于提取复杂电磁场冲击对电能表影响信息。

波形相似法先求相邻周期特征量的差值，然后对其取绝对值，最后以该值平均值作为衡量相邻两周期特征量波形的差异，以电流为例。

设每个周期电流的采样点数为 N，周期数 n，相邻两周期电流采样值分别是 i_{k-1}、i_k。

$$\Delta i_k(j) = i_k(j) - i_{k-1}(j), j = 1,2,\cdots,N; k = 2,3,\cdots,n \tag{4-12}$$

电流差值 $\Delta i_k(j)$ 的绝对值在一个周期内的平均值为

$$\delta_k = \frac{1}{N}\sum_{j=1}^{N} |\Delta i_k(j)| \tag{4-13}$$

δ_k 反映了相邻两周期电流差异的大小，为避免电流数值对电流偏差的影响，对 δ_k 进行归一化。

$$I_k = \frac{1}{N} \sum_{j=1}^{N} \mid i_k(j) \mid \qquad (4-14)$$

波形相似度为

$$\beta_k = \frac{\delta_k}{I_k} \qquad (4-15)$$

通过波形相似度可以看出电能表各特征量相邻周期的变化程度，进而反映复杂电磁场脉冲对其的影响。

为更全面反映复杂电磁场冲击对电能表的影响，将电能表工作状态特征也作为电能表特征，现获得电能表用电信息特征、电能表工作状态特征、电磁场冲击场景特征，复杂特征信息中涵盖大量信息，但也存在冗余信息，剔除冗余特征有利于后续规则建立，可采用斯皮尔曼相关系数进行特征选择。

（3）斯皮尔曼相关性分析。斯皮尔曼（spearman）相关性系数用于计算两个变量之间的线性或非线性相关性，其在数据不发生明显变化时仍适用，即使数据中出现异常值，由于异常值的秩次通常不会有明显变化，对 spearman 相关性系数的影响很小，其根据原始数据的排序位置进行求解，计算式为

$$\rho = \frac{\sum_{i=1}^{n} (x_i - \bar{x})(y_i - \bar{y})}{\sqrt{\sum_{i=1}^{n} (x_i - \bar{x})^2 \sum_{i=1}^{n} (y_i - \bar{y})^2}} \qquad (4-16)$$

式中　n——样本能量；

　　　ρ——spearman 相关性系数；

　　　x——变量元素；

　　　y——变量元素。

通过计算电能表用电信息特征、电能表工作状态特征、电磁场冲击场景特征与各复杂电磁场冲击场景间的 spearman 相关系数，可有效消除各特征与复杂电磁场冲击场景间的冗余特征，为复杂电磁场冲击场景综合筛选与评价研究奠定基础。

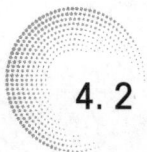

4.2　复杂电磁信号预警技术

随着智能电网的快速发展，智能电能表作为电网的重要组成部分，其稳定性和准确性对于电网的运行至关重要。然而，在实际应用中，智能电能表常常受到来自各种电子设备的电磁干扰，这些干扰可能导致电能表计量不准、故障频发甚至损坏。因此，开发电能表周边复杂电磁信号预警技术显得尤为重要。

复杂电磁信号预警技术是一项涉及多个领域和技术的综合性技术，主要用于监测、分析和预警复杂电磁环境中的信号变化，以保障电子设备的正常运行和信息安全。

（1）宽频段覆盖技术：实现对从低频到高频的广泛频段内的电磁信号进行监测，确保不漏过任何潜在的威胁信号。

（2）高精度测向与测频技术：对监测到的电磁信号进行精确的方向和频率测量，以确定信号源的位置和特性。

（3）信号分选与识别技术：从复杂的电磁信号环境中分离出目标信号，并进行准确识别。这通常需要结合数据库中的信号特征参数进行比对分析。

（4）智能预警与报警技术：基于实时监测数据，通过智能算法分析电磁信号的变化趋势，预测潜在的电磁威胁，并及时发出预警和报警信息。预警信息可以包括电磁干扰的强度、类型、位置及可能的影响范围等。

（5）抗干扰措施：在电能表设计过程中采取一系列抗干扰措施，如使用压敏电阻、硅瞬变电压吸收二极管。

4.2.1　恒定磁场预警技术

恒定磁场预警技术主要通过在设备内部或周边部署磁场监测传感器，对周围的恒定磁场进行实时监测和数据分析。监测传感器能够检测到恒定磁场的强度和方向，并将监测数据传输给处理单元。处理单元通过智能算法对监测数据进行分析，判断恒定磁场是否达到预设的预警阈值，如果达到则发出预警信号。

恒定磁场预警技术广泛应用于智能电网、电力物联网等领域中的智能电能表监测和维护。该技术能够实时监测电能表周围的恒定磁场变化，防止磁场干扰导致的计量误差和故障发生，提高电能表的运行稳定性和计量准确性。包含以下关键技术：

（1）高精度磁场监测传感器。采用高精度的磁场监测传感器，能够准确测量恒定磁场的强度和方向，确保监测数据的准确性。

（2）智能算法分析。通过智能算法对监测数据进行分析，判断恒定磁场是否对电能表造成干扰，并预测可能的影响范围和程度。智能算法可能包括机器学习、模式识别等技术，以提高预警的准确性和时效性。

（3）预警阈值设置。根据电能表的特性和实际工作环境，设置合理的预警阈值。当恒定磁场的强度超过预警阈值时，系统会自动发出预警信号。

（4）实时监测与预警。实现对恒定磁场的实时监测和预警，确保在干扰发生时能够及时采取措施进行处理，防止电能表计量误差和故障的发生。

4.2.2　工频磁场预警技术

电能表工频磁场预警技术是针对电能表可能受到的工频磁场干扰而设计的一系列预警措施和技术手段。这些技术旨在检测、分析和预警电能表周围可能存在的工频磁场干扰，以确保电能表的准确计量和安全运行。以下是对电能表工频磁场预警技术的详细介绍：

（1）基于理论计算与仿真的预警技术。

1）理论计算。利用电磁场理论，对电能表周围的工频磁场进行计算和预测。通过分析电能表的电路结构和材料特性，确定其可能受到的工频磁场干扰程度。

2）仿真模拟。使用电磁仿真软件，对电能表及其周围环境进行建模和仿真。通过仿真结果，预测电能表在不同工频磁场强度下的响应和表现。

（2）基于磁场检测技术的预警技术。

1）霍尔传感器检测。利用霍尔传感器检测电能表周围的工频磁场强度。将检测到的磁场强度与预设的阈值进行比较，当超过阈值时发出预警。

2）变交磁场检测。对电能表中的变交磁场进行检测，获取交变线圈的电信号。通过电路处理和逻辑组合电路，对检测到的信号进行研判和分析，以判断是否存在工频磁场干扰。

（3）基于智能算法的预警技术。

1）数据分析与挖掘。收集电能表的运行数据，包括电压、电流、功率等参数。利用数据挖掘算法，分析数据中的异常模式和趋势，以预测可能存在的工频磁场干扰。

2）机器学习模型。建立基于机器学习的预警模型，输入电能表的运行数据和工频磁场检测数据。通过模型训练和优化，实现对工频磁场干扰的准确预警和识别。

（4）综合预警系统。

1）系统集成。将上述预警技术进行集成和融合，形成一个综合的电能表工频磁场预警系统。系统能够实时监测电能表周围的工频磁场强度，并根据预警规则发出预警信号。

2）远程监控与管理。通过远程监控平台，对电能表的运行状态和预警信息进行实时监控和管理。当预警系统发出预警信号时，能够立即通知相关人员进行处理和应对。

4.2.3　射频电磁场预警技术

电能表射频电磁场预警技术是针对电能表可能受到的射频电磁场干扰而设计的一系列预警措施和技术手段。这些技术旨在实时监测电能表周围的射频电磁场强度，并在超过预设阈值时发出预警，以确保电能表的准确计量和安全运行。以下是对电能表射频电磁场预警技术的详细介绍：

（1）技术原理。射频电磁场预警技术基于射频电磁场的检测原理，通过专门的射频传感器或天线来捕捉电能表周围的射频电磁场信号。这些信号经过电路处理和数据分析后，可以转换为电能表周围的射频电磁场强度信息。当射频电磁场强度超过预设的阈值时，预警系统就会发出警报，提醒相关人员采取必要的措施。

（2）预警系统构成。电能表射频电磁场预警系统通常由以下几个部分构成：

1）射频传感器或天线。用于捕捉电能表周围的射频电磁场信号。

2）信号调理电路。对捕捉到的射频信号进行放大、滤波等处理，以提高信号的准确性和可靠性。

3）数据采集与处理模块。对处理后的信号进行数据采集和存储，并通过算法进行分析和判断，确定射频电磁场强度是否超过预设阈值。

4）预警输出模块。当射频电磁场强度超过预设阈值时，触发预警输出模块，发出警报信号。

（3）预警规则设定。预警规则的设定是电能表射频电磁场预警技术的关键。通常，预警规则包括以下几个方面：

1）射频电磁场强度阈值。根据电能表的类型、工作环境及安全标准等因素，设定射频电磁场强度的预警阈值。

2）预警时间间隔。设定预警系统发出警报的时间间隔，以避免频繁警报对人员造成干扰。

3）预警方式。确定预警系统发出警报的方式，如声音、灯光、短信等。

4.2.4　复杂电磁场预警技术

随着智能电网的建设和智能电能表的普及，电能表在运行过程中容易受到各种电磁干扰。这些干扰可能来自无线电发射电台、自然电磁辐射等，导致电能表计量不准确，甚至被不法分子利用进行窃电。因此，开发电能表复杂电磁场预警技术具有重要意义。

（1）电能表复杂电磁场预警技术主要基于以下原理：

1）磁场检测。通过磁场检测单元（如霍尔传感器）检测干扰电能表正常工作的恒定磁场与交变磁场。这些检测单元将检测到的电路信号进行放大、比较和处理，最终输入到逻辑组合电路进行分析和判断。

2）信号特征提取。对检测到的电磁场信号进行特征提取，包括时域、频域、能量域等方面的信息。这些特征信息有助于识别不同类型的电磁干扰。

3）数据库比对。将提取到的电磁场信号特征与已知电磁场信号特征数据库进行比对，以确定所发生的复杂电磁场环境为哪一种或几种电磁场干扰信号。

4）预警记录。根据比对结果，如果检测到异常的电磁干扰信号，系统将发出预警信息，并记录相关事件信息，以便后续分析和处理。

（2）技术实现。电能表复杂电磁场预警技术的实现通常包括以下几个步骤：

1）建已知特征数据库。基于各种已知电磁场信号构建已知电磁场信号特征数据库，并构建与这些信号对应的电能表用电信息特征及电能表工作状态特征。

2）实时监测与分析。在电能表运行过程中，实时监测电磁场信号，并提取相关特征信息。将这些特征信息与已知特征数据库进行比对分析。

3）预警与响应。根据比对结果，如果检测到异常的电磁干扰信号，系统将自动发出预警信息，并触发相应的响应措施，如记录事件信息、切断电源等。

电能表复杂电磁场预警技术可被广泛应用于智能电网建设、电力计量管理、反窃电等领域。通过该技术，可以实现对电能表在复杂电磁场环境下的实时监测和预警，提高电力计量的准确性和安全性。

随着物联网、云计算、大数据等技术的快速发展，电能表复杂电磁场预警技术将不断得到优化和完善。未来，该技术将更加注重智能化、自动化和集成化的发展，以实现更高效、更准确的电磁场监测和预警。同时，也将加强对节能环保电能表的推广和应用，以推动能源利用的可持续发展。

综上所述，电能表复杂电磁场预警技术是一种重要的电力计量管理技术，具有广泛的应用前景和发展潜力。

5

典型应用案例

5.1 恒定磁场干扰案例

电能表附近区域具有恒定磁场干扰设备如图 5 - 1 所示，设备产生较强（磁场强度大于 300mT 且产生磁场面积大于电能表表面积）的恒定磁场，对电能表内部易受恒定磁场干扰的器件（如：电源变压器、继电器、互感器、计量芯片、MCU 等）进行干扰，造成电能表黑屏、死机、不计量。

图 5 - 1 恒定磁场干扰设备

为解决此类恒定磁场干扰问题，可从智能电能表的抗干扰技术和预警技术两个方面提出改善措施。

（1）恒定磁场抗干扰技术。智能电能表恒定磁场抗干扰技术主要基于磁场的衰减特性，通过磁场屏蔽措施、电路设计优化、器件布局优化等手段削弱干扰对其内部电路和元器件性能的影响。

1）磁场屏蔽措施。在电能表的外壳或关键元器件处增加屏蔽措施。例如：在继电器周围增设防磁铁板，增加其抗扰度能力。

2）电路设计优化。在电能表的输入/输出端增设滤波器，过滤干扰信号，确保只有所需的信号通过。

3）器件布局优化。在设计电能表时，应尽量将敏感元件（如电流传感器和电压传感器）远离可能的干扰源，如高功率设备或变压器。

（2）恒定磁场主动预警技术。恒定磁场主动预警功能可通过在智能电能表上搭载专用的恒定磁场检测电路来实现。恒定磁场检测电路原理图如图5-2所示。恒定磁场检测电路基于3D磁开关检测芯片实现检测功能，该芯片利用磁阻效应，可通过磁敏电阻将磁场信号转换为电信号，且内部集成运算放大比较电路和温度补偿电路，可精准实现恒定磁场的超阈值判断。当智能电能表外部恒定磁场强度超过阈值时，芯片输出高电平信号，当外部恒定磁场强度低于阈值时，芯片输出低电平信号，MCU只需通过识别高、低电平信号来实现异常磁场的监测功能。

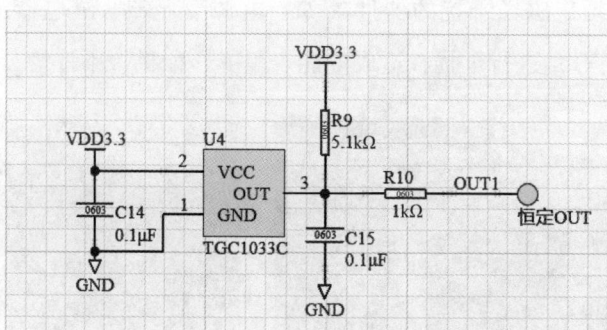

图5-2　恒定磁场检测电路原理图

5.2　高压脉冲干扰案例

电能表附近区域具有高压脉冲干扰设备，高压脉冲干扰原理图如图5-3所示，可产生高达数百伏甚至数千伏的高电压，从而产生较强的电磁脉冲，通过直接接线（如RS-485接口等）传导与缝隙孔洞耦合的方式侵入电能表内部，对MCU、计量芯片、光耦、电源等造成损坏，使电能表黑屏、死机、不计量。

为解决此类高压脉冲干扰问题，可从智能电能表的抗干扰技术和预警技术两个方面提出改善措施。

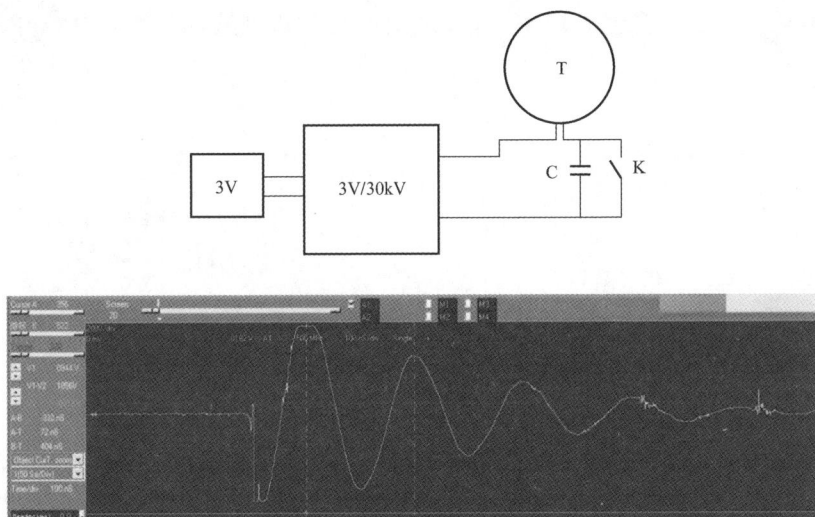

图 5 - 3   高压脉冲干扰原理图

(1) 高压脉冲抗干扰技术。高压脉冲干扰设备通过空心线圈产生变化的电磁场，该变化电磁场可通过智能电能表内部元器件与电子线路构成的电路环耦合进入内部，进而对智能电能表造成影响。为了提高智能电能表高压脉冲抗干扰度，可从传播途径和敏感设备两个方向入手。

1) 金属屏蔽。基于涡流效应的产生原理，金属屏蔽层可在高频变化磁场中产生涡流，涡流感应出的磁场方向与干扰的磁场方向相反，从而大幅度衰减干扰信号，降低对电能表敏感电路的干扰。在智能电能表敏感电路区域和缝隙处附加金属屏蔽层，将有效提升电能表整体的抗干扰能力。

2) PCB 优化。在进行 PCB 布局需要注意走线方式，尽可能避免形成较大的环路。除此之外器件的放置位置也会影响整体的抗干扰能力，对干扰比较敏感的器件（MCU、电源芯片、时钟芯片等）应尽可能远离 PCB 边缘，尽可能降低电磁干扰的影响。

(2) 高压脉冲主动预警技术。高压脉冲主动预警功能可通过在智能电能表上搭载高压脉冲检测电路来实现。高压脉冲检测电路原理图如图 5 - 4 所示。当外部存在瞬态电磁脉冲时，环形走线感应到高电平信号，该信号使得后端三极管开关电路导通，电路输出低电平信号；反之三极管 Q5 截至，电路输出高电平信号。该信号交由后端 MCU 处理便可实时监测外部是否存在高压脉冲干扰。

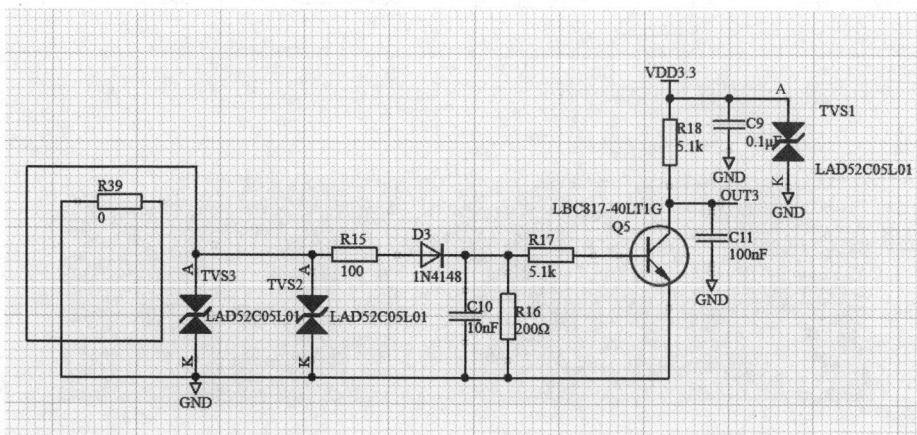

图 5 - 4　高压脉冲检测电路原理图

5.3　电磁辐射干扰案例

5.3.1　瞬态电磁辐射干扰

电能表附近区域具有瞬态电磁辐射干扰设备如图 5 - 5 所示。例如 IC 卡槽辐射干扰设备是通过 IC 卡形状的 PCB 天线，将 PCB 天线直接插入到 IC 卡槽中，利用电能表 IC 卡与电能表内部电路具有电气耦合通路的特点，对电能表的 MCU 实施干扰，从而导致电能表处于死机状态，无法实现正常的计量功能。

为解决瞬态电磁辐射干扰问题，可从智能电能表的瞬态电磁辐射抗干扰技术和瞬态电磁辐射主动预警技术两个方面提出改善措施。

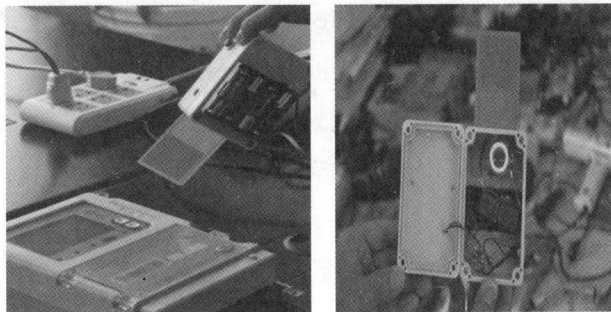

图 5 - 5　瞬态电磁辐射干扰设备

（1）瞬态电磁辐射抗干扰技术。瞬态电磁辐射通过 IC 卡接口耦合进入智能电能表。IC 卡接口与 MCU 直接相连，为了提高其抗扰度能力，可在接口处增设保护措施。在 MCU 接口增加热敏电阻和稳压二极管，当瞬态峰值电流通过 MCU 接口进入电能表内部时，热敏电阻阻值迅速增大，峰值电流减小，进而保护电能表内部电路不因瞬态峰值电流而损坏；当瞬态峰值电压进入智能电能表内部时，稳压二极管导通，将峰值电压泄放掉，进而保护电能表不因过压而损坏。

（2）瞬态电磁辐射主动预警技术。瞬态电磁辐射主动预警功能可通过在智能电能表上搭载专用的射频电磁场检测电路来实现。射频电磁场检测电路基于对数功率检测芯片实现检测功能。射频电磁场检测电路原理图如 5 - 6 所示。

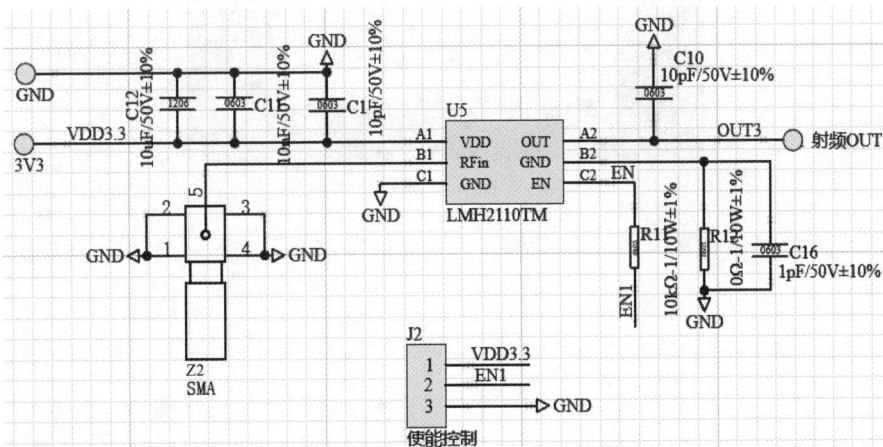

图 5 - 6　射频电磁场检测电路原理图

电路通过天线将外部射频信号转换为电信号，该信号通过功率检测芯片后转换为直流电平信号。当外部不存在射频电磁场信号时，检测芯片输出电压为0V。当外部存在射频电磁场信号时，芯片输出电压为一固定电平。随着输入信号频率和强度的改变，芯片输出不同的电平信号，MCU根据此变化规律可判断干扰信号的频率和强度。

5.3.2　持续电磁辐射干扰

电能表附近区域具有持续电磁辐射干扰设备如图5-7所示，设备由无线信号发生器和干扰天线两部分组成，无线信号发生器可产生一定频率的信号，通过干扰天线转换成具有一定辐射强度的电磁波，可对电能表内部的MCU芯片和计量芯片持续干扰，导致电能表处于持续复位、死机或测量误差加大的状态，无法实现正常的计量。

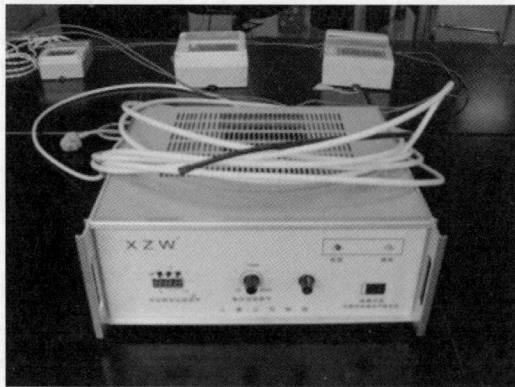

图5-7　持续电磁辐射干扰设备

为解决持续电磁辐射干扰问题，可从智能电能表的抗干扰技术和预警技术两个方面提出改善措施。

（1）持续电磁辐射抗干扰技术。持续电磁辐射干扰主要通过两个途径影响智能电能表：一是直接通过电能表内部的闭合环路产生感应电压，叠加在内部信号上；二是通过与电能表连接的外部电缆或端子产生共模电流，注入到内部电路中。为了提高智能电能表的抗干扰性能，可以使用以下技术和策略。

1）电路设计。在硬件设计方面，使用压敏电阻、瞬变电压抑制二极管（TVS）和共模滤波器等元件，可以有效地抑制瞬态电压和持续的电磁辐射干扰，保护智能电能表的敏感电路。

2）PCB 设计。智能电能表的布线和布局也是抗干扰设计中的重要环节。合理的布线可以减少信号干扰，例如：通过科学布局电源线和地线，避免小于90°的折线，减少高频噪声发射，并在信号线之间设置地线以实现屏蔽。

（2）持续电磁辐射主动预警技术。持续电磁辐射主动预警功能可通过在智能电能表搭载专用的电磁检测芯片实现。该芯片内部的电磁检测电路原理框图如图 5－8 所示。芯片电源由智能电能表提供，通过内部 LDO 转换为检测电路的供电电源。射频检波器将天线输出的信号转化为低频包络电压信号，再由单片机 STM32F103RC 中的 ADC 进行采样，采样结果存到 EEPROM 中，并通过串行接口发送至上位机。比较器将检波器输出电平与根据阈值设置的参考电平进行比较，如果检波输出电平高于参考电平，即触发单片机进行 AD 采集。当外部存在超过异常阈值的信号，单片机触发执行 AD 采集指令，并通过 DET引脚将预警信号传递给智能电能表的 MCU。

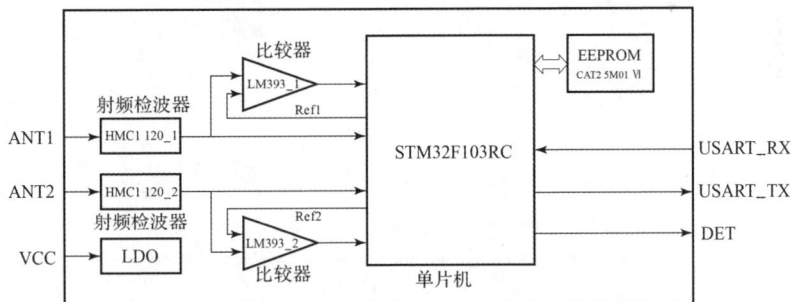

图 5－8 电磁检测电路原理框图

6

总结及展望

国务院发布的《计量发展规划（2021—2035 年)》中指出：针对复杂环境、实时工况环境和极端环境的计量需求，研究新型量值传递溯源方法，解决综合参量的准确测量难题，实现公平公正精准计量。国家市场监管总局《关于落实〈计量发展规划〉三年行动计划（2021—2023 年)》中"开展电力计量测试技术研究"部分指出需开展复杂电磁场监测模块检测技术研究，形成技术方案。国家电网有限公司"十四五"规划亦明确提出，要进行大规模交直流电网电磁暂态仿真技术研究和平台建设，提升电磁暂态仿真能力，实现对于电网特性的精准认知。

随着智能电网的推广建设，电能表得到了大规模的应用，目前智能电网中有数亿只电能表在运。2021 年，全社会用电量 8.31 万亿 kWh，同比增长 10.3%，智能电能表已在用户中全面普及。电能计量装置中集成了大量数字和模拟芯片，包括主控、存储、ADC、时钟、基准、接口、电源等。数字芯片和模拟芯片在强电磁骚扰下，有可能出现失效现象，如主控时钟淹没在噪声中、基准漂移、电源波动等，这将会导致设备发生拒动误动、计量误差，甚至永久损坏。计量装置故障、计量失准情况频发，经常找不到原因，甚至会导致安全事故。目前，电能表出厂前要进行抗磁场干扰的性能测试，保证其在 300mT 的磁场环境下及 30V/m（≤6GHz）的电场环境下仍能正常工作，且计量误差在允许的范围内。有的不法分子利用强磁场或高频电场对电能表进行骚扰，减少电能表计量，达到窃电的目的，这种窃电行为隐蔽性强，不会破坏计量箱的外观，不会直接接触到电能表，且可操作性强，操作时间短，因而运维工作人员在现场排查的过程中很难直观发现。新型电力系统特点决定当前电能计量装置在面对外部复杂电磁环境时的脆弱性远比传统电力系统严重。因此，针对复杂电磁环境的计量需求，电能计量装置的运行环境和计量要求均在发生改变，面对复杂环境的公平公正精准计量带来全新的挑战。

智能电能表复杂电磁环境抗扰度分析技术是电力行业发展中的重要问题，有着实际应用的需求，通过本文的学习与理解有助于增加对该领域的技术探索，有助于对现场运行的智能电能表在复杂电磁环境中的抗扰度性能进行评估和监测，确保计量性能的准确性和可靠性，本书的内容还可以作为相关技术人员、计量检测专业人员和一线运维人员的培训材料，增强对智能电能表的原理性认识，提高对于电磁环境影响计量装置问题的认知水平及辨识能力，提升计量检测水平和运维效率。

参 考 文 献

［1］任罡. 500kV 交流输电线路附近工频磁场的分析研究［J］. 电子元器件与信息技术, 2021, 5 (11)：219 − 220 + 250.

［2］法玉晓. 电磁场与电磁波［M］. 北京：人民邮电出版社, 2013.

［3］汪连栋, 王满喜, 李成. 复杂电磁环境效应概论［M］. 北京：电子工业出版社, 2021.

［4］黄珽. 浅析影响电子式电能表计量准确的干扰因素及解决措施［J］. 江苏现代计量, 2008, 5：42 − 43.

［5］代燕杰, 张宇. 永久磁铁对静止式电能计量性能的试验研究［J］. 电测与仪表, 2012, 2：60 − 63.

［6］邓高峰, 杨礼岩, 赵震宇, 等. 工频磁场对电能表计量误差影响的研究分析［J］. 江西电力, 2015, 39 (04)：45 − 47 + 51.

［7］Joseph W, Verloock L. Influence of mobile phone traffic on base station exposure of the general public［J］. Health Physics, 2010, 99 (5)：631 − 638.

［8］Mahfouz Z, Gati A, Lautru D, et al. Assessment of the real life exposure to 2G and 3G base stations over a day from instantaneous measurement［C］// 2011 URSI General Assembly and Scientific Symposium. Istanbul, Turkey：IEEE, 2011：1 − 4.

［9］Fernandes L C, Linhares A, Soares A J M. Estimation of region of maximum exposure to radiofrequency electromagnetic fields［J］. Microwave & Optical Technology Letters, 2015, 57 (6)：1330 − 1332.

［10］Pawlak R, Krawiec P, Żurek J. On measuring electromagnetic fields in 5G technology［J］. IEEE Access, 2019 (7)：29826 − 29835.

［11］Degirmenci E，Thors B，Tornevik C. Assessment of compliance with RF EMF exposure limits：approximate methods for radio base station products utilizing array antennas with beam – forming capabilities ［J］. IEEE Transactions on Electromagnetic Compatibility，2016，58（4）：1110 – 1117.

［12］赵争鸣，刘方，陈凯楠. 电动汽车无线充电技术研究综述 ［J］. 电工技术学报，2016，31（20）：30 – 40.

［13］沈军华. 浅谈配电机房的电磁干扰分析 ［J］. 百科论坛电子杂志，2018，12：544.

［14］翟俊玉，张运国. 110kV 输变电工程电磁辐射污染的影响分析及防治对策 ［J］. 河北电力技术，2004，（05）：45 – 47.

［15］李明洋，崔翔. 特高压气体绝缘开关设备套管的宽频等效电路建模 ［J］. 电工技术学报，2016，31（20）：64 – 72.

［16］赵明敏，杨志超，李谦，等. 电子式互感器采集单元的芯片级抗扰试验及防护技术 ［J］. 南方电网技术，2023，17（03）：107 – 114.

［17］郭清营，王晓东，崔星毅，等. 新型电子式电能表用锰铜分流器的设计方法 ［J］. 电测与仪表，2014，51（03）：20 – 23.

［18］胡涛，赵震宇，熊紫腾，等. 智能电能表时钟日计时超差原因分析 ［J］. 江西电力，2022，46（08）：1 – 3 + 11.

［19］冀志江，韩斌，侯国艳，等. 石墨为吸波剂水泥基膨胀珍珠岩砂浆吸波性能研究 ［J］. 材料科学与工艺，2011，19（2）：15 – 18.

［20］彭强. 石墨/碳纤维电磁屏蔽水泥砂浆的制备与性能研究 ［D］. 南昌：南昌大学，2015.

［21］聂流秀. 石墨、碳纤维多孔水泥基电磁屏蔽复合材料的研究 ［D］. 南昌：华东交通大学，2013.

［22］陈光华. 碳系水泥基电磁屏蔽复合材料的研究 ［D］. 南昌：南昌大学，2011.

［23］黄少文，陈光华，邓敏，等. 石墨 – 碳纤维水泥基复合材料的电磁屏蔽

效能 [J]. 硅酸盐学报, 2010, 38 (4): 549 –552.

[24] STOLLER M D, PARK S, ZHU Y W, et al. Graphene – based ultraca – pacitors [J]. Nano Letters, 2008, 8 (10): 3498 –3502.

[25] 贾琨, 王东红, 李克训, 等. 石墨烯复合吸波材料的研究进展及未来发展方向 [J]. 材料导报, 2019, 33 (5): 805 –811.

[26] 张晓林. 石墨烯基复合材料的制备及吸波性能 [D]. 哈尔滨: 哈尔滨工业大学, 2011.

[27] 郭宇鹏. 石墨烯/FeSiAl 复合材料的制备及吸波性能研究 [D]. 西安: 西安建筑科技大学, 2018.

[28] 陈润华, 张笑梅, 李想, 等. 石墨烯/Fe_3O_4/乙烯基树脂复合材料的制备及电磁性能研究 [J]. 材料开发与应用, 2018, 33 (5): 96 –103.

[29] 王晓, 王华进, 李志士, 等. 石墨烯在涂料中的应用进展 [J]. 中国涂料, 2017, 32 (2): 1 –5.

[30] 吴颖超. FeN3 掺杂石墨烯的电子输运性质研究 [D]. 成都: 电子科技大学, 2018.

[31] 王子武. 石墨烯中的极化子效应 [J]. 内蒙古民族大学学报 (自然科学版), 2018, 33 (4): 283 –291.

[32] 张华林, 孙琳, 韩佳凝. 掺杂三角形硼氮片的锯齿型石墨烯纳米带的磁电子学性质 [J]. 物理学报, 2017, 66 (24): 178 –186.

[33] 王刚. 石墨烯材料的生长与调控 [D]. 兰州: 兰州大学, 2016.

[34] 吴佳明. 石墨烯对碳纤维聚合物复合材料电磁屏蔽性能的影响 [D]. 济南: 济南大学, 2016.

[35] JIANG X, CAO Y C, LI P X, et al. Polyaniline/graphene/carbon fiber ternary composites as supercapacitor electrodes [J]. Materials Letters, 2015, 140: 43 –47.

[36] HUANG J J, QIN Y, LI J G, et al. Microwave permittivity, permeability, and absorption of nanoplatelet composites [J]. Journal of Nanoscience & Nanotechnology, 2008, 8 (8): 3967 –3972.

[37] QIN W Z, VAUTARD F, DRZAL L T, et al. Mechanical andelectrical properties of carbon fiber composites with incor-poration of graphene nanoplatelets at the fiber – matrix inter-phase [J]. Composites Part B: Engineering, 2015, 69: 335 – 341.

[38] 夏雪, 梅启林, 王聪, 等. 石墨烯纳米片对碳纤维/聚丙烯复合材料导热及力学性能的影响 [J]. 玻璃钢/复合材料, 2019 (1): 11 – 14.

[39] 安玉良, 马腾飞, 袁霞, 等. 电镀 Ni 膜催化生长螺旋碳纤维及电磁性能研究 [J]. 化学与黏合, 2018, 40 (3): 153 – 155.

[40] 张建东, 王富强, 苏青林, 等. 镀镍碳纤维 – 芳纶纤维增强复合材料性能研究 [J]. 高科技纤维与应用, 2018, 43 (2): 32 – 35.

[41] 周勇. 镀镍碳纤维/环氧树脂复合材料的制备及吸波性能研究 [D]. 武汉: 武汉理工大学, 2011.

[42] 王富强, 刘鹏, 郭子民, 等. 基于镀镍碳纤维的低频电磁防护材料制备及性能研究 [J]. 材料科学, 2018, 8 (10): 1002 – 1006.

[43] 周远良, 赛义德, 张黎, 等. 树脂基 Fe 纳米粒子及碳纤维复合吸波平板的制备与性能 [J]. 材料工程, 2018, 46 (3): 41 – 47.

[44] 陶睿, 刘朝辉, 班国东, 等. 碳纤维粉 – 羰基铁粉复合材料的吸波性能及在涂层中的应用 [J]. 电镀与涂饰, 2017, 36 (22): 1205 – 1210.

[45] 王振军, 李克智, 王闯, 等. 羰基铁粉 – 碳纤维水泥基复合材料的吸波性能 [J]. 硅酸盐学报, 2011, 39 (1): 69 – 74.

[46] 孟辉, 王智慧, 胡传炘. 碳纤维/羰基铁粉复合涂层吸波效果及机理分析 [J]. 材料保护, 2006, 39 (1): 17 – 19.

[47] 李善霖, 段华军, 汪鑫, 等. 镀镍碳纤维 – 碳纤维 – 玻璃纤维/乙烯基酯树脂导电复合材料的设计制备及其电磁性能 [J]. 复合材料学报, 2018, 35 (7): 1709 – 1715.

[48] 刘志芳. 石墨烯/铁氧体/碳纤维复合材料的电磁性能 [D]. 济南: 济南大学, 2018.

[49] 左联, 杨进超, 赵华宇, 等. 铁氧体、石墨及碳纤维水泥基复合材料的

电磁屏蔽性能研究 [J]. 硅酸盐通报, 2018, 37 (10): 3103 – 3107.

[50] 郭巍. 碳纤维/铁钴复合粉体的制备及电磁性能的研究 [D]. 哈尔滨: 哈尔滨工业大学, 2009.

[51] 叶伟, 孙雷, 余进, 等. 磁性颗粒/碳纤维轻质柔软复合材料制备及其吸波性能 [J]. 纺织学报, 2019, 40 (1): 97 – 102.

[52] 刘玲, 刘伟. 壳体结构的模块化设计方法 [J]. 设备管理与维修, 2019 (14 vo): 162 – 164.

[53] 周碧红, 石雷兵, 韩志强. 电能表射频电磁场辐射抗扰度试验案例分析 [J]. 电测与仪表, 2021, 58 (08): 190 – 193.